ちくま新書

脱炭素産業革命

郭 四志
Guo Sizhi

1715

脱炭素産業革命【目次】

第3章　主要国の戦略的競争　121

第4章　レアメタル確保競争　239

終章　国際政治経済秩序の変容　349

はじめに――本書の分析視角

†脱炭素化に向けて

二〇二〇年代に入り、カーボンニュートラル（炭素中立。CO_2などの温室効果ガスが実質ゼロであること）に向けて世界的に社会経済・産業構造が大きく変わり、エネルギー需給が大転換期に入り、脱炭素化・グリーン化が活発に展開しつつある。ＣＯＰ《コップ》26（第二六回国連気候変動枠組条約締約国会議）が終了した二〇二一年一一月の時点で一五四カ国・地域が二〇五〇年、二〇六〇年という区切りでカーボンニュートラルの実現目標を掲げている。これらの国におけるCO_2排出量とＧＤＰはそれぞれ世界全体の八割、九割を占めている。

目下、各国はカーボンニュートラルに向けてエネルギー電力構造の転換、産業部門、モビリティー分野などでのイノベーションを中心とした脱炭素化に活発に取り組んでいる。こうした中、脱炭素産業革命が次世代の産業革命の主役として浮き彫りとなり、社会の生産様式や生活環境およびライフラインの変化に大きく影響し、国際政治経済秩序や世界資源・エネルギー地図にも大きなインパクトを与えている。

脱炭素産業革命は産業構造・工業構造を大きく転換し、産業高度化を促進する。従来の伝統的産業、つまり資源・エネルギー多消費型の鉄鋼、石油化学、アルミニウム、セメントなどといった産業は莫大なエネルギーを消耗すると同時に、燃焼時にCO_2、メタン、NO_x（窒素酸化物）など温室効果ガスや環境汚染物質を生じさせる。産業活動による排出量は、全体排出量の三割以上に達している。

CO_2排出は、エネルギー転換部門以外には、主にエネルギー・資源集約型である重化学工業、いわゆる重厚長大的な産業活動によるものであり、カーボン削減・脱炭素化つまり脱炭素技術革新に向けて必要なのは産業構造の転換・グリーン化や産業高度化の実現である。つまり産業構造・工業構造をいかに重厚長大産業から炭素生産性の高い（CO_2排出量が少なく、付加価値が高い）軽薄短小な電気機械（半導体、ＩＣＴ〔情報通信技術〕など）や自動車、ハイテクなどグリーン産業へと転換できるかである。

†先進国と新興・途上国の状況

日本など先進国では産業構造の高度化や技術集約度の高い産業、つまり産業高度化が実現されているが、既存の産業構造・工業業種・部門ではグリーン燃料への切り替えや省エネ、CCUS（Carbon dioxide Capture, Utilization and Strage）など脱炭素化への取り組みが必要不可欠である。日本、ドイツのように製造業のGDPに占める比率が比較的に高い国では電気機械・自動車産業が主流で、素材産業（鉄鋼、化学、窯業、製紙など）が一定程度存在しているため、脱炭素化の余地が大きい。主流産業・素材産業において省エネ・CCS（Carbon dioxide Capture and Strage）などの技術を活用し、DX（Digital Transformation）を実現させることが省エネ・省力につながり、CO_2排出の削減が期待される。

また、エネルギー需給構造について見ると先進国では、再生可能エネルギーなど非化石エネルギー需給のウェイトが新興・途上国に比べて比較的に高く、石炭資源に依存する度合いは低く二割以下で日本も二割台である。とはいえ、これまでの石炭など化石燃料を混合しているエネルギー需給構造から脱却し、化石エネルギー供給の削減・停止に取り組み、再生エネルギーなど非化石エネルギー需給構造へとシフトし、石炭をはじめとする火力発電の抑制や再エネ、水素・アンモニア発電導入の拡大が急務となる。加えてガソリン・ディーゼル車の代わりにEV（Electric Vehicle：電気自動車）、FCV（Fuel Cell Vehicle：燃料電池車）など新エネ自動車の普及が求められる。

新興・途上国と先進国では経済発展段階・産業レベルや技術資源の格差により、脱炭素技術開発・グリーン化が実現する度合いが異なっている。新興・途上国はまだ経済の発展段階が工業化の途上にあるため、先進国のように産業構造の高度化・工業水準のハイテク・高度化はなされておらず、第二次産業のGDPに占める割合がかなり高く、資源・エネルギー集約型の工業構造に依存している。

たとえば中国では、重化学工業は工業・第二次産業の七割近くの比率を占め、莫大なエネルギー消費量をもたらすと同時にCO_2など温室効果ガス・環境汚染物質を多く排出しており、CO_2の排出量は世界全体の三割以上にも達している。しかも新興・途上国ではエネルギー需給構造の主役は石炭で、電力供給の大半は石炭火力に依存しており、再生可能エネルギーなどの非化石燃料・グリーン化への転換は喫緊の課題である。

新興・途上国は脱炭素化を目指し、先進国以上に産業構造・エネルギー構造の転換に力を入れなければならないが、技術的な制約により思うように進んでいない。特に資源・エネルギー多消費で環境負荷の高い重化学工業から軽薄短小・技術集約型の工業への転換や産業高度化は技術開発・イノベーション水準に左右されている。

一方で中国、インドおよびベトナムなどASEAN諸国は世界の工場、生産・事業拠点であり世界の多国籍製造企業が数多く進出している。たとえば中国では二〇二〇年の時点で、ストックベースでの世界の対内直接投資額は数千億ドルに上っており、生産・事業拠点を持つ多国籍企業は九六万社に達している。その大半は工業・製造業で資源・エネルギー集約型部門に集中しており、CO_2の排出量を増やしている。

†脱炭素産業革命による国際政治経済秩序の変化

世界の工場や主要なサプライチェーンにおける中国、インド、ASEANなど新興・途上国では環境負荷が拡大し、世界の温室効果ガス排出の主な発生ソースとなっている。先進諸国や多国籍企業は新興・途上国における産業構造やエネルギー構造の転換、産業高度化を促すため、排出権の枠組みを活用するのみならず、省エネ・再エネ（再生エネルギー）技術や環境保全などの技術移転と金融支援を積極的に行うべきである。

総じて脱炭素産業革命は産業活動分野、輸送分野でライフライン、エネルギー構造の非化石エネルギー・グリーン化構造への転換として実施・展開される。産業革命後の温度上昇を一・五度以下に抑え、カーボンニュートラル目標を達成できるか。これは先進国・地域以上にエネルギー・資源集約型産業の多い中国・インド、ASEANなど新興・途上国地域での大幅なCO_2削減にかかわっている。

脱炭素産業革命の展開に伴い、資源賦存《ふぞん》のみに頼っている産油国・産ガス国のパワーが次第に低下し、競争優位が喪失していく。脱炭素技術開発・イノベーションにより非化石エネルギーや新エネ・蓄電など利用コストが大幅に減少し、普及・実用化していく。従来の化石燃料による環境負荷（CO_2・温室効果ガスの排出）を克服し、一九七二年にローマクラブによって発表された「成長の限界」、いわゆる現代資本主義の成長危機を乗り越えようとしている。先進国はすでに一次エネルギーと電源構造における石油・石炭など化石燃料の供給量・比率を減少させ、太陽光発電や風力発電など非化石燃料の比率を上げている。

中長期的に資源賦存性・優位性に頼る産油国・産ガス国の国力・パワーが低下していけば、世界政治、経済への影響力が弱まっていく。これによりロシアによるウクライナ侵攻のような蛮行も制限されるであろう。

現在、グリーン技術パワーの格差により脱炭素優位国と脱炭素劣位国がはっきり分かれているが、脱炭素産業革命は技術革新・イノベーションにより現代資本主義・市場経済国の「成長の限界」を乗り超えようとしている。また経済・産業のグリーン化や国際競争の激化に伴い、エネルギー資源国と消費国との間で、脱炭素に欠かせないレアメタルをめぐる争奪戦が激しくなっていく。ゼロカーボン潮流が加速していくなか、脱炭素産業革命は脱炭素先進国と脱炭素劣位国、エネルギー資源国とエネルギー消費国のパワーバランスの変化をもたらし、国際政治経済秩序の地図を大きく塗り替えつつある。

脱炭素産業革命とはどのようなものであり、なぜそれを次世代産業革命の主役とみなしているのか。これまでの産業革命とのかかわりと位置づけは、どのようなものであるのか。それはいかにして社会経済構造・生産方式やライフラインに変化をもたらし、国際秩序に大きなインパクトを与えるのか。そしてその影響・インパクトを受けて、国際政治経済の秩序はどのように変容していくのか、世界中で注目が集まっている。

本書ではこれらの問題意識を踏まえ、次に挙げる三つの視角に焦点を当てる。第一の視角としてこれまでの産業革命とのかかわり、起爆剤としての脱炭素産業革命の位置づけ、そしてそこでの主役の機能・役割について考察する。

そして第二の視角として脱炭素産業革命による社会生産様式・生活様式の変化、従来の化石エネルギーからの転換、エネルギー安全保障や資本主義・市場経済およびグローバル経済のグリーン化について分析する。

さらに第三の視角として脱炭素産業革命がいかにしてエネルギー資源国と脱炭素先進国の地政学地図を塗り替え、資源賦存に頼る資源国のパワー低下によるパワーバランスの変容、脱炭素優位国と脱炭素劣位国、新興国と先進国の新たな関係について考察する。

第1章

脱炭素産業革命とは何か——次世代革命の起爆剤

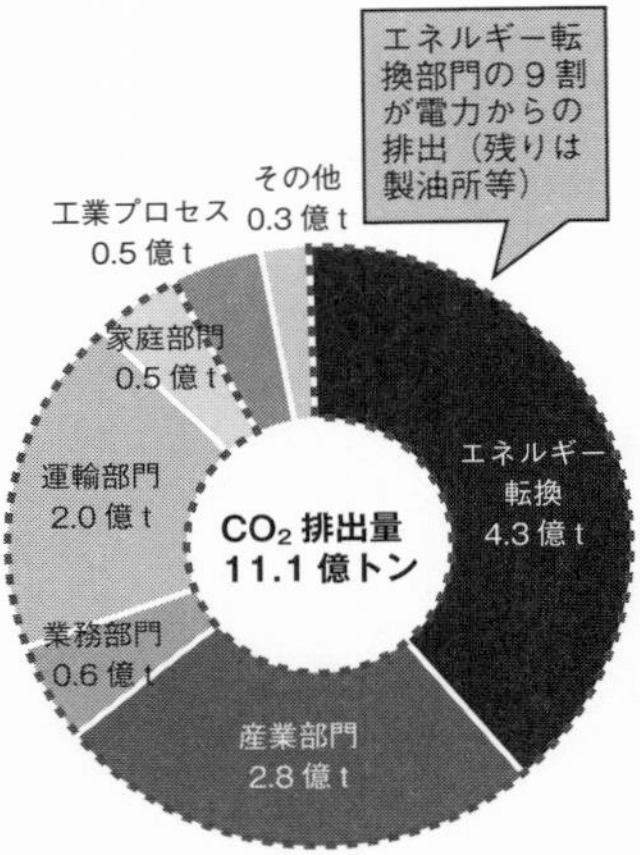

図 1-1　部門別の CO_2 排出量（2019 年度）
出所：資源エネルギー庁『エネルギー白書』2021 年。

1　脱炭素産業革命と技術革新の展開

脱炭素産業革命とは、カーボンニュートラルに向けたエネルギー・電力創出・転換、生活活動分野での炭素排出削減・停止のための技術革新、および生産様式・生活様式と意識、産業組織・経営モデルにかかわる転換である。これは気候・エネルギー危機の解決、地政学的変動までまさに革命的な変化をもたらす。

図1-1、図1-2に示したように脱炭素とその技術関連分野はエネルギー、輸送・製造業および家庭・オフィス関連産業である。生産方式の転換とは産業構造のグリーン化、産業ハイテク・高度化を指す。すなわちそれは資源・エネルギー消費型の鉄鋼・石油化学、アルミニウムなど重厚長大産業から省エネ、省力の軽薄短小の産業、温室効果ガスの排出の少ない産業への転換である。

生産方式の転換に伴い、経営モデル・経営戦略も大きく転換しつつある。企業はカーボンニ

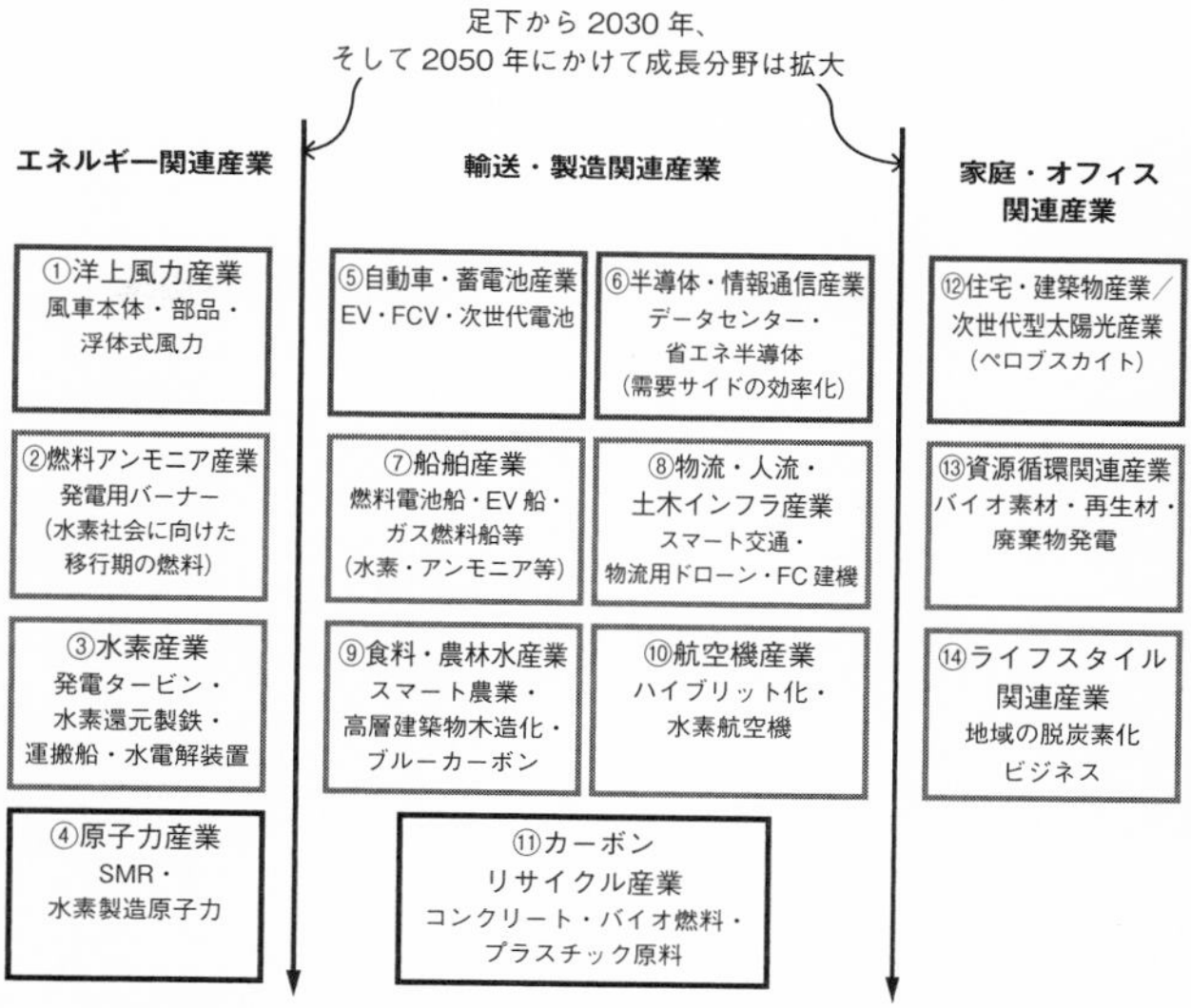

図 1-2　脱炭素技術関連産業
出所：資源エネルギー庁

ュートラルに向け、脱炭素化を前提とした経営戦略を立て、生産過程・中間財・最終消費財のグリーン化、低炭素・脱炭素化の実現と経済利益を追求している。

たとえばエネルギー・資源多消費型産業の代表産業である鉄鋼産業では、脱炭素化（CO_2排出量の削減）に向けて以下のような生産方式の転換がなされ、経営戦略の転換が図られている。すなわち①鉄鉱石を原材料とする高炉での製鉄から、鉄スクラップを原材料とする電炉における製鉄へのシフト、②高炉におけるCO_2排出量削減に向けた水素活用還元技術など革新的技術の導入、③

CO_2 循環	人工光合成	水電解	e-fuel（合成燃料）	フッ素イオン2次電池
PEM（個体高分子膜）水電解	SOEC（個体酸化物電解セル）	メタネーション	水素エンジン	チタン酸リチウム負極リチウムイオン電池
Power to Chemicals	アミン吸収 CO_2 回収	CO_2 分離膜	交換式電池	金属リチウム負極2次電池
水素専焼	水素ガスタービン	アンモニアガスタービン	MaaS（モビリティー・アズ・ア・サービス）	シリコン負極2次電池
液体アンモニア燃焼	ガスタービンコンバドサイクル	高温ガス原子炉	マイクロEV	水系リチウムイオン電池
小型モジュール原子炉	再エネ自己託送	アンモニア（NH_3）	EV向け軸受	ペロブスカイト太陽電池
浮体式風力発電	カーボンプライシング	水素吸蔵合合金	パワー半導体	セルロースなのファイバー
SE船	CO_2 フリー天然ガス改質	メチルシクロヘキサン（MCH）	全固体電池	バイオマスプラスチック
高圧直流送電（HVDC）	グリーン水素	水素センサー	全樹脂電池	パラレジン
仮想発電所（VPP）	水素キャリア	FCV（燃料電池車）	リチウム硫黄2次電池	水素還元製鉄

表1-1　注目されている脱炭素技術
出所：日経BPムック『カーボンニュートラル注目技術50』（2021年11月）より筆者作成。

再生可能エネルギー由来の電力や水素の利用拡大、④CCUS（CO_2 の回収・有効利用・貯留）技術の導入への取り組みである。[1]

二〇五〇年までに脱炭素社会の実現を目指す「二〇五〇年カーボンニュートラル」に向けて、さまざまな産業分野で温室効果ガス排出を削減する取り組みが進められている。なかでも CO_2 排出量で多くの割合を占める鉄鋼業では、後述のように水素を用いた CO_2 排出量削減のための技術が実用化している。

目下、日本など主要国はカーボンニュートラル実現に向けて

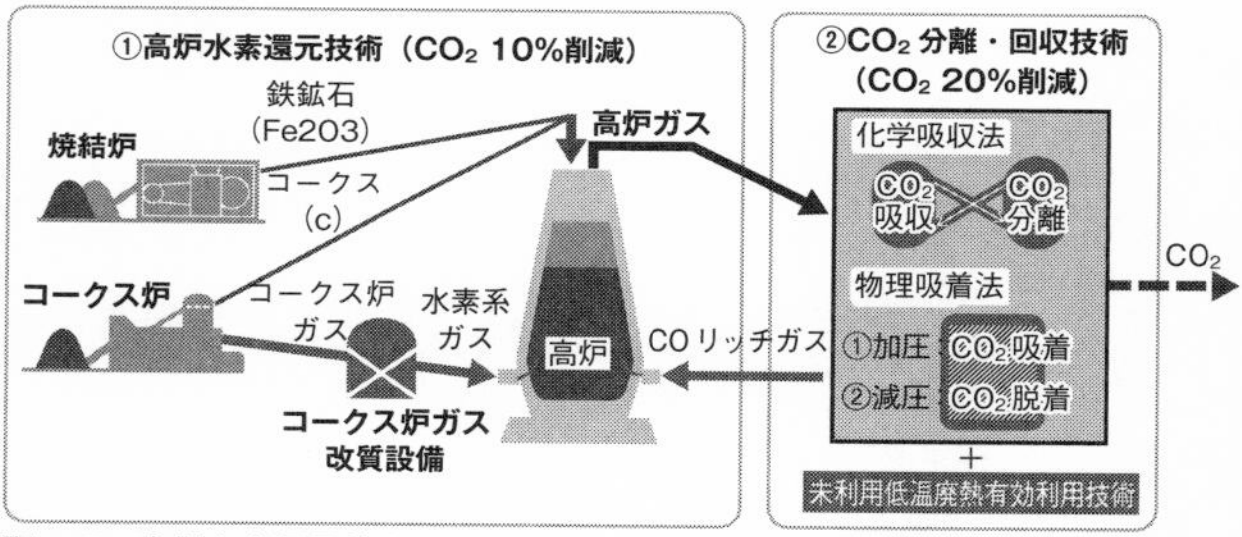

図1-3　高炉水素還元技術
出所：資源エネルギー庁

産業活動やモビリティー・生活分野、エネルギー・電力分野での脱炭素技術開発に積極的に取り組んでいる（表1－1）。そこで注目されている主な脱炭素技術の開発・利活用について次節で述べる。

2　産業活動での脱炭素革命・技術活用

工場などでの脱炭素化で機器・設備のエネルギー源の電力化、バイオマスの活用などの技術開発に取り組むとともに、製造プロセスでも新しい技術・設備が導入されている。たとえば鉄鋼業など製造プロセスで原料として化石燃料を使用する産業では、非化石エネルギーの電力化が制限されているため、石炭の代替として水素を利用することで低炭素化を図る技術の研究・開発が進んでおり、鉄鋼メーカーで生じる水素を活用して高炉に直接水素を吹き込む水素還元技術（図1－3）を生み出している。また、製鉄プロセスで使われずに廃棄される未利用低温排熱（低温の熱エネルギー）はCO_2の分離・回収に使われる。

また、外部からエネルギーの軽減につながる技術を導入すれば、さらなる省エネルギー化も実現される。こうした革新的な低炭素製鉄技術の開発により、製鉄所から発生するCO_2の約三割削減が期待されている。実機の四〇〇分の一規模の試験高炉でその目標が達成可能であることは検証済みである。[2]

化学産業では、光触媒を用いて太陽光によって水から水素を分離し、工場から排出されるCO_2と水素を組み合わせてプラスチック原料を製造する人工光合成技術が注目されている。

豊田中央研究所は二〇二一年四月に太陽光エネルギーを利用し、水とCO_2から有用な有機物であるギ酸を作り出す人工光合成の変換効率が、実用サイズで世界最高の技術水準に達していると発表した。同技術による人工光合成変換効率は植物を大きく上回る七・二％で、これにより工場から排出されるCO_2を回収して資源化することも可能となる。「脱炭素化社会」実現に貢献するためにも早期の実用化を目指すという。

産業活動において太陽エネルギーを活用し、さらには工場から出るCO_2を原料として使用する同技術は、基幹化学品の製造プロセスにおいて大幅にCO_2排出量を削減するのみならず、CO_2を取り込んで炭素化合物として留めておくことで大気中のCO_2を減らす「CO_2の固定化」により、脱炭素化に大きく寄与する。

またセメント産業において一tのセメントを産出する場合、CO_2は約七七〇kg排出され、コンクリート一m^3当たりでは二七〇kgのCO_2が排出される。コンクリートは世界で最も使用されている人工材料で、道路や橋、トンネル、住宅、水力発電所などインフラを整備するために年間約一四〇億m^3生産されている。これにより三七・八億tのCO_2が排出され、世界のCO_2排出シェアの七%を占めている。

そこで建設会社・セメントメーカーは次のような脱炭素化の技術を開発し、CO_2の削減に取り組んでいる。第一にセメント使用量を大幅に削減し、CO_2排出量を低減させることで、セメントの代替材料として廃タイヤ、廃プラスチック、木屑、建設発生土、製鉄スラグ、下水汚泥などさまざまな廃棄物・副産物が活用されている。第二にコンクリート製造プロセスに大量のCO_2を吸収・固定させることで、CO_2を吸収（炭酸化反応）し、硬化・緻密化させる性質を持っている原料特殊混和材を用いたコンクリートにCO_2が含まれる排気ガスを接触させ、強制的に吸収・反応させて養生する。これを炭酸化養生（排気ガスを炭酸化養生システムに吹き込み、排気ガス中のCO_2をコンクリートに固定させること）すれば、大量のCO_2をコンクリート中に吸収させることができる。[3]

3 生活分野での脱炭素化とその影響

カーボンニュートラルに向けて、国民生活を取り巻く環境が大きく変わりつつある。これまでの環境保全・環境保護意識に加え、家庭でも再生可能エネルギーによる電化の普及が求められる。また、移動手段・モビリティーではEV・FCVなど新エネ車が普及し、特に公共EVバスは従来のガソリン・ディーゼルおよびガス車に取って代わり、家庭での充電や公共充電ステーションも普及しつつある。またEV自動車・モビリティーは輸送・移動のみならず、家・地域の発電・電力供給の機能も有しており、緊急時のエネルギーセキュリティに寄与する。加えて高気密、高断熱な省エネルギー住宅が求められる。

脱炭素化は生活者の生活方式・行動様式の変化のみならず、生産・供給側・メーカーに好循環をもたらす。たとえば自動車メーカーでは温室効果ガスの排出量が少ないプラグインハイブリッド車（PHEV）、あるいはまったく排出しないEV、FCVなどの開発が進められ、部品メーカーもそのための部品の開発に力を注ぐようになる。さらには製造過程における排出量を抑えるため、加工時の排出量が少ない素材や部品への需要が高まり、素材・部品メーカーはそのための技術開発に取り組み、低炭素素材へのシフトが進むと考えられる。(4)

また、住宅メーカーでは設計・施工・利用・解体というあらゆる工程における排出量低減が求められ、高気密・高断熱な省エネルギー住宅を建築するための設計技術やそれらを実現するための材料の需要が高まり、施工時における重機利用の効率化や排出量の低い重機の利用が求められるであろう。(5)

4 エネルギー・電力分野の脱炭素化と主要技術

従来のエネルギーからの転換は脱炭素を成功させる重要なカギである。前出図1－1に示しているように、エネルギー分野のCO_2の排出量は全体の排出量の約三九％を占めている。

日本政府は二〇五〇年までに排出量を実質ゼロにする方針を打ち出し、二〇二一年四月には中間目標となる三〇年度に一三年度比で四六％減らす目標を掲げている。その目標の下で二〇二一年一〇月、新たな第六次エネルギー基本計画による二〇三〇年度の電源構成目標を打ち出し、図1－4に示したように非化石エネルギーによる発電を拡大させようとしている。化石火力を二〇一九年比マイナス二〇ポイントの五六％に引き下げる一方で、太陽光をはじめとする再エネ発電比率は従来目標の二二～二四％から、三六～三八％に引き上げられている。なかでも太陽光発電は「電源比率七％／設備容量六四GW」からほぼ二倍に引き上げられ、一四～一

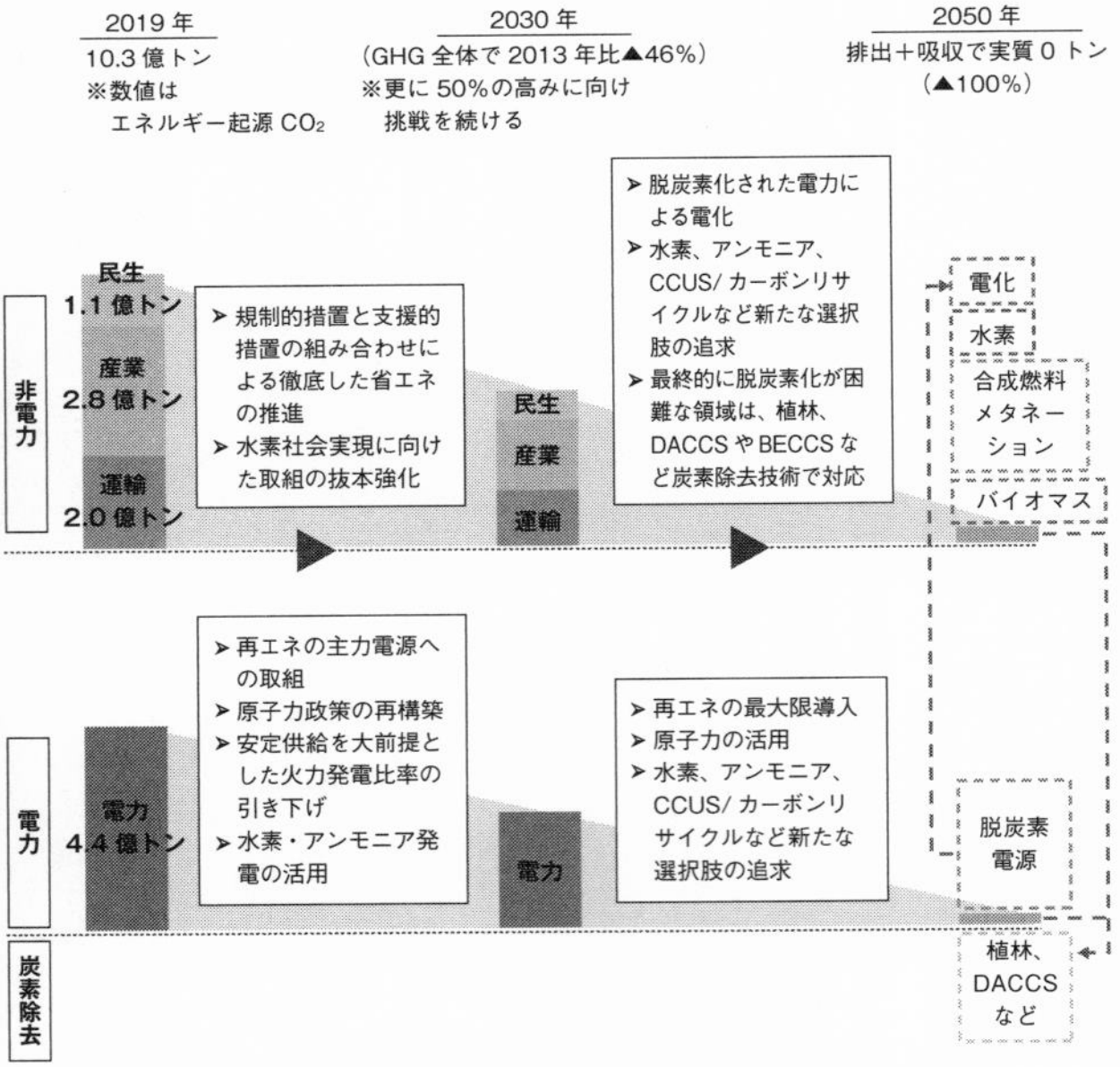

図1-4　カーボンニュートラルの実現に向けた対策・技術的取り組み
出所：経済産業省

六%／一〇三・五〜一一七・六GWまで拡大している。

さらに政府はカーボンニュートラルの実現に向けて、二〇五〇年には発電量の約五〇〜六〇%を太陽光、風力、水力、地熱、バイオマス等の再エネでまかない、水素・燃料アンモニア発電は一〇%程度、原子力・CO_2回収前提の火力発電は三〇〜四〇%程度とすることを目指している。[6] しかし政府のグリーン成長戦略においては、各電源が自然条件や社会制約、技術課題など様々なハードルを克服する必要があり、こうした目標を実現することは容易ではない。

二〇五〇年カーボンニュートラルの実現を目指し、グリーンエネルギー・電化率の拡大により電力需要が約三〜四割増加することが見込まれている。電力ニーズのさらなる増大をまかなうには最大限に再エネを導入し、原子力、水素・アンモニア、CCUS／カーボンリサイクルなど脱炭素の取り組みを行っていくことが不可欠であり、これらの技術は急ピッチで開発されている。

†太陽光発電関連技術

二〇五〇年カーボンニュートラルの実現に向けて、太陽光発電を含む再生可能エネルギーはクリーンエネルギー・電源構成の主役と位置づけられており、積極的に導入されている。平地の少ない日本では太陽光発電の適地を確保することが難しいため、耐荷重の小さい工場の屋根やビル壁面等への導入を視野に入れている。そこでは電池の軽量性、壁面等の曲面にも設置可能な柔軟性を兼ね備え、性能面（変換効率や耐久性等）でも従来のシリコン太陽電池に匹敵する次世代型太陽電池の開発が欠かせない。(7)

次世代型の太陽電池はペロブスカイト太陽電池を指す。これは従来のシリコンの代わりにペロブスカイト材料を使用して発電するもので、低温塗布で製作するため負荷重の低い屋根や壁面・曲面などに設置できる柔軟性を有しており、工場・住宅の屋根や都市部への導入拡大が期待できる。目下、東芝は二〇二五年の実用化を目指し、開発中である。同社は変換効率の高いペロブスカイト太陽電池を実現しつつあり、大面積で高効率な結晶シリコンのプレミアムバージョン並みの変換効率を目指している。開発したペロブスカイト太陽電池のシングルセルの認証変換効率は二一・六%(一・〇㎠)で、二六・七%の結晶シリコン太陽電池の変換効率に迫っている。(8) 東芝はすでに二〇一八年八月に面積七〇三㎠のフィルム型モジュールで一一・七%という認証変換効率を達成しており、これは二〇二一年四月時点で、大面積のフィルム型モジュールとしては世界でトップの数値である。(9)

またNEDO(新エネルギー・産業技術総合開発機構)によると、ペロブスカイト太陽電池の基盤技術の開発や、製品レベルの大型化を実現するための各製造プロセス(たとえば塗布工程、電極形成、封止工程など)の個別要素技術の確立に向けた研究開発を行うことにより、二〇三〇年までに現時点における従来型シリコン太陽電池と同等の発電コスト一四円/kWh以下の達成を目指している。

†風力発電関連技術

風力発電は他の再エネより発電コストが低く、グリーン電化ニーズに大規模な導入が求められている。昨今、洋上風力発電の国内外での市場拡大を睨んで、産業競争力の強化が重要な課題となっている。カーボンニュートラル実現を目指し、遠浅の海域の少ない国・地域では、水深の深い海域に適した浮体式洋上風力発電の導入拡大が必要不可欠である。四方を海に囲まれた日本では洋上風力発電のポテンシャルが高く、開発・導入が拡大されようとしている。

洋上風力発電は大きく着床式と浮体式の二種類に分かれる。前者は水深六〇m未満の海域・海底に固定した基礎に、海面を利用して発電装置、制御・監視装置を設置する。それに対して後者は大水深の沖合・海上に浮かぶ浮体構造物（船舶、浮体）に風車を設置する。日本風力発電協会の推計(10)によると、日本の周辺海域は急峻な海底地形であるため、大水深に設置可能な浮体式のポテンシャルが大きい。沖合は風が強く、好風況域のポテンシャルが大きいことが浮体式の大きな利点である。また、離岸距離三〇km以内の比較的陸に近い海域でも浮体式洋上発電が適している。

ＩＥＡ（国際エネルギー機関）の試算(11)によると水深二〇〇〇mまでの海域は洋上風力発電のポテンシャルを有し、日本のポテンシャルは年間総発電量の約九倍ある。同試算に基づけば、二〇四〇年に三〇〜四五GWという数値目標は着床式と浮体式発電の導入を通して実現される。さらに、二〇五〇年カーボンニュートラルに向けて一〇〇GWという導入目標を達成するには浮体式の大量導入が必要とされる。

ここで指摘すべきは、浮体式風力発電が日本経済の活性化とグリーン成長の実現を促進するということである。浮体式風力発電産業におけるサプライチェーンは発電装置の開発から製造、建設・設置、運営・メンテナンスなど全体にわたり、浮体構造物、係留索、アンカーに多くの鉄鋼、コンクリート、化学繊維等が使われるため素材産業、造船産業にもかかわってくる。浮体式風力発電の導入拡大はこれらの産業の発展を促進し、経済の活性化および新しい産業・雇用創出をもたらしている。

†水素関連技術

前述のように二〇五〇年には発電量の約五〇〜六〇%を太陽光、風力、水力、地熱、バイオマス等の再エネでまかない、水素・燃料アンモニア発電は一〇%程度とするという数値目標に向け、水素・アンモニアエネルギーの技術開発とこれを応用する機運が高まっている。

水素エネルギー技術は主に水素専焼、水素ガスタービン、水素エンジン、水素還元製鉄などに分かれる。

水素専焼・水素ガスタービンは水素燃焼のみでタービンやエンジンを稼働させ、発電する技術で、目下、水素を燃料とした火力発電用ガスタービンにおいてすでに三〇%水素混合天然ガスタービンが開発されている。三菱パワーは二〇一八年、天然ガスに三〇%の水素を混合し、燃焼させる予混合燃焼式発電ガスタービンを実用化し、二〇二五年には水素のみを燃焼させる水素専焼ガスタービンの実用化を目指し、開発を進めている。[12] 国内初の商用の水素専焼発電所である山梨県・富士吉田水素発電所の起工式が二〇二一年九月中旬に挙行された。同社の発電容量は三六〇kwで、二二年四月に営業運転が開始された。

日本政府は水素基本戦略において、次のような目標を掲げている。第一に電力分野での利用については二〇三〇年頃の商用化を実現し、一七円/kWhのコストを目指し、水素調達量は年間三〇万t程度（発電容量で一GW）を目安とする。第二に将来的には環境価値も含め、既存のLNG火力発電と同等のコスト競争力を目指し、水素調達量は年間五〇〇万〜一〇〇〇万t程度（発電容量で一五〜三〇GW）を目安とする。今後、カーボンニュートラルに向けて需給が拡大することを見込み、二〇五〇年に水素発電コストをガス火力以下（二〇円/nm^3程度以下）にするなど、化石燃料と競争できる水準となることを目指す。[13]

水素エンジンは燃料電池車（FCV）の仕組みと異なっている。FCVは燃料電池で、水素と酸素の化学反応により（いわゆる化学エネルギーを電気エネルギーに変換させて）発電した電気エネルギーを用い、モーターを回して走行する車である。一方、水素エンジンは従来の自動車向け内燃機関のガソリンあるいはディーゼル燃料を水素に置き換えたエンジンで、原理的にCO_2を排出しない。

水素エンジン車は、FCVに比べパワートレーンとして安価につくれるのみならず、燃料となる水素も低コストでつくれる。FCV用の水素は純度が約一〇〇％（九九・九七％）となって高価であるのに対し、水素エンジン用の水素は低純度であるため水素の作製コストが安価である。また水素エンジン車の排ガスはクリーンに近く、高い負荷率運転時、燃焼反応のプロセスでNOx（窒素酸化物）が排出されるとはいえ、水素の可燃範囲が広いため希薄な混合気を安定して燃焼させられる。空気過剰率（λ）二以上の希薄燃焼と大量の排ガス再循環（EGR）の組み合わせによる運転で、NOx排出量は数十〜一〇〇ppmに抑えられるといわれている。(14)

水素エンジン車は今後、脱炭素自動車導入拡大のために極めて重要である。日本自動車工業会（JAMA）会長であるトヨタ社長の豊田章男《とよだあきお》氏は、カーボンニュートラルの実現を目指し、電気自動車一本やりではなく水素エンジンを活用することの重要性を強調しており、これはJAMAの方向性とも合致する。(15)

水素還元製鉄はCO_2排出を減らすとして注目されている新型製鉄技術である。これは酸素を除去し、鉄の強度を高める還元というプロセスで従来のコークスの代わりに水素を用いる方法である。水素を大量に含んだガスを高炉内に直接吹き込み、水素還元反応の割合を高めながらコークスによる還元率を下げ、CO_2排出量を削減させる技術、さらには水素一〇〇％直接還元製鉄技術（コークスの代わりに水素のみで行う鉄鉱石の還元）により二酸化炭素が発生されず、脱炭素に大いに貢献できる。

日本製鉄とＪＦＥスチール、神戸製鋼および日鉄エンジニアリングがＮＥＤＯの委託事業と技術開発を進め、二〇二一年四月時点までに九回の試験操業でCO_2排出量一〇％削減を確認した。水素還元製鉄をはじめとする革新的な低炭素製鉄技術の開発により、製鉄所から発生するCO_2の約三〇％削減を目指しており、実機の四〇〇分の一規模の試験高炉においてその目標が達成可能であることがすでに検証されている(16)。

†アンモニア関連技術

これは主にアンモニアガスタービン技術を指し、化学品の原料や農業の肥料に使用されるアンモニア（NH_3）をCO_2フリー燃料として燃焼し、稼働させる発電用ガスタービン技術の開発が進められている。ガスタービンの排熱を利用してアンモニアを分解し、燃料に変換して使用するアンモニア分解ガスタービン・コンバインドサイクル（ガスタービンと蒸気タービンを組み合わせた二重の発電方式）については実用化のめどが立っている。三菱パワーは二〇二一年三月一日、アンモニア燃料を一〇〇％利用・専焼する四万kW級ガスタービンシステムの開発に着手し、二〇二五年以降の世界初の実用化を目指す(17)。

現在、石炭火力にアンモニアを二〇％混焼する実証実験が進んでいる。表１−２に示した

ケース	20%混焼（※1）	50%混焼（※1）	専焼（※1）	（参考）1基20%混焼
CO_2排出削減量（※2）	**約4,000万トン**	約1億トン	**約2億トン**	約100万トン
アンモニア需要量	約2,000万トン	約5,000万トン	約1億トン	約50万トン

表1-2　アンモニア混焼・専焼によるCO_2排出量とアンモニア需要量

※1　国内の大手電力会社が保有する全石炭火力発電で、混焼／専焼を実施したケースで試算。

※2　日本の二酸化炭素排出量は約12億トン、うち**電力部門は約4億トン**。

出所：資源エネルギー庁

ように、国内の大手電力会社が保有するすべての石炭火力発電所で二〇%混焼を行う場合、CO_2排出削減量は約四〇〇〇万tになる。今後、混焼率を向上させる技術を確立させていくと同時に、アンモニアのみを燃料として使用する「専焼」の発電技術を実現すれば、CO_2排出削減量は約二億tになると試算されており、脱炭素に大いに寄与する。

†全固体電池

全固体電池とは電解液と正極・負極の間に電解質セパレーター層を使わず、従来のセパレーターとは異なり、固体電解質を使用する二次電池である。リチウムイオン電池に比べ、固体電解質の使用によって発火リスクがなく、安全性・性能が高く、劣化が小さいなどといったメリットがある。

NEDOによると[18]、全固体電池は難燃性で、化学的安定性に優れた固体電解質を使用することから、エネルギー密度を高めても安全な電池が製作されている。固体電解質の中でもリチウムイオンは、有機電解液の中よりもスピーディーに動くことができるため急速充電性能が大きく向上し、熱的安定性もアップする。また冷却装置等が簡素化されるためパッケージの小型化、全体のコストダウンも見込まれる。分解によるガスの発生も少なく、外気温の変化など運用環境が厳しい中でも確かな性能と安全性を持ち、車載用蓄電池に適している。

　全固体電池は次世代電池の代表格で主にEVに使われ、車載電池として最有力であるため、自動車会社と電気会社は開発を急いでいる。全固体電池は従来の電池充電時間の三分の一で済み、航続距離は現状のリチウムを搭載するEVの倍の一〇〇〇kmを達成できる。トヨタ自動車は二〇二五年までに全固体電池の実用化を目指し（図1－5）、パナソニックが設立した車載用電池を手掛けるプライムプラネットエナジー&ソリューションズと連携して開発を進めている。ウェアラブル機器などの小型製品に搭載させる低容量の全固体電池の開発が先行している。

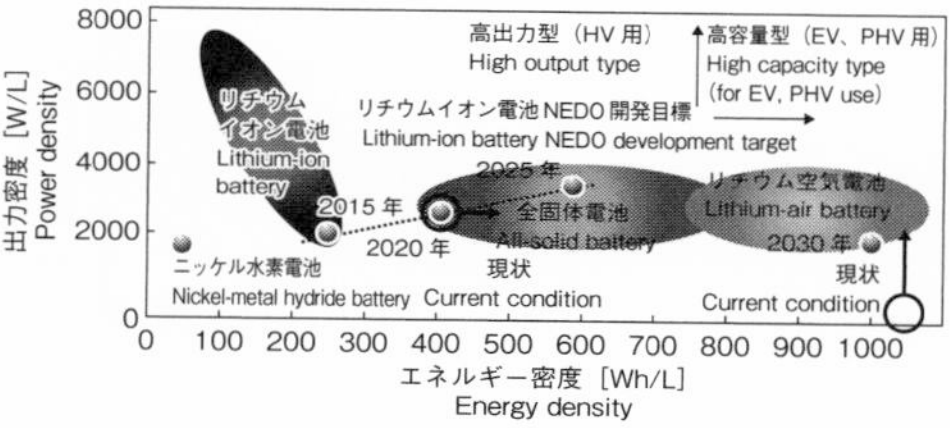

図1-5　次世代の革新型電池
注：トヨタ自動車が開発を目指す「革新型電池」。全固体電池とリチウム空気電池がある。ちなみにNEDOは、2020〜2025年に全固体電池、2030年にリチウム空気電池の実用化を目指している。
出所：https://monoist.itmedia.co.jp/mn/articles/1212/17/news077.html

ＴＤＫは電流容量が〇・一mAhの製品を量産中で、マクセルは八mAhの製品の量産を予定している。日立造船は二〇二一年三月に一〇〇〇mAhと「対外的に発表されている全固体電池では世界最高クラスの容量」のセルを公開し、サンプル出荷の計画も明らかにした。[19]

†全樹脂電池

車載電池の主流として全固体電池に比べ、全樹脂電池（All Polymer Battery）は定置用二次電池に向く主流電池である。全樹脂電池は電極を含む約一〇〇％の構成部材・部品を樹脂で作るＬＩＢ（Lithium Ion Battery：全固体電池）であり、ＡＰＢ株式会社と三洋化成工業株式会社が共同開発したバイポーラ積層型のリチウムイオン電池である。[20] 全樹脂電池は従来のリチウムイオン電池と異なり、正極・負極ともに樹脂製で電解液はゲル状の樹脂に置き換えられ、ショートが発生しても大電流が流れず安全性が高い。

同電池は部品点数が少ないため製造プロセスの簡略化、低コスト化が可能で、なおかつ安全性が高く、エネルギー密度が高いというメリットがある。用途としてはビルなど施設の大型定置用蓄電池のほか、スマートウォッチなどのウェアラブル機器および生活関連・医療施設などでの使用が挙げられる。

†次世代パワー半導体技術

半導体の素材は基本的にシリコン（Si）であるが、次世代パワー半導体では素材が進化している。つまりシリコンではなく、電気を通しやすく電力ロスが少ないGaN（窒化ガリウム）やSiC（炭化ケイ素）によるもので、研究・開発が強化され実用化が進んでいる。

GaNは窒素（N）とガリウム（Ga）を結合した化合物である。次世代の半導体材料はエネルギー損失が小さく、大電流を扱えるため高効率・高耐久性をもつ。従来のシリコン半導体に代わり、GaNを使用したデバイスやシステムが普及すれば、消費電力の減少によるCO_2排出・環境負荷の低減につながる。

GaN技術として以下のような用途が挙げられる。第一は省エネを実現する高輝度・高出力レーザ、高効率照明、新世代ディスプレイ、第二は大容量データを瞬時に送受信できる高周波・光通信デバイスなどポスト5G通信、第三は機器や装置を小型化でき、現在のSi系基盤よりも大電流動作が可能な高耐圧パワー半導体である。(21)

環境省の有識者委員会の発表資料によると、GaNデバイスによる二〇三〇年におけるCO_2削減量は一〇六四万tに達すると予測されており、これは日本全体CO_2排出量の一%に相当する。GaNはCO_2削減を実現するキーデバイスで、脱炭素化のための重要な技術革新の一つとなっている。

ＳｉＣ（シリコンカーバイド）はシリコン（Ｓｉ）と炭素（Ｃ）原子で構成され、各原子の周りに異なる四個の原子が正四面体で配置されている最密充塡構造の化合物半導体材料である。[22]

ＳｉＣは特に高耐圧領域で低オン抵抗化や高速スイッチングによる電力損失の低減が可能で、高温での動作も可能なため、パワーデバイスの中でも有力視されている。ＳｉＣを利活用したパワー半導体は高速スイッチングと低オン抵抗特性を実現し、高温環境下での動作に優れていることからＯＡ、産業用スイッチング電源、ＥＶ給電設備、溶接ロボット、太陽光発電など再生可能エネルギー分野、原子力発電分野まで幅広く応用されている。たとえば東芝は高出力・高効率産業電源、太陽光インバーター、ＵＰＳ（無停電電源装置）の低損失化に最適なパワー半導体デバイスを生産・提供している。

5　モビリティー分野での脱炭素化と関連技術

前出の図１－１に示したように、輸送部門のCO_2排出量は全体CO_2の排出量の一八％を占め、エネルギー部門、産業部門に次ぎ第三位となっている。輸送分野でのCO_2削減は極めて重要で、その関連技術が注目されている。

ＦＣＶ（燃料電池車）とは燃料電池を動力源とし、モーターを回して走行する自動車である。ここでは水素と酸素を化学反応させて発電し、化学エネルギーを電気エネルギーに変換する。水素はCO_2、NO_x（窒素酸化物）などを排出せず、太陽光など再生可能なエネルギー利用により、天然ガスなどの原料から作られる。これは脱炭素化の重要な技術である。

だが、水素自動車には克服すべき課題が残っている。まだ製造コスト・販売価格が高いため燃料補給インフラが整備されておらず、水素ステーションの数がまだ少ないため利便性が損なわれている。今後は製造コストを引き下げ、燃料補給インフラをさらに整備することが急務となる。

電気自動車（ＥＶ）はバッテリーを充電して、その電力でモーターを駆動して走行する。ハイブリッド車（ＨＥＶ）とは異なり、ＥＶは基本的にバッテリーに充電された電気のみで走行する。家庭や職場の駐車場で充電するだけで毎日の移動に使えるため、手軽で利便性が高い。

マイクロＥＶは軽自動車に比べコンパクトな小型の電気自動車（ＥＶ）で、ミニカーと小型モビリティーに分類される。マイクロＥＶはクリーンかつ効率のよい交通手段であり、高速道路での使用よりも都会地域でのコミューターとして普及率が高くなりつつある。

マイクロＥＶの車体は軽量で、電池搭載量に対して相当な航続距離があり、軽快に走行できるというメリットがあるが、充電に時間がかかるというデメリットがある。ガソリン車に比べ、急速充電器を使っても三〇分で八〇％程度しか充電できず、従来のガソリン車より一〇倍の時間がかかってしまう。よって今後、充電時間および充電インフラなどの課題を克服すべきである。

またEVの駆動用モーターの軸を支える玉軸受が改善されれば、従来の四倍超の高速回転に対応できる。玉軸受の改良による高速回転化がEVモーターの小型化に直結すれば、EVの導入拡大・普及につながる。

玉軸受を高速回転できるようにするには、軸回転の遠心力を低減させるため円環部の爪を軽量化することが必要であり、爪の形状を見直すにあたってトポロジー最適化技術を活用した。日本精工株式会社（NSK）によると同社は世界で初めて、最先端シミュレーションにより短時間で、トポロジー最適化技術による軸受の設計と開発に成功した。同社はdm一八〇万以上の高速回転を可能とする、電動車駆動モーター用高速回転玉軸受Gen3の開発に成功した。これはグリース潤滑用の深溝玉軸受では世界最高速回転を実現し、電動車の航続距離延長、燃費・電費の向上をもたらした。またモーターを小型化することにより車内スペースを広げることも可能となり、二〇三〇年には一二〇億円の売上を目指している。

6　主要カーボンリサイクル技術

†グリーン材料技術

セルロースナノファイバー（CNF：Cellulose Nano Fiber）はグリーン材料の主役の一つで、植物由来の素材で鋼鉄の五分の一の軽さでありながら五倍の強度を持つ。CNFは植物素材を機械的に解繊したもので、結晶部、准結晶部、非晶部から成るセルロースミクロフィブリル（シングルナノファイバー）単独、または縦に引き裂かれたもの、もつれたもの、または網目状の構造を持つ集合体から成り、幅三～一〇〇nm・アスペクト比一〇以上・長さ一〇〇㎛までのものと定義されている。植物由来のCNFは主に木材を原料とするが、木のほかにも竹、稲わら・麦わら・もみ殻、農業残渣（野菜屑、茶殻、みかん皮など）、草本類（ススキなど）、海藻などといった原料からも生成される。(23)

二〇二〇年時点で水系用途（親水性）CNFは複数の用途で製品・実用化されている。その例としては自動車や航空機部材、タイヤなどゴム製品、家電の軽量化、ソルダーペーストの添加剤・電子デバイス・エネルギーデバイス、紙類などが挙げられる。

目下、CNFはさまざまな工業製品等の基盤となる樹脂材料を補強する活用材料（複合樹脂等）として使用されている。CO_2の効果的な削減を目指し、今後さらにCNF事業は進められていくだろう。環境省は革新的な省CO_2実現のための部材・素材の社会実装・普及展開加速化事業をサポートし、窒化ガリウム（GaN）やCNFなど省CO_2性能の高い部材・素材を活用した製品の早期商用化に向けた支援を行っている。[24]

バイオプラスチックは微生物によって生分解可能な生分解性プラスチック、およびバイオマスを原料に製造されるバイオマスプラスチックの二つに分類される。

生分解性プラスチックは従来のプラスチックと同様に使用され、使用後は自然界に存在する微生物の働きで最終的に水とCO_2に分解され、自然界へと循環する。食品残渣等を生分解性プラスチックの収集袋で回収し、堆肥化・ガス化を通じて食品残渣は堆肥やメタンガスに再利用・資源化され、収集袋は生分解されて廃棄物が削減される。またマルチフィルムを生分解性プラスチックにすれば、作物収穫後にマルチフィルムを畑に鋤き込むことで廃棄物の回収が不要となり、発生抑制につながる。[25]

バイオマスプラスチックとは再生可能なバイオマス（生物）由来性資源を原料とする、化学的・生物学的合成によるプラスチックである。これを燃やしてもバイオマスが有するカーボンニュートラルの特性により、大気中のCO_2濃度が増えないため、温室効果の防止や化石資源への依存の減少、炭素中立に寄与する。

上述したグリーン材料の開発はすでに進展し、実用化しつつある。パナソニックはすでに石油資源由来の樹脂使用量の削減など環境負荷低減を目指し、セルロースファイバーを使った強化プラスチックなど材料開発を進めてきた。二〇一八年に開発したセルロースファイバー材料をコードレススティック掃除機の構造部品に採用し、軽量化と環境負荷の低減に役立てている。

さらに同社は二〇一九年、セルロースファイバーを五五％以上樹脂にミックスするという加工技術により、褐色化しやすいセルロースファイバーを白色材料として生成することにも成功している。また二〇二一年にはセルロースファイバーを七〇％樹脂に混ぜ込む複合加工技術、それを製品化する成形加工技術と同時に量産成形に向けての開発も進め、新たな金型構造や成形プロセスの最適化の組み合わせにより、薄肉成形加工や着色剤なしでの木質素材感などを実現してきた。(26)

また三菱ケミカルはバイオマスプラスチックをすでに実用化している。同社はＤＵＲＡＢＩＯ（植物由来のエンジニアリング）を開発し、小型ＳＵＶのステアリング部品と自動車・トラックの外装部品に活かした。同社の二〇一八年五月のＨＰ記事によると、ＤＵＲＡＢＩＯは再生可能な植物由来原料であるイソソルバイドを使用したバイオエンプラで、透明性をはじめとする光学特性や高い耐衝撃性・耐熱性・耐候性などにおいて従来のエンプラよりも優れた性能を有している。その発色性の良さから、顔料を配合するだけで塗装品を超える「鏡面のような平滑感・深みのある色合い」を表現でき、なおかつ表面が硬く、擦り傷が付きにくいという特長もある。近年では自動車の内外装部品などへの採用が進んでおり、部品の塗装やコーティングの工程が不要となることから、高品質の自動車部材を低コストで達成できると評価された[27]。

今後、セルロースナノファイバーやバイオプラスチックといったグリーン材料は、石油など化石資源由来のプラスチック材料より生産コストが高くなっている。今後、その製造コストの引き下げや一部のバイオプラスチックに関するバイオマスを原料としたモノマーに関連する研究・開発をさらに強化する必要がある。

†CCUS技術

CCUSとは「二酸化炭素の回収・有効利用・貯留（Carbon dioxide Capture,Utilization and Storage)」の略語で、火力発電所や製鉄所及び石油化学、セメントなどの工場からの排気ガスに含まれるCO_2（二酸化炭素）を分離・回収し、資源として作物生産や化学製品の製造、石油・ガス田のEOR（石油回収増進）に活用する、または地下の安定した地層の中に貯留・圧入する技術である（図1－6、図1－7）。

一方、CCSとは「CO_2回収・貯留（Carbon dioxide Capture and Storage)」の略語で、発電

所などから排出されたCO_2をほかの気体から分離して集め、地中深くに貯留・圧入する技術であり、ここで分離・貯留されたCO_2を利活用するのが[28]上述のＣＣＵＳである。

ＣＣＵＳではまずCO_2の分離・回収（Capture）が行われる。火力発電所、製鉄所・セメントなどの工場排ガスから純度が高い大量のCO_2を回収するため、一般的にアミンという化学物質を利用する。排気ガスをアミン溶液と接触させるとアミン溶液がCO_2を吸収し、これを一二〇度に加熱するとCO_2が分離し、CO_2を回収することが可能となる。

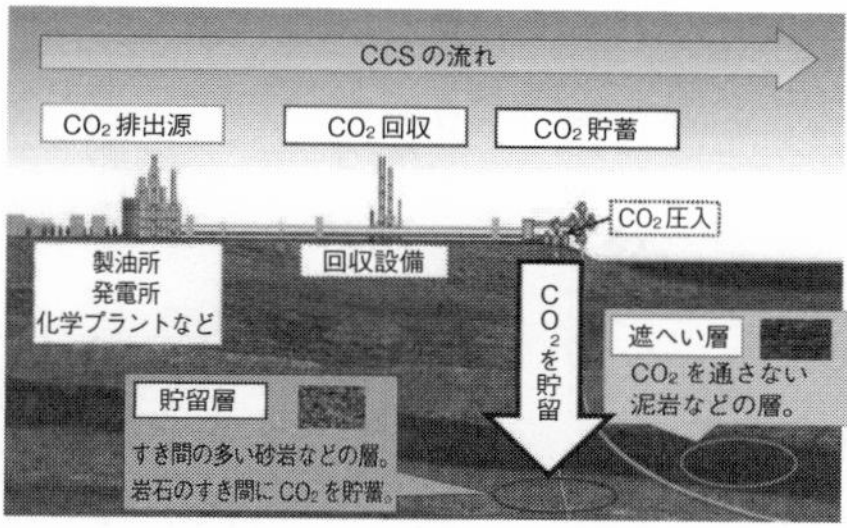

図 1-6　CCS の流れ
出所：資源エネルギー庁（図 1-7 も）

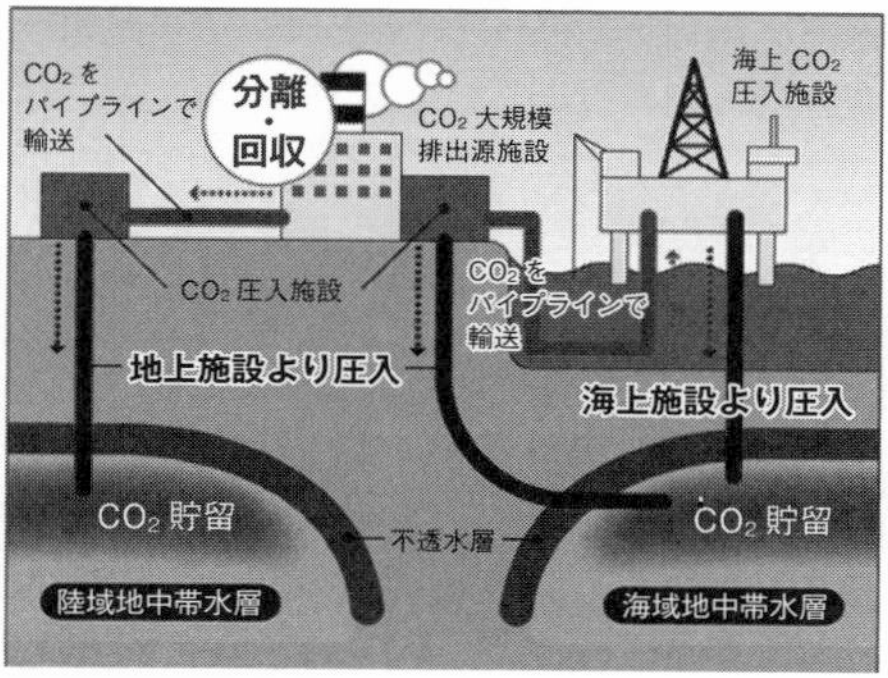

図 1-7　CCS

次にCO_2を有効利用(Utilization)するには、CO_2を燃料やプラスチック・化学製品などに変換して利用する方法と、CO_2を直接に利用する方法があり、前者ではCO_2を他の物質・資源に変換するための燃料・化石エネルギーを再エネ・グリーンエネルギーなど非化石エネルギーにする必要がある。また、後者では老朽化油田の油層にCO_2を圧入し、原油をより回収しやすくするEOR（石油増進回収）やドライアイスによる冷温保存などに用いる。

CO_2の回収・地中貯留（Storage）はCCS（Carbon dioxide Capture and Storage）と呼ばれ、これは産業活動から排出されるCO_2を分離・回収し、パイプラインや船舶で貯留先の陸地域・海域地点まで輸送して地下に封じ、貯蔵する技術である。

具体的にはCO_2を地下八〇〇mより深くにある隙間の多い砂岩などからできている貯留層に貯留する。貯留層はCO_2の漏洩を防ぐ泥岩などからできている遮蔽層で覆われている必要がある。[29] 日本では地理的特性により、CO_2貯留[30]に適している場所は海底で、火力発電所、製鉄所などの大規模なCO_2の排出源の多くは臨海地域にあるため、回収・分離したCO_2を船舶・パイプラインで輸送し海底に貯留する実証試験を加速し、さらなる技術開発を進める必要がある。

大規模な低炭素水素の生産を可能にする水素は脱炭素化が難しい部門において主要な役割を果たし、なおかつ発電のための重要なエネルギー源となる可能性がある。石炭または天然ガスとCCSの併用は現在、低炭素水素を製造するうえで最も費用効果の高い方法である。電解による水素製造のための、手ごろな価格の再生可能電力が、大量に利用できず、化石燃料の価格の低い地域では、その状況が続くだろう。削減が困難なセクターを脱炭素化し、ネットゼロ排出を達成するには、世界的な水素の製造量を、今日の年間七〇Mt（Mtpa＝年間一〇〇万t）から、今世紀半ばまでに四二五〜六五〇Mtまで、大幅に増やす必要がある。

IEAの予測によると、二〇一七〜二〇六〇年の間にセメント、製鉄、化学品製造分野においてパリ協定に沿い、産業革命以前と比較して平均気温上昇を一・五℃以内に抑えるという目標を達成するにはCO_2を二九〇億t削減させる必要があり、そのためにCCSの応用が注目されている。たとえば化学産業ではほぼ純粋なCO_2を作り出す複数の化学品製造工程があるため、回収にかかるコストが非常に低く、二〇六〇年までに一四〇億tの削減が可能である。[31]

二〇二一年の時点でCCUS技術への投資は一一億ドル（約一二〇〇億円）で、前年比で三倍に拡大している。世界各国は、カーボンニュートラルを目指しCO_2削減目標達成につながる、CCUSへの開発投資を拡大しようとしている。

また、CCUSの世界市場規模は二〇五〇年にかけて一〇〜一二兆円となると見込まれている。二〇五〇年までにカーボンニュートラルを目指し、温室効果ガス（GHG）の排出削減という長期的目標の実現に向けて、上述した産業活動やエネルギーの転換と輸送分野での供給サイドにおける脱炭素技術のみならず、需要サイドでの脱炭素化技術であるCCUSが大きな役割を果たしていくであろう。

7 これまでの産業革命とのかかわり

†産業革命相互間の重畳的継起

目下、カーボンニュートラルに向けた脱炭素技術革新、次世代産業革命が脱炭素産業革命をもたらしつつある。ここでは脱炭素産業革命とこれまでの産業革命との関連性について考察し、次世代の産業革命をいかに導くかということを検討してみたい。

これまでの四回の産業革命では相互の影響や継承・継起などが見られる。よって各回・各段階の産業革命で相互間の重畳《ちょうじょう》的継起が見られるという重畳説を指摘すべきである。たとえば一九世紀後半は第一次産業革命の成熟局面(鉄道・郵便事業)に重畳する形で、第二次産業革命の出現局面(重化学工業)がすでに始まっていた。これと同様に、二〇世紀後半に始まった第三次産業革命の出現局面(IT産業)も、第二次産業革命の成熟局面(サービス産業)に重畳しつつ、独自に継起してきたと見ることができる。

これらの産業革命により人類文明史・人類社会に必要な技術・製品はほぼ発明・開発され尽

くしているため、今後のイノベーション・技術革新はたやすいことではない。しかしながら二〇一〇年代に入り、IoT(モノのインターネット)、AI、新エネルギーなどの分野で第四次産業革命が起こりつつある。第四次産業革命を中心とするイノベーションは二一世紀の経済社会、人類の生産方式、ライフスタイル、人間の価値観に大きな影響を与えようとしている。

これまでの産業革命に共通する特徴は駆動力の変化である。第一次産業革命での駆動力は石炭・蒸気機関、第二次産業革命の駆動力は石油・内燃機関・電動機、第三次産業革命では石油と併存する原子力や再生可能エネルギーおよび情報・自動化技術がクローズアップされている。そして第四次産業革命における駆動力はIoT・AI、ビッグデータ運用技術やネットワーク力、化石エネルギーと非化石エネルギーが併存する開発・利用技術である。

これらの産業革命の技術キャリアは核心技術と位置づけられており、これにより作業機械で製品を作る。各回の産業革命はその技術キャリアによって機械メカニズム・機械システムに働きかけ、生産・モノづくりを実現する。

たとえば、第一次産業革命の起爆剤・技術キャリアである蒸気機関は紡績機械を動かし、紡績・繊維製品を作り出す。原動力・原動機となった蒸気機関が伝動機を通じ、紡績機などの作業機械を動かし、多くの部品を正確に組み合わせ、しかも正確に動作するように仕上げなければならない。

第二次産業革命の内燃機関である電動機は輸送機械、鉄鋼、一般機械、工作機械などの作業機械を動かすことにより、製品の創出や乗り物の走行を実現する。第三次産業革命の起爆剤・技術キャリアである自動制御・コンピューター技術は作業機械に自動化・コンピューター情報・記憶装置を付与し、作業機械の電子自動化を実現し、効率的に製品を作る。たとえばNC（数値制御）工作機械は、工作機械に自動制御・コンピューター回路装置をリンクさせたのである。

さらに第四次産業革命において、その代表的な革新技術であるIoTはITと機械・モノを結合させ、生産・流通分野をはじめとする経済社会活動を行う。IoTの応用としては製造業、医療、物流、農業、交通などの分野が挙げられる。

第四次産業革命が展開するにつれ、脱炭素産業革命はカーボンニュートラルに向け加速している。そこでは産業脱炭素化を中心とするイノベーションが、次世代産業革命の黎明を迎えつつある。

次世代産業革命の駆動力は、これまでの産業革命の駆動力と同様に存在しなければならない。脱炭素産業革命とは化石燃料に代わる新再生可能エネルギーの開発・利用、および産業・モビリティーなど各部門での脱炭素技術で、グリーンエネルギーの転換・貯蔵技術、次世代の蓄電・畜エネ技術である全固体電池などといった次世代電池が挙げられる。

†次世代産業革命の先導役としての脱炭素産業革命

第一次産業革命以来、駆動力・技術キャリアはますます複数・多様化、総合化しており、各回の産業革命では相互の影響や継承・継起、相互間の重畳的継起が見られ、間隔も短くなっている。

第一次産業革命の主流工業は石炭・蒸気機関、紡績業で、主流技術キャリア・駆動機関である蒸気機関ほかの主要エネルギー源は石炭であった。

第二次産業革命の主流工業は自動車、機械、鉄鋼・石油など重化学工業で、主流技術キャリア・駆動機関である内燃機関・電動モーターほかの主要エネルギー源は石油・電力であった。

第三次産業革命の主流産業はエレクトロニクス、ICT産業、NC工作機械などハイテク産業で、石油・石炭など化石エネルギーが主流であり原子力・再生可能エネルギーが開発されている。主要技術キャリア・駆動機関はコンピューター・自動制御装置であり、主要エネルギー源は石油など化石エネルギーから原子力・再生エネルギーにまで拡大した。

第四次産業革命の主な特徴はIoT・AIをはじめとするビッグデータ運用技術、ネットワーク力で、化石燃料および新再生可能エネルギーなど非化石エネルギーとのベストミックス構造を構築する開発・利用技術である。その主要技術キャリア・駆動機関はIoT・AIであり、

第一次産業革命（1760年代～1860年代）	蒸気機関（原動機）→伝導機構→作業機
第二次産業革命（1860年代～20世紀前半）	内燃機関（原動機）→伝導機構→作業機
第三次産業革命（20世紀後半～21世紀初期）	自動制御・コンピューター（技術キャリア）→対象物・伝導機械→作業機
第四次産業革命（2010年代～）	IoT・AI（技術キャリア）→対象物・伝導機械→作業機
脱炭素産業革命（2020年代～）	IoT・AI＋蓄電・水素エンジン・新エネ・非化石エネ技術（複合的技術キャリア）→対象物・伝導機械→作業機

表1-3　産業革命の技術キャリアと対象物との関係
出所：拙著『産業革命史―イノベーションに見る国際秩序の変遷』（ちくま新書2021年）表1-2をベースに作成。

主要エネルギー源は化石エネルギーと非化石エネルギーの併存である。

脱炭素産業革命を先導役とする次世代産業革命において、第四次産業革命の駆動力・技術であるIoT・AIを活用し、カーボンニュートラルに向けた化石燃料に代替する新・再生可能エネルギーの開発が求められる。IoT・AIを利活用し、設備・機器間の連携等によって設備・機器の利用情報やCO_2排出・環境情報を把握・活用し、設備・機器稼働・運用の現場の状況に即時に対応すれば省エネ技術の向上につながる。

第一次産業革命から第二次産業革命が起きるまでに一〇〇年以上、第二次産業革命から第三次産業革命が起きるまでに約一〇〇年間かかった。第三次産業革命から第四次産業革命が起こるまでには約五〇年間かかり、それまでの二回の産業革命より約五〇年間短縮した。これは第三次産業革命以降、技術革新が加速しているためである。進行中の第四次産業革命とスタート段階の脱炭素産業革命はより密接し、重なっており、その継起・間隔時間がさらに短くなると考えられる。

次世代産業革命はまだ黎明期であるが、その技術キャリア・駆動機関と主要エネルギー源は見えつつある。筆者はその技術キャリア・駆動機関は複合的になると考える。つまりＩｏＴ・ＡＩを活用し、なおかつ次世代新・非化石エネルギーを主とする技術キャリア・駆動力で、ＩｏＴ・ＡＩと併存する全固体電池などの蓄電・エネルギー貯蔵技術、水素エンジンなどである。そのエネルギー源は新エネルギー・再生可能エネルギーなど非化石エネルギーとなる。そしてすでに述べたように、ＩｏＴは企業・工場などで新たな価値やビジネスモデル・手法を創出する連携・結合として特徴づけられる。

これまでの産業革命は駆動力・起爆材である技術キャリアにより、製造業・非製造業におけるモノづくり・機械機器や非製造業のサービスを結合させてきた。産業革命の効果はこれらを結合させる要素（駆動力・技術キャリアの対象物）の品質・優劣にかかわっている（表1－3）。よって駆動力・技術キャリアの対象物（機械・設備機器など）が劣る場合、その効果は限定的になると考えられる、

各回の産業革命に共通する駆動力・起爆剤という視点から考えると、脱炭素産業革命は次世代産業革命の先導役として位置づけられる。

（1）熊谷章太郎「脱炭素社会への移行が迫るアジアの鉄鋼業の将来」『経済・政策レポート』日本総研、二〇二

一年一一月一五日。
(2)資源エネルギー庁「水素を活用した製鉄技術、今どこまで進んでいる?」二〇二一年一〇月二九日(https://www.enecho.meti.go.jp/about/special/johoteikyo/suiso_seITetu.html)
(3)https://www.landes.co.jp/product/113
(4)矢野 隆一「二〇五〇年カーボンニュートラルに向けて——生活者の行動変容により排出量削減の好循環を生み出す」『NRIレポート』野村総合研究所、二〇二一年一〇月二六日。
(5)同上。
(6)経済産業省ほか『二〇五〇年カーボンニュートラルに伴うグリーン成長戦略』五頁。
(7)NEDO「次世代型の太陽電池の開発」(https://green-innovation.nedo.go.jp/project/next-generation-solar-cells/)
(8)日経BPムック『カーボンニュートラル注目技術50』日経BP、二〇二一年、二六頁。
(9)同上。
(10)Equierほか『日本の浮体式洋上風力発電に対する期待と展望』浮体式洋上風力発電推進懇談会、二〇二一年九月、七頁。
(11)IEA. Offshore Wind Outlook 2019. p. 51
(12)日経BPムック編『カーボンニュートラル注目技術50』日経BP、二〇二一年、三四頁。
(13)経済産業省「今後の水素政策の方向性(中間整理・案)」https://www.meti.go.jp/shingikai/energy_environment/suiso_nenryo/pdf/025_01_00.pdf
(14)日経BPムック前掲書、一〇五頁。
(15)同上、一〇四~一〇五頁。

(16) 経済産業省「水素を活用した製鉄技術、今どこまで進んでる?」二〇二一年一〇月二九日（https://www.enecho.meti.go.jp/about/special/johoteikyo/suiso_seITetu.html）
(17) 日経ＢＰムック前掲書、三七頁。
(18) 「全固体リチウムイオン電池」『focus NEDO』No. 69、二〇一八年、一〇頁。
(19) 日経ＢＰムック前掲書、五二頁。
(20) 非常用蓄電池【E.P.Smoble】株式会社No. 1 Service Site「全樹脂電池とは? 安全かつ高容量・高性能の次世代電池に注目」（https://www.no1biz.jp）二〇二一年三月一日。
(21) https://www.jsw.co.jp/ja/product/new_business/GaN.html
(22) toshiba.semicon-storage.com/content/dam/toshiba-ss-v2/apc/ja/semiconductor/knowledge/highlighted-contents/articles/application_note_ja_20210226.pd
(23) http://www.env.go.jp/earth/earth/ondanka/cnf/guideline_mAIn1.pdf
(24) 同上。
(25) http://www.env.go.jp/council/03recycle/y0312-02/y031二〇二五 r.pdf
(26) Panasonic Newsroom Japan「天然由来の繊維を活用した環境配慮型の成形材料 高濃度セルロースファイバー成形材料『kinari』のサンプル販売開始」二〇二一年一二月一日。
(27) 三菱ケミカル「バイオエンプラ「DURABIO®（デュラビオ®）」環境信頼性を大幅に向上させた新グレード開発」（https://www.m-chemical.co.jp/news/二〇一八/1204376_7465.html）
(28) たとえば米国では、CO_2を古い油田に注入することで、油田に残った原油を圧力で押し出しつつ、CO_2を地中に貯留するというCCUSがおこなわれており、全体ではCO_2削減が実現できるほか、石油の増産にもつながるとして、ビジネスになっている（https://www.enecho.meti.go.jp/about/special/johoteikyo/

ccus.html)

(29) 環境省『CCUSを活用したカーボンニュートラル社会の実現に向けた取り組み』三頁。

(30) 日本でのCO_2貯留可能量は、年間CO_2排出量の約一〇〇〜二〇〇年分で推測(二〇二〇年度のCO_2排出量は約一一・五億t)。

(31) GLOBAL CCS INSTITUTE『世界のCCSの動向 二〇二〇年版』二〇二〇年一一月、五七頁。

第2章

社会経済・産業構造の変化

1　産業高度化の促進

†カーボンニュートラルに向けた中国・インドの取り組み

脱炭素産業革命は産業構造・工業構造の変容をもたらし、これまでの資源・エネルギー多消費型の鉄鋼・石油化学・セメント・アルミニウムなどといった素材産業に大きな影響を与えている。

カーボンニュートラルに向けた脱炭素化の取り組みは、資源・エネルギー多消費産業からの転換に必要不可欠である。先に述べたように、鉄鋼・石化・アルミニウムなど産業活動分野におけるCO_2排出量は世界全体の約三割を占めている。日米欧など先進諸国で主流となっているのは自動車や電機・エレクトロニクスなどの軽薄短小・ハイテク、つまり技術集約度・付加価値の高い業種である。先進国ではまず、各産業で脱炭素化に取り組むことが重要である。

また中国など新興・途上国にとっても、カーボンニュートラルに向けた脱炭素化は喫緊の課題である。先進国と比べて、新興国の工業化・産業革命は大変遅れている。中国の場合、本格的な産業革命・工業化は一九七〇年代末から始まった。そのため近年、ＩＣＴや通信機器などハイテク分野が発展しているとはいえ、工業構造は依然として鉄鋼・石化・アルミニウム・セメントなどの素材産業および造船、鉱山設備などの重化学工業段階で、これらはほぼ資源・エネルギー多消費の重厚長大の工業部門である。

中国は二〇〇〇年代後半以来、資源・エネルギー多消費型の重化学工業に依存する工業構造の下、「世界の工場」とも称される製造業大国として莫大なエネルギー消費をもたらすと同時に、CO_2を大量に排出している。

二〇二〇年の時点で中国のエネルギー消費とCO_2排出量は世界第一位で、それぞれ世界の二六%、三一%も占めている。具体的に見ると石油は世界の二六%、石炭は五四%、鋼材は五〇%、アルミニウムは五五%、合成樹脂は約四〇%、セメントは四〇%以上を占めている。石油を除いて、これらの資源・エネルギー多消費型工業部門は生産量も世界第一位で世界シェアの四〇%以上、特に鉄鋼や石炭・アルミニウム・セメントは五割以上を占めている。

こうした資源・エネルギー集約型の産業活動により、中国のCO_2負荷はかなり厳しい状況にある。中国国家発展改革委員会HP資料によると、中国における産業部門のCO_2排出量は全体の八〇%を占めている。(1) これは日本など先進国の二五%と比べかなり大きく、資源・エネルギー多消費・環境負荷の大きい重化学工業に依存していることは明白である。しかも鉄鋼・石化・アルミニウム・セメントなどの素材産業の生産能力は余剰している。

中国は「二〇三〇年のカーボンピーキングと二〇六〇年のカーボンニュートラル」を目指し、伝統的な資源・エネルギー多消費型重化学工業から軽薄短小・ハイテク産業へと転換し、重化学産業・素材産業の省エネ・炭素生産性を向上させ、企業内のCCUSを利活用してCO_2削減に取り組むべきである。

同じく新興国のインドも二〇七〇年までにカーボンニュートラル目標を打ち出している。インドはIT以外では資源・エネルギー集約型の産業が主流で炭素生産性は低く、CO_2排出量はインド全体の六〜七割を占めている。製造業は中国ほど発達しておらず、鉄鋼、化学産業など重化学・素材産業に集中している。二〇二〇年時点で粗鋼生産量は一億t以上に上り、中国に次ぐ世界第二位にランクされている。

化学産業もインド経済産業の主役であり、国内総生産（GDP）の七%を占め、世界とアジアでそれぞれ三位、六位になっている。なかでも化学分野における染料・染料中間物は世界シェアの一六%を占め、化学部門は三〇〇社で二〇二五億米ドルに達し、年間成長率は一五〜二〇%に達すると予想されている。(2)

とりわけインフラ整備・建設や自動車など輸送機械関連を中心として鉄鋼需要が高まり、二〇三〇年まで現在の三倍の三億t台まで拡大すると見込まれている。また鉄鋼、化学工業の堅調な発展に伴い、インドの重化学工業に必要な原料・燃料のニーズが高まり、CO_2の排出量拡大をもたらしている。

インド政府は二〇二一年から二〇三〇年までにGHG（温室効果ガス）排出量を一〇億t、GDP当たりのCO_2排出量・炭素集約度（carbon intensity）を四五％以上削減するという目標計画を掲げており、二〇七〇年までにカーボンニュートラルを達成するという計画もある。

こうした背景の下、CO_2排出量の削減に向けては製鉄所の近代化などを通じた省エネやエネルギー利用効率の向上を目指し、グリーンエネルギー・再エネ発電の拡大に取り組んでいる。具体的には先進国からの技術導入により、水素活用還元方式による製鉄やCCUSなどに力を入れている。たとえばタタ・スチールは、ヨーロッパの生産拠点での水素を活用した生産方式の導入によりCO_2排出量の削減を目指す方針を示しており、技術開発が進めば同技術を国内に導入すると見込まれる。(3)

インド政府は目下、Make in India のビジョンの下、産業のグリーン化・ハイテク化を目指し、IT人材・IT技術・デジタル技術を活用し、産業の高度化を達成しようとしている。政府は製造業のGDPシェアを六割以上まで高め、自動車、バイオテクノロジー、鉄道インフラ整備、宇宙開発などの分野を振興させ、産業構造の転換・産業の高度化を図ろうとしている。

†先進国の産業活動分野での脱炭素化による技術グレードアップ

一方、先進国はすでにポスト工業化の段階に入っている。日米欧は一九七〇代後半〜一九八〇年代初期にすでに自動車、半導体・エレクトロニクスなどを中心とする産業のハイテク化・産業高度化を実現している。

日本では一九七三年の石油危機を契機として、資源・エネルギー多消費型の鉄鋼、石化、アルミニウムなど重厚長大産業をメインとする産業から自動車・半導体・エレクトロニクス・電機産業を中心とする軽薄短小型・ハイテク産業への転換を目指し、産業部門の技術革新に加え、エネルギー・資源や省力化などに積極的に取り組んできた。その結果、七〇年代末から八〇年代初期にかけて産業の高度化・ハイテク化を実現し、世界トップクラスの省エネや環境保全技術・ノウハウを蓄積してきた。

日本など先進国では、中国など新興国・途上国におけるカーボンニュートラルに向けた産業構造への転換や産業高度化により、既存産業の部門・生産工程・プロセスにおける脱炭素技術革新・脱炭素化に取り組むことが求められる。

前述のように日本では、製鉄所で水素還元製鉄など新型製鉄技術を開発・導入し、CO_2排出量の減少に取り組んでいる。たとえば日本製鉄グループはコークス炉ガス中の水素による鉄鉱石還元技術を開発・導入し、CO_2排出量の一〇%削減を目指している。また同社は高炉ガス中のCO_2分離・回収技術によりCO_2排出量二〇%削減に取り組んでいる。開発プロジェクトを実施し、二〇三〇年までのCO_2貯留に関するインフラ整備と実機化の経済合理性を確保したうえで、製鉄所でのCO_2排出量の二〇%を削減し、一号機の実用化を目指している。

日本化学工業協会によると、(4) 化学業界におけるCO_2の削減目標は二〇一三年の六三六三万tから二〇三〇年には五六八四万tに引き下げ、六七九万t削減させることである。

化学業界はCO_2排出量を削減するため、主に省エネ・燃料転換や革新的技術開発に力を入れており、すでに二〇一九年に運転方法の改善、排出エネルギーの回収、生産プロセスの合理化、設備・機器効率の改善を行い、新規設備による「設備・機器効率の改善」に集中して投資(三八六億円)している。こうした取り組みの結果、エネルギー消費量を一六・七万kL減少し、三八万tのCO_2削減を実現した。また、二〇二〇年度に化学・低炭素製品・サービスなど他部門(5)でのライフサイクルにおけるCO_2排出量は一・三九億t削減されると見込まれている。

さらに化学業界では現在、二〇三〇年までCO_2削減目標や燃料の削減・省エネを目指し、人工光合成とバイオマス利活用を中心とする革新的技術の開発を精力的に行っている。具体的には①二酸化炭素原料化基幹化学品の製造プロセス技術の開発、②非可食性植物由来原料による高効率化学品の製造プロセス技術の開発、③非可食性植物由来原料による高効率化学品の製造プロセス技術の開発、④機能性化学品の連続精密生産プロセス技術の開発である。これらの技術開発は順調に進捗しており、二〇二五～二〇三〇年に実用化する見込みで、CO_2排出量と燃料需要量はそれぞれ六七九万t、六三三万kL削減される見込みである。

また、化学メーカーは電池材料でのCO_2削減に積極的に取り組んでいる。最近、旭化成はCO_2を原料としてリチウムイオン電池をつくる技術を開発しており、二〇二三年度には実用化する見込みである。これにより電池部材の製造時のCO_2排出量を上回る削減効果が期待される。

同社は電池の主要部材である電解液に使う溶媒の生産技術を開発した。その溶媒は主に化石原料でつくるが、新しい技術では溶媒の重さの半分にあたるCO_2を原料として取り込む。たとえば溶媒を一〇万tつくると五万t分のCO_2を使い、一万tのCO_2を排出するため、差し引きの削減量は四万t程度となる。工程・製造プロセスの簡素化などで設備の初期費用は既存の手法より約三割抑えられ、生産コストも割安となる。(6)

また、燃料の転換によるCO_2排出削減に貢献する企業として住友化学が挙げられる。(7) 同社は高効率のガスタービン発電機を導入し、既存ボイラーなどの一部廃止を進めている。低炭素化を目指し、使用する燃料についても石炭・石油コークス・重油などCO_2排出係数の高い従来の燃料からCO_2排出係数の低いLNG（液化天然ガス）への転換を図っている。同社愛媛工場では二〇二二年七月、既存の石炭および重油に代わるLNGを燃料とした発電所の稼働を開始し、年間で六五万tのCO_2排出を削減する見込みである。また、千葉工場でも二〇二三年秋の完成に向け、既存の石油コークスに代わるLNGを燃料とした高効率なガスタービン発電設備を建設しており、年間で二四万t（千葉工場から排出されるCO_2の約二〇%に相当）以上のCO_2排出削減が見込まれる。[8]

高効率機器導入	・LED 高効率照明導入／設備更新 ・ファンのインバータ採用、高効率冷凍機導入 ・高効率ボイラーの設置（導入／設備更新） ・高効率変圧器の更新 等の取組み	約 14.7 万
生産のプロセス又は品質改善	・回路線幅の微細化、ウェハー大口径化（次世代半導体／デバイス製造に伴う生産技術革新） ・（最新）製造装置の導入／更新 ・革新的印刷技術による省エネ型電子デバイス製造プロセス開発 等の取組み	約 17.7 万
管理強化、制御方法の改善	・ポンプのインバータ採用による流量制御 ・FEMS/BEMS 導入（照明・空調制御、生産設備等の制御／管理、予測& JIT 化） ・クリーンルーム局所空調、最適温度分布制御 等の取組み	約 33.1 万

表 2-1　電機・電子業界の脱炭素化での省エネ取り組み（単位：石油換算 KL）
出所：総合資源エネルギー調査会省エネルギー小委員会「電機・電子業界カーボンニュートラルに向けての取組み」2021 年 4 月 8 日。

また電機・電子業界ではライフサイクル視点からCO_2排出抑制に取り組んでいる。電機・電子業界は経団連が策定したカーボンニュートラル行動計画に参加し、生産プロセスのエネルギー効率を年平均一%改善する目標を掲げており、製品・サービスによりCO_2排出抑制に貢献するべく、積極的に脱炭素化に取り組んでいる。

まず生産・製造プロセスではエネルギー効率・省エネ効果を通してCO_2排出抑制・脱炭素を実施している。生産プロセスのエネルギー効率の改善実績については二〇二〇年に七・七三%以上改善されており、二〇三〇年には二七・八七%という目標を上回ることを目指している。

電機・電子業界各社では、エネルギーの需要と供給の双方において、既存技術のさらなる高度化、革新的技術の開発に挑戦するとともに、これら技術の普及に注力している。各社は以下のような分野で二〇三〇年までにエネルギー需要を削減、省エネ効果を図っている(表2-1)。

†日立製作所の取り組み

電機メーカーの例として、日立製作所のバリューチェーンを通じたCO_2排出量削減の取り組みを見てみよう。

第一に日立ではITをCO_2の削減に活かしている。同社はIT製品「JP1/Client Process Automation」により四二%のCO_2排出量削減を実現している。第二に空気圧縮機の効率向上により、排出量が約六%削減されている。第三にカーボンフットプリント(Carbon Footprint of Products)コミュニケーションプログラムに参画している。

同社はストレージの環境配慮に取り組み、最新の大容量SSD(Solid State Drive:ソリッド・ステート・ドライブ)をいち早くエンタープライズモデルに採用している。最新機種HVSP(Hitachi Virtual Storage Platform 5200/5600)によりCO2排出量の削減に取り組み、前機種に比べ約三〇~四〇%の削減を実現している。(9)

また二〇二一年九月一五日のESG説明会によると、[10] ソニーグループは同年五月にAI（人工知能）機能を搭載したイメージセンサー「IMX500」を発表した。これはロジック回路部にISP（Image Signal Processor）の他、推論処理を実行するソニー独自の演算回路（DSP）や、推論モデルや重み付けのパラメーターなどを格納するSRAMを備えている。同製品はエッジデバイス向け。エッジ側からクラウド側にデータを送信する際、搭載するAIの処理によってデータ量を削減できるメリットを持つ。送受信するデータ量が爆発的に増加し、消費電力の急増により二酸化炭素の排出量が増加している現在、IMX500はデータのエッジ処理に活かされ、消費電力は七四〇〇分の一となり、脱炭素に貢献している。

半導体業界では東京エレクトロンが脱炭素に本格的に取り組んでおり、同社はサプライチェーン全体の環境負荷低減を主導している。半導体の生産規模が拡大する中、環境負荷の低減は喫緊の課題である。半導体メーカーの大手取引先である米アップルが打ち出した脱炭素目標も契機となり、台湾積体電路製造（TSMC）などの大手半導体メーカーや日本の製造装置企業が対応を迫られている。

同社は二〇二一年六月、持続可能なサプライチェーン構築に向けた新たな取り組みとしてE-COMPASS（Environmental Co-Creation by Material, Process and Subcomponent Solutions）を立ち上げ、デジタル化とグリーン化の両立の実現に向け、サプライチェーン全体での地球環境の保全に積極的に取り組んでいる。

たとえば部材の輸送を鉄道に切り替えたり、梱包材を軽量化したりして輸送時のCO_2排出量を減少させる。同社は二〇三〇年に向けて、装置の稼働に由来するウェハー一枚当たりのCO_2排出量を二〇一八年比で三〇%削減することを目標としている。さらに各事業所で再生可能エネルギーを使い、CO_2総排出量を二〇一八年比で七〇%減らすことを目指している。

半導体・液晶製造装置などの産業用機器メーカーであるSCREENグループも環境性能の高い製品の開発・販売を行っており、二〇二一年には洗浄装置の一部で、電力などのエネルギー消費が二〇〇一年比八割超という大幅減を実現している。

同社は事業活動を通じた環境負荷低減・脱炭素に積極的に取り組んでおり、SBT（Science Based Targets）の枠組みに基づくエネルギー消費削減や環境負荷低減により、CO_2排出削減を強化しつつある。Scope1（事業者自らによる温室効果ガスの直接排出〔燃料の燃焼、工業プロセス〕）・Scope2（他社から供給された電気、熱・蒸気の使用に伴う間接排出）の目標は三五・四（一〇〇〇tCO_2e）で、事業活動によるCO_2排出量を二〇三〇年までに二〇一九年三月期比三〇%まで削減し、Scope3（Scope1、Scope2以外の間接排出〔事業者の活動に関連する他社の排出〕）の目標は二〇八二（一〇〇〇tCO_2e）で、販売した製品の使用によるCO_2排出量を二〇三〇年までに二〇一九年三月期比で二〇%削減するとしている。

†欧州各国の積極的な取り組み

欧州では産業分野で脱炭素化が進められており、[11]これまでの製鉄の「高炉（BF）－転炉（BOF）」という方式から、「水素による直接製鉄法（DR）－再生可能エネルギーによる電気アーク炉（EAF）」という方式への変換を行っている。CO_2排出削減に取り組む欧州の主要製鉄所をはじめとして、水素利活用がスタートしている。

たとえばスウェーデンではSSAB（高張力鋼メーカー）と鉄鉱石生産のLKAB、および電力会社のVattenfallが二〇二〇年八月末に水素還元製鉄に向けたパイロットプラントを始めている。三社は二〇一六年にHYBRIT（Hydrogen Breakthrough Ironmaking Technology）を設立し、二〇一八年六月にルレオのSSABサイトでパイロットプラントの建設を開始していた。パイロットプラントでは二〇二〇～二〇二四年に試験を実施する予定である。DRでの還元にはまず天然ガスを利用し、その後、再生可能エネルギーを使った水の電気分解によるグリーン水素を利用するとしている。

ドイツでも二〇二〇年八月、鉄鋼大手であるThyssenkrupp Steelはデュースブルクで、水素による直接製鉄法プラントを建設することを発表した。同プラントでは現在、BFで利用する還元剤の微粉炭を水素に置き換える試験を行い、次のステップとしてDRプラントの建設を予定しており、その年間生産能力は一二〇万tとなっている。同社では二〇二五年までにプラントのメイン部分を完成させ、グリーン水素・再エネによる四〇万tの「グリーンスチール」の産出を目指している。

また、世界第二位の鉄鋼大手（ルクセンブルクとオランダ籍）アルセロール・ミタルはスクラップとDRI（直接還元鉄）の活用など脱炭素技術を活用し、二〇三〇年までに計一〇〇億ドルを投じ、ドイツで最大一五億ユーロをかけて電炉とDRIプラントを新設する予定である。その生産能力は合わせて三五〇万tとなり、その他にスペインとカナダで粗鋼生産能力がそれぞれ年一一〇万t、二四〇万tの電炉をつくる。(12)

そのほかに注目される企業としては水素還元製鉄を進めるスウェーデンのH2 Green Steel、それに必要な水素を効率的につくる高温電解技術の開発を進めるドイツのSunfireが挙げられる。

欧州化学産業分野では、化学大手のドイツ・BASFは二〇一九〜二〇二四年、ナフサをオレフィン化する電気加熱式スチームクラッカーの開発に取り組んでいる。コンセプト「E-Furnace」を掲げ、化学合成・分解に必要なエネルギーを再エネ由来の電力にすることでCO_2排出の大幅削減を目指す。

同社は化石燃料燃焼により排出されたCO_2と水素からメタンを合成するメタネーション技

術を取り入れ、原料である化石燃料の天然ガスを合成メタンに置き換えることでCO_2削減・脱炭素化を進めている。

また、再エネによる水分解でCO_2フリー水素の製造・利用にも取り組んでいる。ドイツ北部を中心として、風力などの再エネ電力による水の電気分解を通してCO_2フリー水素を製造し、ガスパイプラインに混入させて活用している。同社は二〇五〇年までに、CO_2の排出を実質ゼロにする目標を掲げている。

さらに、天然ガスなどの化石燃料を再生可能エネルギー由来の電気に切り替えるなどしてCO_2排出を二〇三〇年までに二〇一八年比で二五%減少させるとし、二〇三〇年までに最大四〇億ユーロ（約五二〇〇億円）を投じ、脱炭素化に注力している。

†アメリカの鉄鋼・化学メーカーの取り組み

アメリカでは、鉄鋼メーカーや化学メーカーが積極的にCO_2排出削減に努めている。

鉄鋼大手BRS（Big River Steel）はLEED認証（人や環境について考慮した建物〔グリーンビルディング〕を評価する国際認証制度）を取得した唯一の製鉄所で、電炉法（電気で鉄スクラップから溶鋼を製造する炉）製鉄によりCO_2を抑えている。また同社はデジタル技術・AIによりデータサイエンスを活用し、何十万個ものセンサー・スキャナーが収集したデータを鉄鋼世界に特化したＡＩに学習させ、スクラップ投入↓溶解↓鋳造↓圧延というプロセス全体でデータをくまなく収集している。ＡＩが最適操業をサポートすることにより生産性が向上し、CO_2削減につながるとしている。

ＢＲＳは二〇一七年にＬＥＥＤ認証を取得し、オペレーション全体に徹底した省エネツールを導入しており、これまで電炉法では対応できなかったグレード品を製造するための技術（Compact Strip Process）優位性を活用している。これにより環境にやさしい製鉄所として存在感が高まり、人口六〇〇〇人の街で少数精鋭の従業員が最先端のデータサイエンスを活用し、世界で最も環境に優しい鉄づくりをしている。(13)

アメリカの化学大手であるデュポンは持続可能な社会構築を目指し、「DuPont 2030 Sustainability Goals」を設け、二〇三〇年までに再エネによる電力の六〇％を調達するとともにCO_2排出量を三〇％削減し、二〇五〇年までのカーボンニュートラルの実現に向けた取り組みを行っている。

同社は植物・植物廃棄由来、リサイクルＰＥＴ由来（以下ＰＣＲ）による樹脂、つまり次の三つの環境対応エンジニアリングプラスチック（①ナイロン樹脂：低比重・高耐熱性・衝撃特性に優れた結晶性熱可塑性樹脂、②ポリアセタール樹脂：耐摩耗性・寸法安定性・摺動性、機械的強度に優れた結晶性熱可塑性樹脂、③ＰＥＴ樹脂：難燃性・流動性・耐熱性・電気特性に優れた結晶性熱可塑性ポリエステル樹脂）を開発・実用化している。具体的にナイロン樹脂であるZytel® RSおよびZytel® RS HTNは再生可能な原料ポリアミドとしてセバシン酸やデカンジアミンを重量当たり二〇〜一〇〇%含有し、PA66(ポリアミド)に対して四七%、PA6ナイロンに対して三七%の温室効果ガスの削減が期待されている。

また、Delrin® RAは廃棄されるバイオ原料を一〇〇%使用し、再生可能電力で製造されており、最大で一〇〇%リサイクル成形できる製品である。これは一般POM(ポリアセタール樹脂)と比べて資源枯渇問題に対応しており、CO_2の削減によって持続可能な社会の構築に貢献している。(14) 従来の石油由来のPETとPCRによるPETの製造に伴うCO_2排出量を比較すると、焼却によるCO_2排出を抑えることで、ペットボトル一kg当たり二・四四kgのCO_2の削減となる。(15)

†アメリカの電機・電子産業の取り組み

電機・電子産業ではパワー半導体、特にIGBTおよびパワーMOSFETにおいて世界トップクラスの市場シェアを有するインフィニオンテクノロジーズが二〇三〇年までにカーボンニュートラルを目指しており、CO_2排出量の削減、気候変動に関するパリ協定に定められた目標を達成しようとしている。具体的にはカーボンフットプリント(温室効果ガス排出量)について、直接排出量だけでなく電気や熱の生成による間接排出量も含めた当社独自の目標を定め、二〇二五年までに二〇一九年比で七〇％の削減を目指している。

同社の気候変動対応・脱炭素戦略は二つの柱からなり、一つは自社の排出量の継続的な削減、もう一つは自社の革新的な製品およびソリューションによるものである。たとえば同社は持続可能な半導体メーカーとして、生産過程におけるCO_2排出回避と資源効率化を実現している。世界半導体会議（WSC）による同業他社との国際比較によれば、インフィニオンの前工程生産拠点では加工済みウェハーの表面一㎠当たりの使用電力が全社平均を約五二％下回り、さらに、スマート排気処理構想の効果により、すでに総カーボンフットプリントを三分の一削減している。(16) これまで、CO_2排出量削減策に約五〇〇〇万ユーロの投資が行われている。

アメリカのインテルでは環境戦略を「製造体制」「電力効率に優れた性能」「環境に配慮した設計」などとし、脱炭素化に取り組んでいる。製造工程ではすでに、1CPU当たりのCO_2排出量が二〇〇四年、二〇〇八年比でそれぞれ三〇％、四〇％削減されている。

また、最先端のマイクロプロセッサをつくるのに水が一〇ガロン使われることに対し、ジーンズ一本には一八〇〇ガロン、ミルクには六五ガロン使われていることを指摘している。さらに三二nmプロセスでは超純水の使用量を一〇％削減し、化学廃棄物を二〇％削減、温室効果ガスを一五％削減している。インテルはCO_2の排出量削減だけを目標とするのではなく、水の

使用量や化学廃棄物などについても目標を掲げて取り組んでいる。(17)

さらにインテルでは二〇二〇年五月、上流と下流のバリューチェーンで発生するScope3排出量の削減目標を掲げている。全社員のPCの消費電力を削減することを目指し、Scope3排出量を一〇%削減するという目標を設定している。また同社は二〇三〇年までに製造量を増加させつつ使用量以上の水を還元すること、一〇〇%再生可能エネルギーによる稼働、埋立廃棄物ゼロ、さらなるCO_2排出量の削減を達成しようとしている。(18)

アップルでは二〇二〇年七月二一日、二〇三〇年までに自社製品の製造サプライチェーン、利用も含めた製品のライフサイクル全体で「カーボンニュートラル」を達成するための計画を発表した。(19)同社のサプライヤーは従来の化石エネルギーを再生可能エネルギーにシフトし、世界中で五ギガワット以上のクリーン電力を稼働させる予定である。これらの取り組みにより年間一八〇〇万t以上のCO_2が削減され、これは年間毎年四〇〇万台の自動車の減少に相当する。同社に納める製品や部材の生産に必要な電力源をすべて再エネでまかなうと表明したサプライヤーは一七五社に達している。(20)取引するサプライヤーにも協力を求め、アメリカが掲げる目標時期よりも二〇年前倒しの達成を目指している。

半導体市場では今後、5Gの普及やIoTの進展によるデジタル化や脱炭素化に伴い、中長期で半導体製品の需給と電力・エネルギー消費量が拡大することが予想される。半導体微細化や積層化などのイノベーションが展開していく中で、より高度な製造技術を用いようとすればそのぶん電力・エネルギー消費も増えていく。電力・エネルギー消費量やCO_2排出量の削減は半導体メーカーにとって喫緊の課題である。

2 輸送モビリティー分野における脱炭素化

前出図1‐1に示したように輸送分野はエネルギー転換と産業分野に次いで、第三のCO_2排出源である。自動車、船舶、航空機など輸送分野の脱炭素化への取り組みはカーボンニュートラルに向けてCO_2排出量を削減し、脱炭素化を推進させるための重要なファクターである。

欧米日などといった先進国の政府は、自動車産業およびその輸送分野で二〇五〇年の「カーボンニュートラル」に向けて二〇三〇年にガソリン・ディーゼル車販売を禁止する方針を打ち出している。中国政府も二〇三五年にはガソリンエンジン車の新車販売を禁止し、その代わりにEV（電気自動車）、PHEV（プラグインハイブリッド電気自動車）、FCV（燃料電池自動車）などNEV（新エネルギー車）を五〇％以上とする政策を掲げている。カーボンニュートラル・脱炭素化時代に向けて、環境に対応したHV（ハイブリッド）車・EV車の生産へのシフトをはじめとして、自動車産業やモビリティー産業の再編が迫っている。

†中国におけるEV産業の発展

EV大国の中国では自動車販売台数の内訳は、乗用車が前年比六・五%増の二一四八万二〇〇〇台、商用車が六・六%減の四七九万三〇〇〇台であった。なかでもEVなど新エネルギー車は二・六倍の三五二万一〇〇〇台となり、自動車販売台数の全体に占める割合は一三・四%に達している。中国の自動車保有台数は二〇二一年末時点で三億二九二万台で、前年比五九・三%の増加となった。そのうち、電気自動車（EV）は六四〇万台で、新エネルギー車の八一・六%を占めている。

中国汽車工業協会によると（二〇二二年一月一二日）、二〇二一年のEVなど新エネルギー自動車の生産・販売はそれぞれ前年比一・六倍の三五四万五〇〇〇万台、三五二・一万台に達している。

最近の中国の新エネルギー自動車生産市場には次の三つの特徴がある。まず脱素化潮流が加速する中、内外市場のニーズの高まりによりEV新エネルギー車が急速に普及している。次にEV自動車輸出台数が急増している。さらに乗用車市場に占める中国ブランド車の割合が増加し、乗用車総販売台数の四四%以上を占め、過去最高を記録している。

またEV新エネルギー自動車の生産会社も増加しており、これまでにできた約二〇〇社のうち一五〇社が過去三年間に創設されている。世界の新エネルギー乗用車会社のトップ二〇の中で中国メーカーはほぼ半分を占めている。EVなど新エネルギー車に関連するサプライチェーンメーカーは四〇〇〇社以上にのぼり、そのほとんどが技術集約・ハイテク企業である。内外の輸送分野で脱炭素化の流れが加速する中、成長著しい中国のEVなど新エネルギー車産業は中国全体の産業高度化・ハイテク化を牽引している。(21)

EV新エネルギー自動車の発展に伴い、充電インフラが整備されつつある。中国では二〇二一年末の時点で計七万五〇〇〇の充電ステーション、二六億一七〇〇万の充電パイルおよび一二九八のバッテリー交換ステーションがつくられている。

中国のEV新エネルギー自動車産業は政府の政策主導型から市場主導型へと発展し、脱炭素化を契機として新たな成長を遂げつつあるが、今後は車載半導体・チップ供給の不足などサプライチェーン問題が顕著となることが懸念される。この問題を根本的に解決することは難しく、中国国内のテスラ、トヨタなど外資系EV大手と提携するなど先進国に依存する度合いが高くなるであろう。

†EVをめぐるEU・アメリカの動き

他方、二〇五〇年のカーボンニュートラルに向け欧米や日本のEV自動車生産・販売が拡大し、自動車・運輸部門でも脱炭素化の流れが加速している。EUは二〇二一年七月、HEV（ハイブリッド電気自動車）を含むガソリン、ディーゼル車など内燃機関搭載車販売を二〇三五年に終了するという方針を掲げている。EUではZEV（ゼロエミッション車 Zero Emission Vehicle）にシフトするべく、新車のCO_2排出量を二〇二一年比で二〇三〇年までに五五％削減し、さらに二〇三五年までに一〇〇％削減するという数値目標を設定し、二〇三五年以降はハイブリッド車を含めて内燃機関車の製造を禁止することにしている。

EU全体のGHG（温室効果ガス）排出量の二〇％以上を占める自動車など運輸部門では排出量が増加し続けており、CO_2排出量の削減は喫緊の課題である。EUはゼロエミッション車用に充電インフラを整備するという目標を打ち出している。つまりEVが一台走行するのに必要な充電量およびEV保有台数[22]に応じ、出力三〇〇kW以上の急速充電ポイントを主要高速道路上に六〇キロ間隔で設置する。また水素充填ステーション、大型トラックやバスなど電気重量車用の出力一四〇〇kW以上の充電ポイントをそれぞれ一五〇キロ、六〇キロ間隔で二〇二五年までに設置し、二〇三〇年までに充電ポイント三五〇万基を増設するとしている。

二〇三五年以降、内燃機関車つまりハイブリッド車が事実上、生産・販売禁止となれば、既存の生産ライン・設備の廃棄を余儀なくされる。欧州自動車工業会（ACEA）はEU委員会の規定に対し「非常に厳しい」とし、充電ステーションなどが十分に整備されていない現段階で内燃機関車を禁止するのは合理的な方法ではないと反発している。しかし一方で、ACEAは充電施設など代替燃料インフラ整備については歓迎している。

アメリカでは二〇二一年一月にバイデン政権が発足した直後、パリ協定に復帰し、CO_2排出量を二〇三〇年に五〇％、二〇五〇年に実質ゼロにするカーボンニュートラル目標を打ち出した。アメリカは積極的に脱炭素化に取り組もうとしており、同年八月、二〇三〇年までに販売される乗用車と小型トラック新車の五割以上をEV、PHV（プラグインハイブリッド車）、FCVとすることを発令している。

アメリカEPA（環境保護庁）によると、米国で排出される温室効果ガスのうち輸送部門比率は二九％で、各部門（電力エネルギー：二五％、工業：二三％、農業：一〇％、商業：七・〇％、住民家庭：五・八％）[23]のトップに位置している。自動車を中心とする輸送部門はアメリカにおいても温室効果ガス排出量負荷が大きく、政府は脱炭素化に力を入れている。

ホワイトハウスの声明によれば上述の目標が実現された場合、二〇三〇年に販売される新車からのGHG排出量が二〇二〇年比で六割以上削減されることで、二〇三〇年までにアメリカ全体からのGHGネット排出を二〇〇五年比で五〇〜五二％削減するというバイデン政権の目標達成を後押しし、さらには二〇五〇年のカーボンニュートラルの実現につながると考えている。

こうした中、二〇二一年にアメリカのEVをはじめとする環境対応車は前年比販売率が大幅にアップしている。EVの販売台数はまだ少ないとはいえ、八三％大幅増の四三・五万台に達し、ハイブリッド車販売台数は八割近く大幅増の八〇・二万台となった。二〇二一年のアメリカのEV自動車の保有台数は二二三・五万台で、これは自動車全体（二億八九五〇万台）の一％に過ぎないが、今後、EVの増加ペースは加速していくであろう。しかしアメリカがこの目標を達成するには、政府がEV自動車の普及を視野に入れ、大衆消費者のEVニーズに応じるインセンティブ政策の実施や充電施設・ネットワークの構築が必要とされる。

†日本におけるEV普及のための取り組み

日本では、輸送部門におけるCO$_2$排出量が各部門全体の一八・六％を占めており、なかでも自動車は一六％を占めている。自動車分野の脱炭素化は喫緊の課題であり、日本政府は精力的に取り組んでいる。日本政府は二〇五〇年のカーボンニュートラルに向けたグリーン成長戦略で、今後の自動車の電動化の目標と取り組み、政策を掲げている。それは次の通りである。[24]

二〇三五年までに乗用車新車販売で電動車一〇〇％を実現できるよう、包括的な措置を講じる。まず、商用車は八t以下の小型車の場合、二〇三〇年までに新車販売で電動車が二〇～三〇％、二〇四〇年までに電動車と合成燃料等の脱炭素燃料の利用に適した車両と合わせて一〇

○％となることを目指し、車両の導入やインフラ整備の促進等の包括的な措置を実施することにしている。

次に八ｔ超大型車については、貨物・旅客事業等の商用用途に適する電動車の開発・利用促進に向けた技術実証を進めながら、二〇二〇年代に五〇〇〇台の先行導入を目指している。それとともに水素や合成燃料等の価格低減に向けた技術開発・普及の進捗も踏まえ、二〇四〇年の電動車の普及目標を設定している。(25)

今後、電動車普及のために日本政府はさらに充電・充填インフラ整備に取り組もうとしている。つまり充電インフラにおける老朽化設備を更新し、既存の給油所などインフラを有効に活用できる約三万基のサービスステーション（ＳＳ）に急速充電器一万基、公共用の急速充電器三万基を含む充電インフラを一五万基設置し、遅くとも二〇三〇年までにはガソリン車並みの利便性を実現することを目標としている。これにより、現時点では七〇〇〇基余りに留まるの急速充電器基数など、充電施設・インフラ状況が大いに整備・改善される。

以上、欧米・中国・日本の自動車輸送分野における脱炭素化の主役であるＥＶ自動車の導入状況を見てきた。中国、欧米と比べて日本のＥＶ保有台数や販売台数は少ないが、世界トップのＥＶコア技術を持つ日本ブランドのＥＶ車は、ＥＶを取り巻く充電インフラ・利用環境が改善されたことにより普及率が拡大している。

年度末		2015	2016	2017	2018	2019	2020
EV	乗用車	62,134	73,378	91,357	105,919	117,315	123,706
	その他	1,346	1,640	1,514	1,512	1,563	1,871
	軽自動車	17,031	14,826	10,698	6,323	4,839	4,532
PHV	乗用車	57,130	70,323	103,211	122,008	136,208	151,241
FCV	乗用車	630	1,807	2,440	3,009	3,695	5,170
EV・PHV・FCV 合計		138,271	161,974	209,220	238,771	263,620	286,520
HEV	乗用車	5,501,595	6,473,943	7,409,635	8,331,443	9,145,172	9,711,746
	その他	22,844	24,687	26,244	31,493	45,190	58,115
	軽自動車	239,962	472,405	771,579	1,102,481	1,494,319	1,896,381
HEV 合計		5,764,401	6,971,035	8,207,458	9,465,417	10,684,681	11,666,242

表 2-2　日本の EV など環境対応車保有台数
出所：（一般社団法人）次世代自動車振興センターより。

日本のＥＶ自動車産業では国内の輸送分野のほかに、貿易輸出・海外現地生産による海外の輸送分野での脱炭素化への貢献が期待されている。日本経済新聞によると、[26]ＥＶ関連特許にはモーターや電池など車の構成部品に関するもの以外に、充電設備などインフラの技術も含まれる。特許件数の首位はトヨタで三位にホンダが入り、上位五〇社中二一社を日本の車メーカーとデンソーなど部品大手が占めている。一方、アメリカ企業は二位になったフォード・モーターなど一三社が入り、ドイツと韓国はそれぞれ五社であった。ＥＶ生産・販売大国である中国は三二位のＥＶ大手、比亜迪（ＢＹＤ）、第四七位の上海蔚来汽車（ＮＩＯ）の二社のみであった。

トヨタをはじめとする日本自動車企業のＥＶ競争力・技術優位性の源泉は一九九〇年代後半から蓄積してきたハイブリッド車技術である。ＨＶ車とＥＶ車にはモーターや電池など共通する部品が多く、一九九七年に商品化した世界初の量産型HV「プリウス」以来の技術・ノウハウの蓄積を現下のEV生産・国際競争に活かそうとしている。日本自動車登録調査協会によると、二〇二一年三月末時点で日本のEVは一二万五八五五台で、欧米・中国と比べてかなり少ない。人口・市場規模の制限があるものの、その保有増加率も欧米中ほど高くない。二〇三〇年までにGHGを二〇二一年比で五五％削減するには、乗用車・バンのCO_2排出削減基準の厳格化が「主要な原動力」となる。

世界最大の自動車市場である中国も、二〇三五年までに新車販売のすべてをEVなど新エネルギー車やハイブリッド車にするとしている。アメリカではカリフォルニア州が二〇三五年までにガソリン車の新車販売を禁止し、ニューヨークを含む米一二州の州知事らとともに国全体での同様の規制を求めている。急速なEV化の流れに対し、欧米や日本の自動車メーカーも対応を迫られている。

†航空機分野での脱炭素化に向けたEUの動き

世界の輸送分野におけるCO_2排出量は全体のCO_2排出量の二二％を占めており、そのうち自動車以外の航空機、船舶および鉄道のCO_2排出量はそれぞれ一三％、一二％、二％を占めている。

航空機分野では、二〇五〇年には従来燃料からバイオ燃料や合成燃料へと転換することを目指し、水素等の利用による脱炭素化が進みつつある。航空機や船舶では、国際機関が二〇五〇年に向けた規制・義務化を主導している。国際民間航空機関（ICAO）は「Carbon Neutral Growth 2020」で二〇二〇年以降、CO_2総排出量を増加させないとしている。そのため、燃費効率の高い航空機やバイオジェット燃料導入によるCO_2排出削減を二〇二一年から自主規制とし、二〇二七年からは義務化することを目指している。国際航空運送協会（IATA）の長期目標としては、二〇五〇年までに炭素排出量を二〇〇五年のレベルから半減することにしている。

現在、バイオ燃料はバイオアルコールからの転換、ガス化・FT合成、微細藻類利用を主要技術課題とし、開発されている。中でも合成燃料は再エネ・植物由来の水素で、高いエネルギー効率で合成する技術開発が行われている。

航空業界ではまず、植物由来の原料を持続可能な航空燃料（SAF：Sustainable Aviation Fuel）に活かすべく開発を進めている。たとえば廃棄された食用油、ミドリムシをバイオ燃料に活用し、航空機分野の脱炭素化に取り組んでいる。

EUは二〇二一年七月、航空燃料生産・供給側に対し、ジェット燃料に混合するSAFの比率を二〇二五年から二%、二〇三〇年に五%以上、二〇五〇年に六三%以上とすることを義務

SAF 製造者	製造場所	生産量	製造方法
Preem	スウェーデン グーテンベルグ	2024 年に 2.64 億ガロン（約 100 万 kL）／年で生産予定	HEFA
ST1 Oy	スウェーデン グーテンベルグ	2022 年より生産予定。2023 年に 2 億 5295 万ガロン（約 96 万 kL）／年の生産容量。	HEFA
LTU Greenfuels	スウェーデン ピーテオー	（3MW のガス化設備）	FT 合成
Neste	フィンランド ポルヴォー	2019 年より 3100 万ガロン（約 11.8 万 kL）／年で生産	HEFA
TOTAL	フランス シャトーヌフ＝レ＝マルティーグ	2020 年より 1.65 億ガロン（約 62.7 万 kL）／年で生産予定	HEFA
UPM	フィンランド コトカ	2024 年より 1.65 億ガロン（約 62.7 万 kL）／年で生産予定	HEFA
Neste	オランダ ロッテルダム	2019 年より 1 億 4530 万ガロン（約 55.2 万 kL）／年で生産	HEFA
Lanzatech	英国 ポート・タルボット	2021 年以降に 2640 万ガロン（約 10 万 kL）／年で生産予定	ATJ
velocys	英国	2025 年より 1320 万ガロン（約 5 万 kL）／年で生産予定	FT 合成

表 2-3　欧州における SAF の生産動向
出所：資源エネルギー庁『令和 2 年度燃料安定供給対策に関する調査等（バイオ燃料を中心とした我が国の燃料政策の在り方に関する調査）報告書』（三菱総合研究所 2021 年 3 月 31 日）より。

化しており[27]、開発・実用化が進んでいる。

長年にわたり廃棄物を利用した再生可能エネルギー事業、バイオ燃料事業を展開しているフィンランドのネステ石油（Neste Oil）は、バイオ系油脂を水素化技術によって改質したバイオ燃料を製造している。同社は蓄積した水素化処理・精製の技術・ノウハウをバイオ燃料製造に活かし、北欧やシンガポールにおけるバイオ燃料製油所での精製・販売を行い、クリーン燃料を供給している。

CAOストックテイクに基づく欧州におけるSAFの生産動向は表2‐3に示す通りである。これによれば現在、SAFの生産容量を有する事業者はNeste社のみと見られる。

†航空機大国アメリカの動き

アメリカではバイデン政権が発足して以来、グリーンエネルギー・脱炭素化に力を入れている。二〇二一年九月、政府はSAFを生産する企業に対する税額控除や研究開発助成金の給付手当を発表し、企業のSAF開発、生産・供給を推進している。また連邦政府の三機関と米国航空会社の連合体の協力により、二〇三〇年までにSAFの使用量を三〇億ガロン（約一一三・六億ℓ）まで増加させる目標も打ち出している。

再生可能化学製品とバイオ燃料の生産会社であるGevo社はバイオ原料由来の工業用アルコール生産技術を有し、ATJ（Alcohol-to-Jet アルコールから炭化水素燃料を生産する技術）の活用・普及を進めている。Gevo社は主に木質バイオマスより得られるバイオイソブタノールを原料とし、バイオジェット燃料を製造している。二〇二〇年にテキサス州シルスビーで年間SAF五万ガロン（約一九〇kL）の生産能力を構築し、二〇二四年に五〇〇〇万ガロン（約一九万kL）、二〇二九年に一億ガロン（約三八万kL）まで拡張する計画である。

公共財団法人航空機国際共同開発促進基金によると、(28) Gevo社は出資者であるVirginグループが運営するVirgin Atlanticのほか、アラスカ航空など航空会社とも将来的なATJ燃料長期供給契約を締結している。さらに同社はオーストラリア政府とブリスベン空港へのATJ

供給契約を締結済で、オーストラリアにおけるATJ製油所の構築準備を進めている。

LanzaTech社は製鉄所や製油所などの排ガスからエタノールを製造する世界唯一のガス発酵技術を開発し、同技術を活用してすでに商業プラントの稼働を行い、エタノールを安定的に供給している。加えて革新的な触媒を利用し、エタノールによるバイオジェット燃料生成技術を確立し、国際標準機関に認定されている。同社は二〇二一年以降のアメリカでの製造・供給を予定しており、ジョージア州ソパートンでFreedom Pinesプラントとして現在、年産一〇〇〇万ガロン（約三・八万kL）の生産能力を有し、二〇二二年までに三〇〇〇万ガロン（約一一・四万kL）／年の規模で増設する予定である。[29]

日本・中国の動き

日本では政府が持続可能な航空燃料（SAF）について、二〇二二年度内に今後の生産目標を定めるとしており、二〇三〇年に国内航空会社が使うジェット燃料の一割をSAFに置き換えるという目標を掲げ、生産量についても目標を設定し、導入の促進を図っている。

経済産業省およびNEDOでは「バイオジェット燃料生産技術開発事業」によりSAFの技術開発に取り組んでおり、二〇二〇年度には三菱パワー、JERA、東洋エンジニアリングおよびIHIがSAFの製造を担当した。そのSAFを従来のジェット燃料に混合し、ANAおよびＪＡＬは二〇二一年六月一七日、定期便によるフライトを実施した（表２－４）。

上述の国産ＳＡＦ製造企業のほか、日揮は通常のジェット燃料にＳＡＦを三〇～四〇％混ぜ、成田空港や羽田空港、関西国際空港など国際線が就航する空港に供給している。日揮などが当面生産する量は三万キロリットルとなる(30)。

また、そのほかにもＳＡＦ製造を目指す会社がある。ユーグレナはミドリムシ由来のバイオジェット燃料、バイオディーゼル燃料の合計で二〇二五年に約二五万キロリットルの生産を計画し、ＪＡＬや丸紅、ＥＮＥＯＳなどは廃棄プラスチックなどを原料とするＳＡＦの商用生産を二〇二八年頃に始めるとしている(31)。

一方、中国では早い段階でＳＡ

(3) 使用するSAF（※1）

航空会社	製造者	原料	燃料量（※2）
JAL（羽田発札幌行の便では、約8.7klの燃料を使用）	IHI	藻類	SAF：938ℓ（11%）うち、ニートSAF：1ℓ（0.01%）
	三菱パワー、JERA、東洋エンジニアリング	木質バイオマス	SAF：2,195ℓ（25%）うち、ニートSAF：283ℓ（3%）
ANA（羽田発伊丹行の便では、約5.0klの燃料を使用）	IHI	藻類	SAF：988ℓ（20%）うち、ニートSAF：38ℓ（0.8%）

表2-4　日本におけるSAFの開発・利用状況

注1：SAFは、ニートSAFと混合用の化石由来のジェット燃料を混合したものを指す。ニートSAFは、バイオマス原料等を基に製造されたジェット燃料であり、化石由来のジェット燃料に一定割合を混合した上で、航空機に搭載する必要がある。ニートSAFは、原料及び製造方法により、化石由来のジェット燃料と混合することが可能な量の上限が定められており、藻類（Annex7）は10%まで、木質バイオマス（Annex1）は50%まで混合することが可能。製造されたSAFは、いずれもSAFの国際規格である「ASTM D7566及びD1655」への適合を確認。

注2：カッコ内の割合（%）は、使用した燃料全体のうち、SAF及びニートSAFが占める割合を示したもの。

出所：国土交通省

Ｆが生産・使用されている。中国の航空燃料の生産・供給は主にＣＮＰＣ（中国石油天然ガス集団公司）、Sinopec（中国石油化工集団グループ）、ＣＮＯＯＣ（中国海洋石油総公司）という国有石油メジャーが担当しており、特にＳＡＦに熱心に取り組んでいるのはSinopecである。同グループ系列の研究機関・製油所は二〇〇九年以来、研究開発に力を入れており、安定的な航空用バイオ燃料の生産が可能となっている。同社の鎮海製油所は設備改造を通してバイオジェット燃料年産二万ｔの設備能力を有し、現在、六〇〇〇ｔを生産している。

現在、中国でＳＡＦの自主生産を行っている国内メーカーはまだ少なく、その背景には製造コストが高いという問題がある。ＳＡＦの製造には技術の研究開発とともに、それに対応する原材料への多大な投資が必要で、現在、その価格は石油精製やジェット燃料の調製の約二〜三倍となっている。中国では従来のジェット燃料の価格が約五〇〇〇元／ｔであるのに対し、ＳＡＦの価格は約一万五〇〇〇〜二万五〇〇〇元／ｔであり、ＳＡＦ製造の高コストは中国でバイオジェット燃料を普及させていくうえで大きなネックとなっている。中国のＳＡＦメーカーはこれを克服するため、さらに研究開発を強化すべきである。

以上、日本・欧米・中国のバイオジェット燃料（ＳＡＦ）の生産・使用に向けての動きを見てきた。欧米では技術開発と生産・商用化が進んでいるが、現在、ＳＡＦ生産供給量は需要の一％しか満たしていない。ＳＡＦ原料の確保と製造のコストダウンが今後の課題である。

†船舶分野での脱炭素化とEUの動き

ＩＥＡ（国際エネルギー機関）によると、国際海運からのＣＯ$_2$排出量は世界全体のＣＯ$_2$排出量の約二・一％（七億t、ドイツ一国分に相当）となっている。グローバル化による国際貿易量の増大、海上船舶荷動量の増加により、二〇五〇年までの排出量は大幅増の約七・〇％[32]、約二一・一億tとなる見込みである。

船舶業界では二〇一八年四月、ＩＭＯ（国際海事機関 International Maritime Organization）が短期中期目標12を打ち出した。短期目標としては新たにＬＮＧ（液化天然ガス）船舶を導入し、二〇三〇年までに二〇〇八年比で四〇％の効率改善（省エネ）を目指す。中期目標としては二〇五〇年までに二〇〇八年比で七〇％の効率改善を目指し、ＣＯ$_2$排出総量を二〇〇八年（六億t）比で五〇％削減する。そして長期的（今世紀末まで）にはゼロエミッションを目指す。

また、ＩＭＯはＣＯ$_2$削減への取り組み戦略としてソフト・ハード両サイドでの省エネの推進、市場メカニズムの導入、低・脱炭素燃料の導入・普及などを候補ケースとして短・中・長期的に対策を講じ、船籍上の区別なく先進国・開発途上国ともにＣＯ$_2$削減問題に対処することを求めている。

これらの目標とＥＵの二〇三〇年には五五％のＣＯ$_2$削減という目標を達成するため、ＥＵ

欧州委員会（EC）は気候変動法案パッケージ「Fit for 55」を二〇二一年七月一四日に提案した。そしてEU排出量取引制度「EU-ETS」を改正して海運・建築・道路交通分野へと適用し、船舶燃料に起因するGHG排出削減規制「FuelEU Maritime」を導入し、エネルギー課税指令「ETD」を改正した。これにより、少なくともEU域内航海での使用目的で供給される船舶用燃料油への課税を行う。

EUはいま述べたようにGHG排出削減規制「Fuel EU Maritime」を導入している。つまり総t数五〇〇〇t以上の船舶に対し、EU関係航海において一年間に使用した燃料のGHG強度指標が一定の規制値を満たすことを義務づけている（二〇二五年一月一日発効）。具体的には二〇二五年までに二％、二〇三〇年までに六％、二〇三五年までに一三％、二〇四〇年までに二六％、二〇四五年までに五九％、二〇五〇年までに七五％を目標としている。

EU主要国のドイツMANエナジー・ソリューションズは脱炭素化のため、アンモニア燃料機関の開発を進めている。二〇二四年までに大型外航船向けに実用化し、二〇二五年までには既存船もアンモニア燃料での航行を実現する改造パッケージを提供する。また同社は二ストロークエンジンに続き、二〇二一年四月から四ストロークエンジンの開発プロジェクトも始めている。(33)

ノルウェーでは、海運業界がIMOの排出削減目標を達成するためには水素やアンモニアを燃料とする船舶が必要であるとし、複数のビジネス・クラスター（企業グループ）が新たな船舶用のグリーン燃料に必要とされるインフラやバリューチェーンの創設に乗り出している。(34)

水素とアンモニアを使用することにより、二酸化炭素の排出を大幅に削減できる。HyInfraのプロジェクトマネージャー、Kristin Svardal氏は「ノルウェー沿岸域において、燃料油や天然ガスで航行する船舶を、水素やアンモニアを燃料とする船舶に置き代えることによって、二酸化炭素排出量を一一七万メートルトン削減できることが示されています」と話している。(35)

オランダ造船大手ダーメン・シップヤーズ・グループのコンコルディア・ダーメンは二〇二一年三月、水素燃料電池を搭載した内陸貨物船の建造に関して、内航貨物輸送を手掛けるLenten Scheepvaart社と契約している。同船はオランダ北部のデルフセイルとロッテルダム港のボトレックの間で塩の輸送に使われ、二〇二三年までに運航を開始するとしている。同船は内陸輸送におけるゼロエミッションの達成に寄与する。オランダ政府はLenten Scheepvaartの水素燃料電池搭載船の建造に対して四〇〇万ユーロの補助金(36)を提供し、燃料としての水素の使用・開発を促進している。

デンマークでは世界の最大規模のコンテナ船会社であるMaersk社が二〇二一年七月、メタノールを主燃料とする世界初のゼロエミ船舶を発注し、同年九月にはCO_2回収・合成燃料製造技術を開発する米スタートアップ企業に出資し、脱炭素化に積極的に取り組んでいる。また一〇月には世界の自動車運搬船大手の Wilhelmsen 社やBMWとバイオ燃料開発に向けた企業連合「LEO Coalition」を設立している。

各国政府も積極的にゼロエミッション船の開発・導入をサポートしている。オランダ政府とドイツ政府が参画し、二〇二四年までにオランダ・ロッテルダム港とドイツ・デュースブルク港の間で一〇〜一五隻の水素燃料船の運航を目指し、支援している。

ノルウェーの政府機関ENOVAは燃料電池システムを搭載した新造船（RORO船）の建造、液体水素の製造からバンカリングまでを含む燃料のサプライチェーン構築をサポートし、二五〇〇万ドルを支援している。EUはこれに約八〇〇〇万ユーロを支援している。

†アメリカ・韓国・日本の動き

アメリカではサンフランシスコ湾で燃料電池を搭載したフェリー（定員一五〇名）を運航するプロジェクト（SF-BREEZE）を実施し、カリフォルニア州の造船会社ベイ・シップ・アンド・ヨット社は環境保全・脱炭素化としてベイエリアのゴールデンゲートゼロエミッション・マリン（GGZEM）のために初の水素燃料電池旅客船を建設する契約を結んだ。米国初のゼロエミッション船は二〇一九年九月までに納入され、船を建設するためにアメリカ海事局が五〇万ドル、カリフォルニア大気資源局が三〇〇万ドルを支援した。また、オール・アメリカン・マリン社（AAM）と船主のスイッチ・マリタイムは二〇二一年八月、カリフォルニア州ベイエリアで運航する七〇フィート、七五人乗りのゼロエミッション水素燃料電池搭載電気駆動フェリー、シーチェンジの運航試験を行った(37)。

韓国政府はアンモニアとLNGの混焼エンジン技術開発を積極的にサポートし、サムスン重工業、大宇造船海洋のアンモニア燃料船の商用化に向けた開発を中心として二〇二一〜二〇二五年の五年間で三六四億ウォンを投じている。また、中小型船用アンモニア・LNG混焼エンジンの開発や海上試験・実証、安全性評価などの研究インフラを二〇二五年までに構築することを目指している。

日本政府と業界は、造船・海運業の国際競争力の強化および海上輸送のカーボンニュートラル実現に向けて、水素・アンモニア・LNG等のガス燃料船という次世代船舶の技術開発を加速しようとしている。政府は次世代船舶の開発に対して上限三五〇億円を拠出し、サポートしている。

日本国土交通省海事局「次世代船舶の開発」プロジェクトの研究開発・社会実装計画（案）(38)（二〇二一年七月八日）によると、二〇二一〜二〇三〇年に①水素燃料船の開発に二一〇億円を投じ、水素燃料船の安定運航の確認などの実証運航が二〇三〇年に完了する見込みである。②アンモニア燃料船の開発について一一九億円の予算を拠出し、二〇二八年にアンモニア燃料船の商業運航のサービスレベルを確認し、商業運航が実現する見込みである。③LNG燃料船のメタンスリップ削減への取り組みにおいて、LNG燃料中のメタンの一部が未燃のままメタンとして大気中に排気されることを削減するための技術を確立する。メタンスリップ削減対策費を二一億円投じ、二〇二六年にメタンスリップ削減率六〇％以上を実現する見込みである。

水素燃料船やアンモニア燃料船の運航、LNG船のメタンスリップ削減により、二〇三〇年には年間約三三万t、二〇五〇年にはCO_2削減効果が年間五・六億tと試算されている。水素燃料船とアンモニア船を実現するため、エンジン・燃料タンク・燃料供給システムの開発が進められており、二〇三〇年の市場規模は一七〇〇億円、二〇五〇年には六・八兆円に達すると推計されている。

他方、日本政府は内航海運のCO_2排出量削減にも精力的に取り組んでいる。二〇一三年度の内航海運のCO_2排出量は約一〇八三万tCO_2eとなった。カーボンニュートラルに向けての二〇三〇年度のCO_2排出削減目標は二〇一三年度比で約一五％減（一五七万tCO_2e）、約九二六万tCO_2eとしている。さらに政府は二〇二一年四月、菅義偉首相（当時）が目標の深掘りを表明したことを受け、二〇一三年度比で約一七％減（一八一万tCO_2e）という新たな目標を設定しており、そのためにはさらなる省エネ船の開発・普及や運航効率の改善等が必要となる。

第一に荷主等とも連携する連携型省エネ船・LNG燃料船・燃料電池船等の低・脱炭素化船の普及促進に取り組むこと、第二に運航効率の一層の改善、ウェザールーティングの活用や荷主と連携した運航改善に努めること、第三に荷主・オペ・船主等が省エネ・省CO_2化の取り組みを促す仕組みを導入し、モーダルシフトによる排出量削減効果の「見える化」を推進することである。

日本は船舶用工業メーカーによる主要構成機器（エンジン等）の開発、造船所による船型開発や機器配置の最適化のインテグレートなどといった取り組みにより、今後さらに船舶業界の国際競争力を強化していくであろう。

3　エネルギー部門での脱炭素化

†エネルギー構造転換に向けた日本の動き

エネルギー部門での脱炭素化とは主に、化石エネルギー・電力構造の非化石エネルギー・電力構造への転換、クリーンエネルギー・燃料の生産・供給、貯蔵装置の生産・供給を指す。

日本および世界の部門別CO_2排出量において、エネルギー部門はトップで四割近くを占め

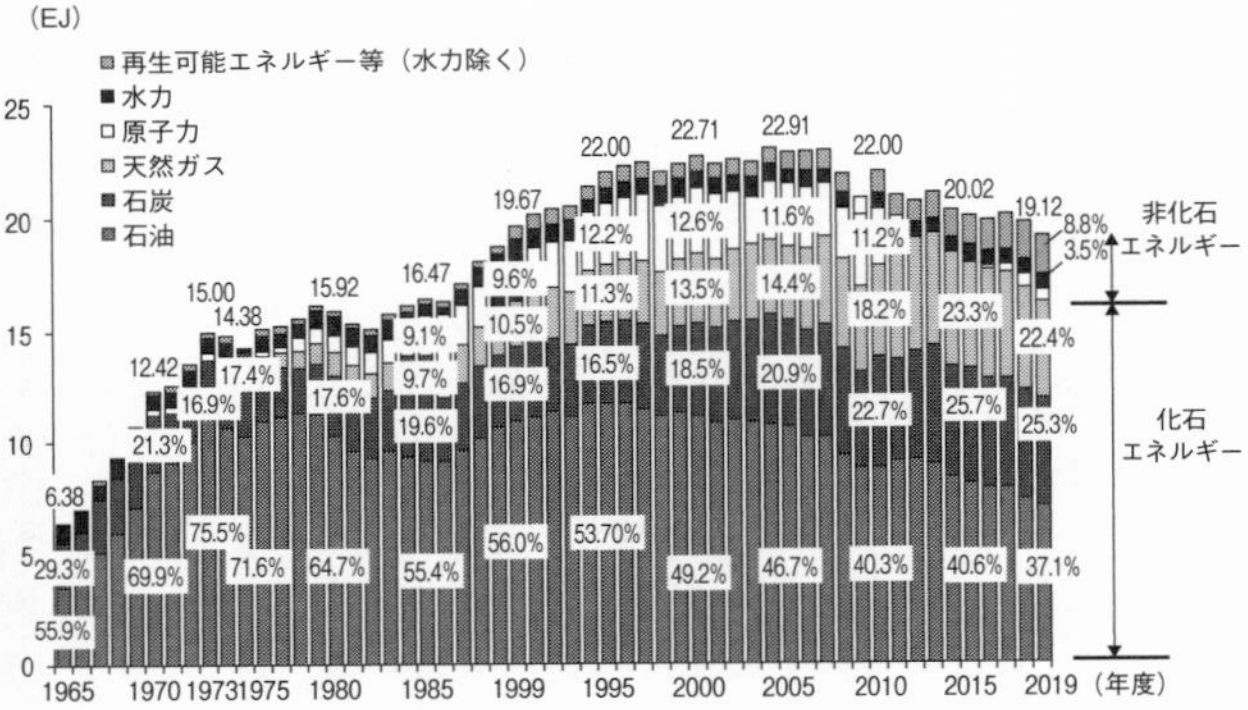

図 2-1　一次エネルギー国内供給の推移
注 1：「総合エネルギー統計」は、1990 年度以降、数値について算出方法が変更されている。
注 2：「再生可能エネルギー等（水力除く）」とは、太陽光、風力、バイオマス、地熱などのこと（以下同様）。
出所：経済産業省『エネルギー白書 2021』

ている。カーボンニュートラルに向けてエネルギー部門ではまず非化石・再生エネルギー構造へシフトし、石炭・石油など化石エネルギーに依存する度合いを引き下げなければならない。再生可能エネルギーとしては太陽光発電、風力発電、水力発電、バイオマス発電などがある。

日本で二〇二一年一〇月に閣議された「第六次エネルギー計画」では二〇五〇年のカーボンニュートラルに向けて、二〇三〇年度のCO_2排出量四六%削減を目標とし、さらには五〇%の高みを目指し、二〇五〇年までに再生可能エネルギーを主要電力源にするという目標を掲げている。

二〇一九年の時点で日本の一次エネルギー（加工されない状態で供給されるエネルギー）

供給量は一万九一〇四PJ（ペタジュール）[39]で、図2－1に示したように前年比で三・一％削減している。化石燃料は六年連続で減少する一方で、再生可能エネルギー・原発など非化石エネルギーは七年連続で増加している。

近年、発電部門において太陽光・風力など再生可能エネルギーの導入や原子力の再稼働が進んだことにより、石油火力の発電量や大型貨物自動車保有台数が減少している。その結果、国内供給に占める石油の割合は減少し、二〇一九年に三七・一％となり四年連続で四〇％を下回っている。石油に次いで石炭が二五・三％、天然ガスが二二・四％、再生可能エネルギー（水力を除く）が八・八％、水力が三・五％、原発が二・九％となっている。

日本国内で供給される一次エネルギーのうち化石エネルギーは八七・八％を占めており、原子力を中心としているフランス、風力・太陽光の導入を積極的に進めているドイツなどと比べて最も高い水準である。

エネルギー消費構造においては石炭、石油、天然ガスといった化石エネルギーに大きく依存しており、再エネなど非化石エネルギーはわずか一二・二％に留まっている。電力消費構造は火力七三・二％、水力七・七％、太陽光・風力発電などの再生可能エネルギー発電はわずか一二・九％で、主要国で最下位である。

こうした状況に対応し、二〇三〇年までにS＋3E[40]を前提として安全性（Safety）を大前提とし、自給率（Energy Security）、経済効率性（Economic Efficiency）、環境適合（Environment）を同時達成するべく、取り組みを進めている（S＋3E）。

二〇三〇年までにCO_2を四六％削減するという目標に向けて、第六次エネルギー計画では電源構成における再エネ発電三八％を目指しているが、これは再生可能エネルギーのR＆D・イノベーション成果の活用・実装が進展することを必要とする。その内訳は太陽光一四～一六％、風力五％、地熱一％、水力一一％、バイオマス五％、原子力二〇～二二％となる。

その一方で火力発電比率は大幅に引き下げられ、石炭、石油、LNG火力はそれぞれ現在の約二七％、三二％、三％から、一九％、二〇％、二％まで引き下げるとしている。なお、非化石発電である原発と水素・アンモニア発電はそれぞれ二〇～二二％、一％としている。

二〇三〇年までにエネルギーミックス水準を達成するため、様々な工夫・取り組みが必要とされる。再エネを主力電源とするため、低コスト化と電力を電力系統に流す時に発生する「系統制約」の克服に力を入れ、不安定な太陽光・風力発電などの出力をカバーするため「調整力」の確保にも取り組む。LNGなど火力の電源構成を低減させつつ、再エネを支える調整電源としてより一層、水素・アンモニア等の次世代エネルギーの開発を進めていく必要がある。

日本ではこれまで、再エネ発電を普及させるため様々な取り組みを行っており、二〇〇二年からは電力会社に対して一定割合の再エネ導入を義務づける再生可能エネルギー導入量割当制

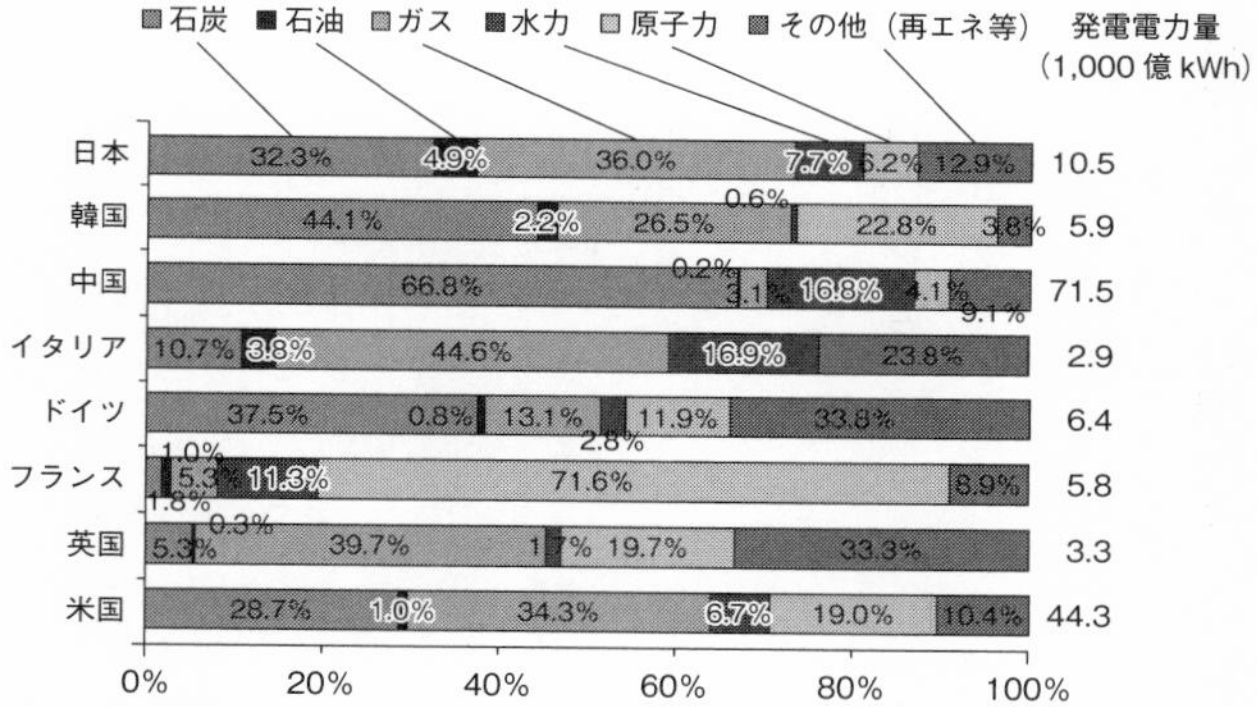

図2-2　主要国の発電電力量と発電電力量に占める各電源の割合（2018年）
注：端数処理の関係で合計が100%にならない場合がある。
出所：図2-1と同じ。

度（RPS制度）を実施している。また、二〇〇九年から二〇一二年には余剰電力買取制度が実施され、電力会社には太陽光発電で余った電力を一定の価格で買い取ることが義務づけられた。

こうした施策の中で再エネの導入が広がる起爆剤となったのは、二〇一二年施行の「再生可能エネルギー特別措置法」によるFIT（固定価格買取制度）の創設である。二〇一一年三月の東日本大震災後、再エネに対する期待の高まりにより導入を拡大し、技術革新により再エネの発電コストも下がってきた。これにより再エネの導入量は増大したが、欧州など主要国と比較するとまだ少ない（図2-2）。

その主な原因は再エネのコストが高いことにある。たとえば太陽光発電システムの工事・架台・BOS、モジュール・PCS導入費用は一kW当たりそれぞれ七・八円、五・六円と欧州より高く、約九割のコストが多くかかる（図2－3より算出）。

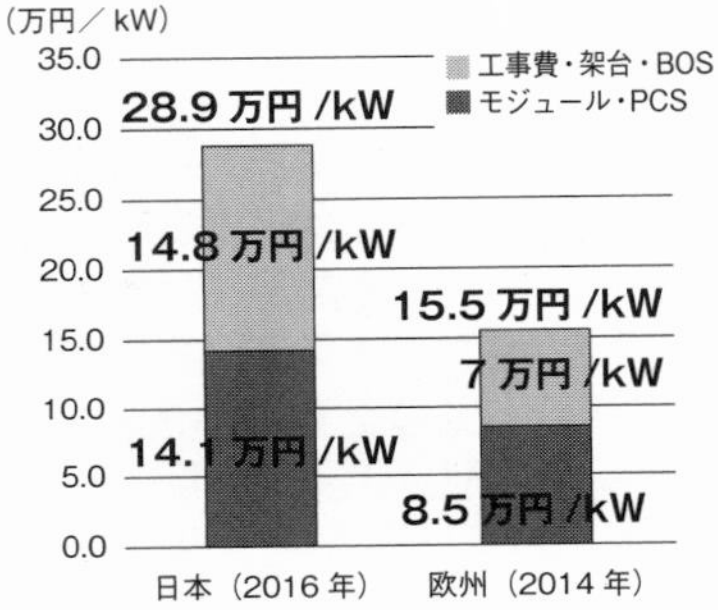

図 2-3　日本と欧州における太陽光発電のコスト比較
出所：資源エネルギー庁資料。
※日本はFIT年報データ、欧州はJRC PV Status Reportより資源エネルギー庁作成

日本が抱えるコストの問題

再エネ導入における高コスト問題は、今後の日本国内の再エネの普及・拡大や脱炭素化・カーボンニュートラル目標の実現、および再エネ産業における国際競争力優位性に立つために喫緊の課題である。

そのためにはまず、導入コストを引き下げなければならない。日本の太陽光発電のコストはドイツなどと比べて高い。ドイツのモジュールメーカーはコストの優位性のある中国・台湾企業と同等の価格競争力をもっている。日本のモジュールメーカーはモジュール製造の生産性を向上させ、コストを削減・効率化することが求められる。そのためには現場の改善・製造などのイノベーションが欠かせない。

そしてもう一つ、太陽光パネルの設置に関する建設工事費の引き下げが必要不可欠である。自然エネルギー財団によると「日本の場合、太陽光発電システムの基礎杭打ちの機械は、通常の工事で使われるユンボに杭打ち用の器具を取り付けたものであり、杭打ちに特化した機械に比べて、作業効率が悪い。また架台は各パーツがバラバラに分かれているため、現場での架台の組み立て作業に時間が掛かる」という。(41) それを改善するため、効率的な設置工事につながる比較的安価な架台や施工方法を開発する必要がある。(42)

さらには太陽光発電の導入を拡大しつつ、既存のシリコン太陽電池では設置困難な場所でも設置可能な次世代型太陽電池の技術開発を行い、中長期的に新市場を創出していくことが急務である。つまり、屋根の耐荷重が小さい既築住宅・建築物や住宅・建築物の壁面等での設置上の技術的な難題を克服する必要がある。(43)

今後は既存の太陽電池を超える性能（変換効率の向上・耐久性の高さ・コストの低さなど）を持ち、エンドユーザーのニーズに合わせた技術開発・イノベーションによりビル壁面等の新市場開拓（建材一体型太陽電池等）を進めていくことが急務となる。

加えて風力発電については、政府による国内市場の創出を投資の呼び水として、競争力がある強靭なサプライチェーンを形成することが、電力安定供給や経済波及効果といった観点から重要である。

風況の良い北海道や東北の日本海側に立地した場合、年平均設備利用率でも約三五％と、欧州の北海海域の年平均設備利用率（約五五％）を大きく下回っている。これにより欧州に比べて、日本の洋上風力発電事業の収益性はかなり低くなり、国民や産業は欧州より七〜八円／kWh程度高い電気の買取価格を負担せざるを得ない(44)。

なお、発電設備の風車については日本国内に生産拠点がないため、海外からの輸入に頼っている。また発電機、増速機、ベアリング、ブレード用炭素繊維、永久磁石等のノウハウ・技術優位を持っている国内メーカーの潜在力や国内のものづくり基盤が十分に活用されていない。今後、風力発電業界では国際分業のメリットを活用したうえで国内生産・調達に向けた目標を掲げ、強靱なサプライチェーンを整備する必要がある。政府は研究開発・設備投資へのインセンティブ付与や内外の部品メーカーとの連携、規制改革や再エネ導入拡大に向けた事業環境整備などによって風力発電産業競争力をさらに強化すべきである。

†EUの先進的な取り組み

EUは積極的に再生エネルギーを導入し、カーボンニュートラルに向けた脱炭素化に取り組んでおり、再生可能エネルギーが最終エネルギー消費ベースのエネルギーミックスに占める比率の二〇三〇年目標を現行の三二％から四〇％に引き上げている。二〇一九年時点の同比率は一九・七％で、二〇三〇年までにこれをEU全体でほぼ倍増させる必要がある。

EUは二〇二一年七月、電源構成に占める再生可能エネルギーの比率を二〇一八年時点の三三％から、二〇三〇年に六五％にまで引き上げることにしており、二〇二〇年一一月には洋上風力発電の導入を拡大する戦略を打ち出した。現時点で一二GWの導入量を二〇三〇年までに六〇GW以上、さらに二〇五〇年までに三〇〇GWに拡大する。それに加えて海洋エネルギーや浮体式の風力・太陽光発電など新たな技術を活用し、四〇GWを追加する目標も掲げている。

二〇二一年にEUで設置された新規太陽光発電の容量は、二〇二〇年比三四％の大幅増の二五・九GWとなっている。ヨーロッパの太陽光発電は引き続き力強い成長を続け、二〇二五年までに累積容量が三二七・六GW、二〇三〇年までに最大六七二GWに達すると見込まれている。中でもドイツは引き続きEUでトップに位置し、二〇二一年末までに五・三GWに達している。今後さらに、EU再エネ導入拡大の主役として大きな役割を果たしていくであろう。

Solar Power EuropeのCEOであるWalburga Hemetsberger氏によると、二〇五〇年のカーボンニュートラルに向けて、二〇三〇年の電源構成において最低でも四五％の再エネが必要であり、そのために八七〇GWの太陽光設備容量を達成すべきであるという(45)。このようにEUでは太陽光発電の製造が拡大し、サプライチェーンが整備されており、欧州グリーンディールの下で高い価値が付加され、雇用増大をもたらしている。

またEUが二〇二〇年一一月、カーボンニュートラルに向けて打ち出した風力を中心とする洋上の再生可能エネルギー戦略では、洋上風力発電の設備能力を現状の一二〇〇万kWから二〇三〇年に六〇〇〇万kW、二〇五〇年には三億kWまで拡大し、海の潮力や波力発電も促進するとしている。これらの設備能力を実現するため、二〇五〇年までに官民で八〇〇〇億ユーロ（約九九兆円）を投資する見込みである。EU欧州委員会のフランス・ティメルマンス上級副委員長が声明で強調したように、風力発電の拡大はクリーンエネルギーの普及や雇用拡大、持続可能な経済成長、国際競争力の強化につながる。

†アメリカの官民挙げての取り組み

米国エネルギー省（DOE）は二〇二一年九月、二〇三五年までに電力部門の脱炭素化を達成するためには、電源構成の太陽光発電比率を二〇三五年までに四〇％程度にする必要があるという試算を公表した。

脱炭素化のシナリオでは、二〇三五年の太陽光発電は七六〇〜一〇〇〇GW必要となり、これは電力の総需要の三七〜四二％に相当する。現状の太陽光発電の比率は三％、約八〇GWで、二〇二〇年には一五GWまで発電容量が拡大している。二〇三五年の目標を達成するには、二〇二〇年代前半で毎年、設備容量を平均三〇GWまで増大し、二〇二五〜二〇三〇年にはそれを六〇GWまで拡大することが不可欠である。

二〇二〇年から二〇五〇年にかけて、電力の脱炭素化においては五六二〇億ドルのコストアップが見込まれるが、気候や大気の改善により気候変動対策費が減少するため、一兆七〇〇〇億ドルのコストダウンになる。また、技術の向上によって太陽光発電のコストが下がり、電力需要の柔軟性も増すため、電気代は二〇三五年まで上昇せず、電力供給の九五％で脱炭素化を達成できるとしている。(46)

加えて風力発電において、アメリカ政府は二〇二一年三月、洋上風力発電能力を拡大する方針を打ち出し、二〇三〇年までに三〇GWの洋上風力電源の確保を目指している。三〇GWは一〇〇〇万世帯以上の年間電力をまかない、これにより七八〇〇〇tの温暖化ガスの排出量が削減される。(47)EUに比べてアメリカの洋上発電は遅れているが、今回の計画方針を機運として拡大・普及していくと考えられる。

具体的な洋上風力発電所予定地はメイン湾、ニューヨーク湾、中央大西洋沖、メキシコ湾、カロライナ沖合、カリフォルニア沖合、オレゴン沖合の七カ所とされている。二〇二二年第一四半期、五月頃にニューヨーク湾やカロライナ沖合の開発はそれぞれ完了する予定で、九月にカリフォルニア沖合、年末メキシコ湾の開発完了を目標としている。また大西洋沖では二〇二三年第二四半期、オレゴン沖合では同年第三四半期、メイン湾では二〇二四年半ば頃までに開発を完了する計画である。これらの開発により三〇GWの発電容量目標が実現されるのみならず、約八万人の雇用創出ももたらされる。

なお洋上風力発電の研究開発について、DOEが一部出資する国家風力発電の研究開発コンソーシアムは洋上風力支持構造の革新、サプライチェーンの開発、電気システムの革新、利用競合の緩和を目的とした一五の新しい研究開発プロジェクトを選定し、研究開発を行う。

アメリカの総発電量に占める再生可能エネルギーの割合は風力・太陽光の発電容量追加により二〇一九年の一七%から二〇二〇年には一九・八%、二〇二一年には二二%に拡大している。DOEによると、風力と太陽光を合わせて二〇三五年までに電力供給の七五%、二〇五〇年までに九〇%をまかなうとしている。(48)

バイデン政権が掲げる二〇三〇年までに二〇〇五年比で温室効果ガス(GHG)五〇~五二%削減、二〇五〇年にカーボンニュートラル達成という目標の下で、三〇年までに八〇%をクリーン電力にするにあたって太陽光・風力発電をはじめとする再生可能エネルギー発電は大きく貢献する。

バイデン政権は国内ではクリーンエネルギー関連に四年間で二兆ドルの巨費を投じ、二〇三五年までに電力部門を脱炭素化するべく取り組んでいる。今後太陽光・風力発電など再生エネルギーの導入拡大により、エネルギー産業・エネルギー構造の脱炭素化や雇用の新たな創出・経済の発展が促進されるであろう。

年次	火力発電	水力発電	原子力発電	風力発電	太陽光発電
2011	76834	23298	1257	4623	212
2012	81968	24947	1257	6142	341
2013	87009	28044	1466	7652	1589
2014	93232	30486	2008	9657	2486
2015	100554	31954	2717	13075	4318
2016	106094	33207	3364	14747	7631
2017	111009	34411	3582	16400	13042
2018	114408	35259	4466	18427	17433
2019	118957	35804	4874	20915	20418
2020	124517	37016	4989	28153	25343

表 2-5　中国の電源構成（2011～2020 年）　単位：万 kW
出所：北極星電力新聞網（https://news.bjx.com.cn/html/20210617/1158638.shtml）

†中国の再生エネルギーへの取り組み

一方、中国では一次エネルギー消費は石炭に偏っている。二〇一〇年前後、電源構成において石炭をはじめとする火力発電比率は七四・五％に達していたが、大気汚染・環境汚染を抑制するため脱石炭依存を進め、二〇二〇年末時点で六七・九％にまで下がった。一方、非化石エネルギーは一〇年前と比べ倍近く増加し、一次エネルギー消費構成の一五・九％を占めている。なかでも太陽光発電と風力発電設備容量はそれぞれ一一〇倍、六倍以上と拡大し、二億五三四三万kW、二億八一五三万kWとなっており（表2－5）、その設備容量は世界一位となっている。電源構成における太陽光発電、風力発電の比率はそれぞれ一一・五％、一二・八％で、日本（同八・五％、〇・八六％）とアメリカ（太陽光・風力発電の合計で一二・九％、平均でそれぞれ六・五％）より高い。

さらに二〇二〇年一〇月、中国政府はCO_2の排出量を二〇三〇年までにピークアウトし、二〇六〇年までにカーボンニュートラルを実現するという国家目標を掲げている。こうした背景の下で太陽光や風力など、再生可能エネルギーによる発電が大きく増加している。国家能源局によると、二〇二一年末時点で再生可能エネルギー発電の設備容量は一〇・六三億万kW以上に達し、電源構成の四四・八%に上っている。また太陽光・風力発電の設備容量はそれぞれ前年比で二四・一%、二九%と大幅に増加しており、電源構成の一二・九%、一三・八%を占めている。両者の設備容量は合計五億九二〇〇万kWに達し、総発電設備容量の約二六%を占めている。

二〇二一年末までの陸上風力発電は三億二〇〇万kW、洋上風力発電は二六三九万kWで、合計三億二八〇〇万kWである。風力発電は前年同期比で五八六六億七〇〇〇万kWh増の四〇・八%となり、それまでの記録を大きく更新した。太陽光発電は三〇九億kWh増の二四・三%、バイオマス発電は一四八〇億kWh増の二三・四%であった。

二〇二一年末までに中国の再生可能エネルギー発電の設備容量は一〇億六三〇〇万kwに達し、総発電設備容量の四四・八%を占めた。そのうち水力発電は三億九一〇〇万kW（揚水発電三六〇〇万kwを含む）、風力発電は三億二八〇〇万kW、太陽光発電は三億六〇〇万kW、バイオマス発電は三七九八万kWで、それぞれ国全体の発電設備容量の一六・五%、一三・八%、一二・九%、一・六％を占めている。

こうした再生エネルギー発電の設備容量の増大は、近年の再エネ分野への投資拡大によりもたらされた。たとえば二〇二〇年の全国電源設備投資は前年比二九・二％の大幅増で五二四四億元となっている。なかでも再生可能エネルギー投資が急増しており、水力発電投資は一〇七七億元で前年比一九・〇％増、風力発電投資は二六一八億元で前年比七〇・六％増となっている。

今後、風力、太陽光、バイオマスなど非化石エネルギーへの投資・開発が加速し、上・下流およびグリッド投資が拡大すればEV車両ネットワークの相乗効果開発も推進されるであろう。

†中国の再生エネルギー開発における課題

しかしながら、中国再エネ開発分野にはまだ技術的な課題が残っている。まず、太陽光発電産業で克服すべき課題がある。近年、中国の太陽光発電産業は急速に成長しており、シリコンウェハーは世界生産のシェア九七％、シリコンは同七五％、モジュールは同七一％、インバーターは同六〇％を占めている。このように中国には太陽光発電産業サプライチェーン全体の中核生産能力のほぼすべてがあるが、世界最大の太陽光発電国であるにもかかわらず、太陽光発電フィルムの原材料はほぼ海外からの輸入に頼っている。国内の三社だけがPVグレードのE

VA[49]を生産する能力を持っており、どの会社もPVグレードのPOE（ポリオレフィンエラストマー）を生産する能力を持っていない。

現在、世界三大POE樹脂メーカーはアメリカのダウ・ケミカル（四二％の世界シェア）、モービル・コーポレーション（一九％の世界シェア）、日本の三井化学（一九％の世界シェア）である。太陽光発電産業のさらなる発展のため、中国は国内の太陽光発電メーカーでのPOE材料の自主開発を強化すべきである。

次に、風力発電産業には基幹部品の技術課題がある。二〇二一年末までに中国における陸上風力発電設備容量は三億二〇〇〇万kW、洋上風力発電設備容量は二六三九万kWで、合計三億二八〇〇万kWに達しており、なかでも洋上風力は前年の三・八四五GWから一六・九GWへと大幅に増大している。国別の累計総設備容量で中国（二六・九GW）はイギリス（一二・五GW）を抜いてトップとなり、世界の五割近くに達している[50]。

目下、中国の陸上風力と洋上風力発電は世界シェアの第一位でそれぞれ三八・七％、四七・二％を占めているが、風力発電産業では大容量の洋上風力タービンの超長大ブレードの製造、および三MW以上の大型風力発電機の重要なスピンドルベアリングは主に輸入に頼っている。風力発電については小型（二MW以下）メガワット風力発電機のベアリング、特にヨーベアリングとピッチベアリングは国内で供給できるが、三MW以上の大型風力発電機の重要なスピンドルベアリングは主に輸入に頼っている。中国がベアリング消費において世界の三〇％を占めるが、生産においてはスウェーデン、ドイツ、日本、米国などといくつかの大型多国籍ベアリング企業が世界の七〇％以上のシェアを占めており、ほぼハイエンド市場を寡占している。一方で中国企業は主にローエンド市場のベアリングの生産シェアを占め、羅軸、和軸、新強連合などといった企業の合計市場シェアは一〇％未満に過ぎない。

カーボンニュートラルという目標を達成するため、第一四次五カ年計画では風力発電の発展空間を設定すべきである。年間平均五〇〇〇万kWの新規導入を保証し、二〇二五年以降、風力発電の年間平均設備容量がそれを下回らないようにしなければならない。二〇二五年以降、中国の風力発電の年間平均設置容量は六〇〇〇万kWを下回らず、二〇三〇年には少なくとも八億kW、二〇六〇年には三〇億kWに達する必要があるとしている。

第一三次風力発電開発五カ年計画では、一〇MW級の大容量風車の設計・製造技術やキーテクノロジーのブレークスルーについて言及している。一四次五カ年計画では風力発電用スピンドル軸受、ブレード材料、IGBTおよびその他の主要部品の製造、ショートボード技術に関与する予定である。

コストは市場にとって常に大きな関心事である。風力発電はちょうどパリティ（理論価格）の歴史的節目に到達し、来年にはすべての補助金がなくなる（洋上風力の補助金は二〇二一年まで続く)。これは、大手蓄電メーカーが一四次五カ年計画中に蓄電コストを〇・二元/度以内に抑えると予測したためである。

二〇二一年九月末までに中国の洋上風力発電の累積系統連系容量は約一三一八万kWとなり、設置容量は世界一となっている。

産業チェーンの生産能力および技術レベルは常に向上している。中国の洋上風力発電設備製造・建設運営・保守などの産業チェーンの生産能力は着実に向上しており、現在では数百万kWの年間水素導入容量をサポートする能力を備えている。中国は現地の研究開発と大容量の洋上風力タービンの超長大ブレードの製造、風力タービン、長距離伝送プロジェクトやその他の一連の洋上風力発電コア技術を向上させるべく力を入れている。

中国の風力発電産業は多くの素晴らしい成果をあげたが、炭素繊維やベアリングに関しては欠点もある。炭素繊維は風力発電のブレードの分野で最も使用されているが、二〇一八年の時点で、風力発電用の中国国内の炭素繊維の一〇〇%は輸入に頼っている。現在、風力発電機のブレードに使われる炭素繊維の国内需要は一万tを超え、非常に不足している。

また前述のようにベアリングは小型(三MW以下)メガワット風力発電機のベアリングについては国内供給でカバーできるものの、大型(三MW以上)風力発電機の重要なスピンドルベアリングは主に海外輸入に頼っている。世界の八大ベアリングメーカーが中国で五〇%、世界で七〇％のシェアを占める一方で、中国のメーカーは中小型軸受しか製造できず、その世界シェアは二〇％に留まっている。中国風力発電分野にとって、スピンドルベアリングの自主開発は喫緊の課題である。今後、中国が風力発電産業を発展させていくには、これらの課題を克服していくことが不可欠である。

このように脱炭素産業革命は主に産業構造・産業高度化やモビリティー、エネルギー・電力構造の転換分野において展開している。脱炭素技術の開発と実用化により産業構造が転換するとともに輸送方式・燃料が変化し、エネルギー・電力需給構造のグリーン化にも大きな影響を与えている。今後の脱炭素産業革命のさらなる進展により、これまでの生産方式およびライフラインは様変わりしていくであろう。

（1）https://www.ndrc.gov.cn/wsdwhfz/202110/t20211012_1299485.html?code=&state=123（「専家観点」"十四五"時期我国産業構造変動特徴及趨勢展望）
（2）https://securetpnews.info/2020/11/23（「インドにおけるインドの化学産業のシェア、傾向、二〇二六年の予測」）
（3）熊谷章太郎「脱炭素社会への移行が迫るアジアの鉄鋼業の将来」『ＲＩＭ　環太平洋ビジネス情報』Vol. 21、No. 83、日本総研、二〇二一年、六五頁。
（4）一般社団法人日本化学工業協会「化学産業における地球温暖化対策の取組み〜低炭素社会実行計画二〇一

九年度実績報告～」二〇二〇年一二月一八日。
（5）それらの部門は、①住宅用断熱材、②ホール素子・ホールIC、③次世代自動車材料、④太陽光発電材料、⑤LED関連材料、⑥自動車に装着、走行時に路面との転がり抵抗を低減させるための低燃費タイヤ用材料、⑦鋳鉄製パイプ性能を有する配管材料、⑧高耐久性マンション用材料、⑨炭素繊維複合材料による軽量化された航空機用材料、⑩濃縮型液体衣料用洗剤などである。
（6）『日本経済新聞』二〇二二年六月一七日付。
（7）以下、住友化学「気候変動対応」（https://www.sumitomo-chem.co.jp/sustainability/environment/climate_change/）を参照。
（8）同上。
（9）日立製作所「日立ストレージ事業における脱炭素社会の実現に向けた取り組み」二〇二一年九月一三日（https://www.hitachi.co.jp/products/it/digital_infra/reports/hss_carbon_neutral.pdf）
（10）野々村洸「ソニーが考える脱炭素、AIエッジ処理で消費電力七四〇〇分の一も」『日経xTECH』二〇二一年九月一六日。以下、本紙の記事を参照。
（11）宇野麻由子「欧州鉄鋼大手、水素と再エネで製鉄プロセスの脱炭素化へ始動」『日経BP』二〇二〇年九月一一日。以下欧州鉄鋼大手の脱炭素に関する内容について同文を参照。
（12）『日本経済新聞』二〇二一年九月一七日付。
（13）https://www.idaten.vc/post/us（USスチールが買収した革新的な鉄鋼スタートアップ・Big River Steelとは？·(idaten.vc)）
（14）デュポン「SDGs達成を支援する、デュポン™の3つの環境対応エンジニアリングプラスチック：PR」二〇二一年一二月一三日（https://plabase.com/news/8770）

(15) 同上。
(16)「インフィニオン、カーボンニュートラル企業へ」(https://www.infineon.com/cms/jp/about-infineon/press/press-releases/2020INFXX202002030.html)
(17) https://japan.zdnet.com/article/20401469/
(18) https://www.intel.co.jp/content/www/jp/ja/corporate-responsibility/2030-goals.html
(19) "*Apple commits to be 100 percent carbon neutral for its supply chain and products by 2030*" Newsroom July 21, 2020
https://www.apple.com/newsroom/2020/07/apple-commits-to-be-100-percent-carbon-neutral-for-its-supply-chain-and-products-by-2030/
(20) https://newswitch.jp/p/30323「アップルの波及効果で「脱炭素」加速、半導体装置メーカーの危機感」二〇二二年一・七日
(21) 実はEVなど新エネルギー車による脱炭素への貢献は、現在の時点で、まだ限られている。IEAの統計によると、世界の電力・エネルギー転換部門は二酸化炭素排出量の四二%を占めており、産業および運輸はそれぞれ一八・四%および二四・六%を占めている。一方、中国の場合、電力・エネルギー転換部門が五一・四%を占め、産業と運輸産業がそれぞれ二七・九%と九・七%を占めている。つまり輸送部門は一割足らず、世界平均の約二・五割に比べてまだ低い。長期的に中国のモータリゼーションの進展により、自動車、特にEVなど新エネルギー車は急増していく。中国自動車保有台数(三・五億台)の中にEVなど新エネルギー車の保有台数は七八四・三万台で、わずか全体の〇・二二%を占めるに過ぎず、さしあたりは、目下、輸送分野でのEVなど新エネルギー車による脱炭素の貢献度は、かなり低い。そこでEVなどエネルギー車産業は、輸送部門での脱炭素化の貢献よりも、むしろ中国のEVなど新エネルギー車産業および関連産業の産業

高度化・技術グレードアップを押し上げる役割が大きいといえる。電気と産業からの中国の炭素排出の割合は、世界のそれよりも高い。

(22) 二〇二〇年の時点で三一六万台であった。

(23) EPA, *Sources of Greenhouse Gas Emissions* (https://www.epa.gov/ghgemissions/sources-greenhouse-gas-emissions)

(24) 内閣官房、経済産業省 他『二〇五〇年カーボンニュートラルに伴うグリーン成長戦略』二〇二一年六月一八日、六〇頁。

(25) 経済産業省 製造産業局、国土交通省自動車局『グリーンイノベーション基金事業「スマートモビリティ社会の構築」研究開発・社会実装計画』二〇二二年三月一四日、三頁。

(26)『日経電子版』二〇二一年九月二日。「EV特許の競争力、トヨタ首位　優位の日本勢は販売に課題」、以下、同記事を参照。

(27) GREEN AIR "European Commission's ReFuelEU Aviation proposal details SAF blending obligation on fuel suppliers" 16 July 2021.

(28)（公財）航空機国際共同開発促進基金「バイオジェット燃料の最新動向」(http://www.iadf.or.jp/document/pdf/r1-2.pdf)

(29) 三菱総合研究所『令和二年度燃料安定供給対策に関する調査等バイオ燃料を中心とした我が国の燃料政策の在り方に関する調査』（資源エネルギー庁報告書）二〇二一年三月三一日、九四頁。

(30) 東京〜ロンドン間を約三五〇往復できる量という（『日本経済新聞』二〇二一年七月三〇日付）。

(31) 同上。

(32) もし何も対策を取らない場合、このように増大していく。

（33）『日本海事新聞』二〇二一年四月二〇日付。
（34）https://www.theexplorer.no/ja-jp/stories/energy/hydrogen-and-ammonia-creating-a-market-for-new-green-marine-fuels/
（35）https://www.theexplorer.no/ja-jp/stories/energy/hydrogen-and-ammonia-creating-a-market-for-new-green-marine-fuels/
（36）"Concordia Damen signs historic contract with Lenten Scheepvaart for first ever inland hydrogen vessel"（https://www.damen.com/insights-center/news）。
（37）"All American launches first hydrogen fuel cell ferry in U.S." WorkBoat, August 19, 2021。（https://www.workboat.com/all-american-launches-first-hydrogen-fuel-cell-ferry-in-u-s）
（38）https://www.meti.go.jp/shingikai/sankoshin/green_innovation/industrial_restructuring/pdf/002_04_00.pdf
（39）エネルギー量の単位で、千兆ジュール。
（40）安全性（Safety）を大前提とし、自給率（Energy Security）、経済効率性（Economic Efficiency）、環境適合（Environment）を同時達成するべく、取り組みを進めること。
（41）https://www.renewable-ei.org/column/column_20160204.php
（42）（太陽光発電に関する）架台は、太陽光モジュールをのせる台や枠のことを指す。
（43）たとえば日本においては（実験室レベルで）、変換効率二四・九％を達成しているが、韓国では変換効率二五・四％（世界最高）を達成している（内閣官房ほか『二〇五〇年カーボンニュートラルに伴うグリーン成長戦略』三四頁）。
（44）本部和彦、立花慶治「風況の違いによる日本と欧州の洋上風力発電経済性の比較——洋上風力発電拡大に伴う国民負担の低減を如何に進めるか」『ＧｒａＳＰＰ』東京大学公共政策大学院、二〇二一年一月、二一頁。
(45) Solar Power Europe "New market report: 二〇二二, the best year in European solar history. 2022, Europe set to hit 30 GW installation level" December 17, 2021.
(46) ジェトロ「米エネルギー省、太陽光発電導入のシナリオ発表、二〇三五年までに四割供給へ」『ビジネス短信』二〇二一年九月八日。
(47) DOE Announces New Offshore Wind Target in Partnership with Departments of Interior and Commerce (https://content.govdelivery.com/accounts/USEERE/bulletins/2c9c044)
(48) Energy.gov DOE Releases Solar Futures Study Providing the Blueprint for a Zero-Carbon Grid Sep. 8, 2021 (https://www.energy.gov/articles/doe-releases-solar-futures-study-providing-blueprint-zero-carbon-grid)
(49) ＥＶＡは酢酸ビニル（ＶＡ）の含有量に応じて、用途の広い化学原料である。
(50) GWEC, *Global Wind Report 2022* (https://gwec.net/global-wind-report-2022/)

第3章
主要国の戦略的競争

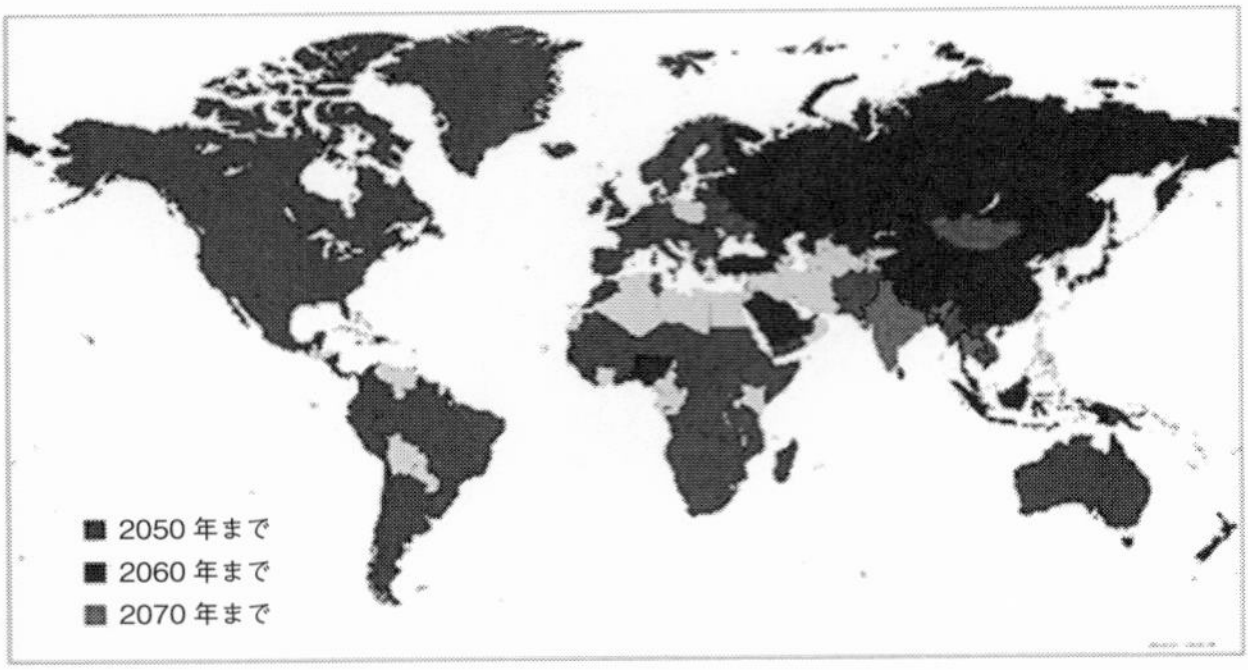

図3-1　年限付きのカーボンニュートラルを表明した国・地域
出所：経済産業省『エネルギー白書2022』2022年6月より。

1　主要国脱炭素化の政策・戦略目標

†脱炭素化に向けた国際的な動き

脱炭素化に向けた動きは、世界的に活発化している。イギリスでのCOP26が終了した二〇二一年一一月時点で一五四カ国・一地域が二〇五〇年など年限を区切ったカーボンニュートラルの実現目標を掲げている（図3-1）。これらの国におけるCO2排出量とGDPが世界全体に占める割合はそれぞれ八〜九割に達している。二〇二一年一一月のCOP26ではパリ協定第六条に基づく「市場メカニズム」の実施指針が長年の交渉の末に合意され、パリ協定のルール作りが遂行されるほか、インドが二〇七〇年カーボンニュートラルを宣言するなど、脱炭素化に向けて先進国と新興国が連携して取り組んでいく姿勢を見せている。

他方、COP27（国連気候変動枠組条約第二七回締約国会議）で指摘されたように、地球の気温上昇を産業革命前から一・五度以内に抑えるというパリ協定の目標を達成するための温暖化ガス削減の目標（二〇三〇年までに二三〇億トン削減すべき）の積み上げは、この一年間でほとんど進まず五億トン台にとどまっている。二〇三〇年までの年間平均二九億トンという削減目標に遠く及ばない状況のうえ、ロシアのウクライナ侵攻によるエネルギー危機が深刻化している。目下、こうした厳しい状況・リスクに対応・解決するために脱炭素化・その技術革新と社会実装が必要不可欠なカギとして、より一層注目、重要視されている。

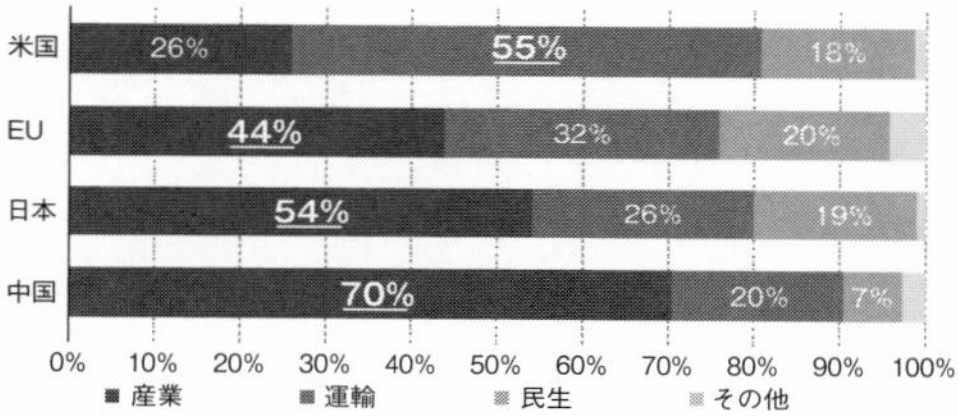

図3-2　主要国の2050年目標達成に追加的に必要なCO_2削減量の部門別比率（非電力）
出所：IEA「World Energy Outlook 2021」より経済産業省作成

世界主要国が脱炭素化への動きを活発化するに伴い、EVや新・再生可能エネルギーなどのイノベーションが加速している。図3－2に示したように、電力を除いて中国と日本のCO_2排出量の削減は産業部門に集中し、とりわけ中国では七〇%を占めている。製造業・工業部門でのCO_2の削減は脱炭素化の重要なカギとなる。

一方、自動車大国であるアメリカではCO_2排出削減への取り組み、つまり脱炭素化の重心はモビリティー部門にある。ＥＵではCO_2排出削減への取り組みは産業、運輸、民生の順となっているが、アメリカや日本などと比べ、民生部門CO_2排出量の削減が高いことは特徴的である。

各国・地域は各部門におけるCO_2排出状況により排出量削減の施策を講じ、積極的に脱炭素化に取り組んでいる。ＥＵでは二〇三〇年までに、一九九〇年比で中期目標として少なくともCO_2を五五％削減し、さらに二〇五〇年までにカーボンニュートラルの実現を目指している。二〇二一年六月、欧州委員会は欧州気候法を採択し、二〇三〇年・二〇五〇年の温室効果ガス削減目標を法定化するとともに、同年七月には二〇三〇年・二〇五〇年の温室効果ガス削減目標値を達成するための政策パッケージ「Fit for 55」を提案した。

この中では①排出量取引の強化（二〇三〇年の削減目標を引き上げ、二〇〇五年比四三％から六一％とする）、②炭素国境調整メカニズム（CBAM）に関してカーボンリーケージ（排出制限が緩やかな国への産業の流出）防止のため、排出量の多い特定の輸入品に対し課金するメカニズムの導入、③二〇三〇年のＥＵのエネルギーミックスにおける再生可能エネルギーの割合を従来の三二％から四〇％に引き上げる、④エネルギー効率化目標値の引き上げ（一九九〇年比三二・五％から二〇三〇年に三六〜三九％へ）、⑤二〇三五年以降のガソリン車の新車販売禁止、⑤充電インフラや水素インフラの整備、⑥持続可能な航空・海運燃料（SAF）の生産・利用の促進、⑦エネルギー税を数量ベースから熱量ベースに変更し、エネルギー製品と電力への課税とEUの環境・気候変動政策との整合性を図る、⑧化石燃料に対する直接の補助金の段階的廃止、⑨炭素国境調整措置の導入（エネルギー集約型業種である鉄鋼、アルミニウム、セメント、肥料および電力等の輸入業者に対して証書購入を義務づける）などを掲げている。

†イギリス・ドイツ・アメリカの動き

イギリスのテリーザ・メイ首相は二〇一九年六月、二〇五〇年までに温室効果ガス（GHG）の純排出をゼロにすることを発表した。そして同月、二〇〇八年に同国の長期的な排出削減（二〇五〇年までに一九九〇年比で八〇％削減）目標を法制化した気候変動法を修正し、二〇五〇年のカーボンニュートラル目標を法制化した。この目標の法制化はG７でも初めてとなる。

二〇五〇年のカーボンニュートラルに向けた中間目標として、二〇二〇年一二月にボリス・ジョンソン首相は、二〇三〇年までにCO_2を六八％削減するという野心的な目標を表明した。さらに二〇二一年四月には、二〇三五年までに一九九〇年比で七八％削減するという新たな目標を打ち出している。これらの野心的な目標は、イギリスが議長国として二〇二一年一一月にグラスゴーで開催されたCOP26を念頭に置いたものであったと考えられる。

イギリス政府は温暖化ガス削減の目標の下で、脱炭素のグリーン電力による経済社会の電化を促進し、EV化、省エネの推進、低炭素燃料へのシフト、CCUS技術の開発・活用などに取り組んでいる。二〇二〇年一一月、ジョンソン首相は「グリーン産業革命に向けた洋上浮力発電、低炭素水素、大型原子力・SMR・革新炉の開発の拡大など一〇項目」を発表した。二〇五〇年カーボンニュートラルに向けて一〇の重点分野を定め、英国政府は一二〇億ポンド（約一兆六五六〇億円）を投じている。

ドイツは二酸化炭素（CO_2）など温室効果ガスの削減に、世界で最も積極的に取り組んでいる国の一つである。メルケル政権は二〇一九年一二月一八日、世界で初めて気候保護法（Klimaschutzgesetz）を施行し、CO_2排出量の目標達成を法律によって義務化した。二〇二一年六月には改正気候保護法が成立し、カーボンニュートラルの目標期限を二〇五〇年から二〇四五年に前倒ししている。

連邦政府はCO_2など温室効果ガスの排出量を一九九〇年比で二〇三〇年までに五五％削減から六五％削減に引き上げている。それと同時に二〇四〇年に一九九〇年比八八％減とする中間目標を新たに導入し、各年の削減目標も明確化している。さらにエネルギー、製造業、建築、交通、農業、廃棄物その他の計六分野において、二〇三〇年までのCO_2温暖化ガス排出目標を定め、森林や湿地などCO_2吸収源の保全・再生による産業分野のCO_2除去に関する目標も新たに盛り込み、二〇五〇年までに純排出量をゼロにすることを目指している。

アメリカではジョー・バイデン大統領が就任した直後の二〇二一年一月二〇日、パリ協定への復帰を決定し、二月一九日に正式復帰した。バイデン政権はトランプ政権の化石燃料によるメタンガスの排出規制の緩和策を捨て、一月二七日に温室効果ガスの規制を強化し、二〇三五年までに電力部門でのCO_2排出ゼロ、二〇五〇年までに温室効果ガスの排出実質ゼロにするという目標を掲げ、グリーン成長や環境保全を加速させようとしている。そのため二〇三〇年までに温室効果ガスの排出量を二〇〇五年比で五〇〜五二%に削減、二〇三五年までにクリーン電力を一〇〇%にすることを目指し、気候変動への対応、クリーンエネルギーの活用、雇用増を同時達成する「ウィン・ウィン・ウィン」を実現しようとしている。

加えて四月二二〜二三日、バイデン大統領は自らが催した気候変動サミット会議で二〇三〇年の温暖化ガス削減目標を示し、脱炭素化における世界の主導権を狙っている。米国の中期目標は「二〇〇五年比で五〇%減」を軸として、森林をはじめとする吸収分と相殺して二〇五〇年に実質ゼロにするという長期目標を達成するために設定された。

カーボンニュートラル目標を実現するため、エネルギー分野では長期的なスパンで電力のほぼすべてを再生可能エネルギー発電に転換し、石炭火力発電の段階的削減を行い、二〇三八年には全廃することになっている。そして電力コストを抑えつつ需給バランスを保ち、セクター統合により電力需要の増加を目指している。

また、産業部門ではCO_2を一九九〇年比で七四%削減するためにCO_2フリーな燃料への代替(電気、バイオマス、水素、CCU)に取り組んでいる。多量排出産業は新たな技術や製造方法で代用するほか、CCUS(CO_2の回収・有効利用・貯留)を活用し、廃棄物等の二次資源の再利用を進めるため政策的支援を行っている。

†中国・インドの動き

中国は世界第一位のCO_2排出大国であり、環境ファクターでさらに国際社会への影響力を拡大するべく、積極的に脱炭素化に取り組んでいる。習近平国家主席は二〇二〇年九月二二日、二〇六〇年までに実質排出ゼロのカーボンニュートラルを目指すと宣言した。中国政府は中期目標として、二〇三〇年までにCO_2排出量を削減に転じさせ、GDP当たりのCO_2排出量を二〇〇五年比で六五%以上削減する計画を立てている。そこでは非化石エネルギー消費の割合を二五%まで増加させ、風力・太陽光発電設備容量の導入を一二〇〇GW以上増強し、森林蓄積量を二〇〇五年比で六〇億㎥拡大することを目指している。

さらに中国政府は二〇二一年三月五日の、全国人民代表大会(全人代)で打ち出した「第一四次五カ年国民社会経済計画」(二〇二一~二〇二五年)の主な数値目標として、単位GDPあたりのCO_2排出量を五年間で一八%引き下げるとしている。その目標達成のため、政府は国有エネルギー・電力企業を通して既存のエネルギー構造や火力発電を主とする電源構造の転換や再生可能エネルギー発電の拡大に積極的に取り組んでいる。

対象	目標値	目標年	根拠法・進捗等
GDP当たりGHGs排出原単位	2005年比33-35%削減	2030	パリ協定NDC原単位削減目標 2005-16年に同原単位は24%削減 ※モディ首相はCOP26で45%削減を提言
非化石電源導入目標	40%（容量に占める割合）	2030	技術移転と緑の気候基金（GCF）を含む低コストの国際金融を利用して実施 ※モディ首相はCOP26で50%再生可能エネルギーを提言
森林面積増加にかかる目標	2.5-3億トン	2030	2030年までに、追加の森林により、2.5-3.0億トンのCO_2相当量の追加の炭素吸収源を作り出す

表3-1　インドの脱炭素関連の諸目標
出所：『エネルギー白書2022』2022年6月より。

インド政府もまた脱炭素関連の目標（表3－1）を掲げ、積極的に取り組んでいる。ナレンドラ・モディ首相は二〇二一年一一月、COP26世界リーダーズ・サミットで二〇七〇年カーボンニュートラルを宣言した。モディ首相は国内の非化石燃料による発電容量が過去七年間で二五%以上増え、全発電容量に占める割合が四割に達したことを紹介し、インドが二〇一五年パリ協定の目標達成に向けた計画を着実に推進していることを強調した。また、同首相は気候変動の枠組みにおける新たな目標として二〇七〇年までにネットゼロを達成するとし、以下の四つの計画を掲げている（①非化石燃料による発電容量を二〇三〇年までに五〇〇GWに引き上げる②全体電力の五〇%を二〇三〇年までに再生可能エネルギー源とする③二〇三〇年までに

GHG排出量を一〇億t削減する④GDP当たりの温暖化ガス排出量を二〇三〇年までに四五%以上削減する)。

加えて二〇二二年二月一七日、インド電力省はモディ首相が二〇二一年八月に打ち出した「国家水素ミッション」(二〇三〇年までにグリーン水素の年間生産量を五〇〇万tにまで増やすことを目標とする)に合わせ、CO_2を排出しない新たなエネルギー源であるグリーン水素・アンモニア政策を発表した。(1)

インド政府は化石燃料や化石燃料由来の原料からグリーン水素やグリーンアンモニアへと移行するため、さまざまな施策を講じている。たとえばグリーン水素・アンモニアメーカーは、再生可能電力の購入や再生可能エネルギー容量の拡張を自由に行うことができ。すぐに消費しない再生可能電力を最長三〇日間まで流通会社に預けることができる。また、グリーン水素・グリーンアンモニアメーカーに対して二五年間、送電料金を免除している。(2)

†日本の動きと今後の展望

日本では二〇二〇年一〇月、菅首相(当時)が「二〇五〇年カーボンニュートラル、脱炭素社会の実現を目指す」ことを宣言し、その取り組みとして同年一二月、「二〇五〇年カーボンニュートラルに伴うグリーン成長戦略」を策定した。ここでは二〇五〇年までに脱炭素社会を実現し、GHGの排出を実質ゼロにすることを目標としている。

二〇二一年四月、地球温暖化対策推進本部および気候サミットにおいて政府は二〇五〇年カーボンニュートラルに向けて、「二〇三〇年度において、温室効果ガスを二〇一三年度から四六％削減する」目標を掲げ、パリ協定後に打ち出した二〇一三年比二六％の削減目標から大幅に引き上げた。さらに、「五〇％の高みに向け、挑戦を続けてまいります」という、従来の目標を七割以上引き上げる野心的な目標を発表した。(3)

また二〇二一年一月、菅首相は二〇三五年までに新車販売の一〇〇％を電動車とするという目標を示しており、再生可能エネルギー電力の拡大とEVの購入・普及を集中的にサポートしている。再生可能エネルギーの生産・供給については二〇三〇年までに洋上風力発電設備容量を五・七GWまで拡大し、陸上風力発電設備容量を一七・九GWまで増大する。また太陽光発電設備容量を二〇二一年九月末時点の六三・八GWから、二〇三〇年には一〇三・五〜一一七・六GWまで拡大する。二〇三〇年までに蓄電池・材料の国内製造基盤を一五〇GWh確立することを目標に、蓄電池の製造能力拡大や定置用蓄電システムの普及に努めている。

再生可能エネルギーなどグリーンエネルギーの政策を進めるため、日本政府は二〇二一年三月にグリーンエネルギー技術開発を促進し、二〇五〇年カーボンニュートラルの実現に向けてNEDOに二兆円の基金をつくり、野心的な目標にコミットする企業に対して一〇年間、研究開発・実証から社会実装に至るまで継続的に支援するとしている。(4) このように日本では官民挙げてエネルギー・産業部門の構造転換、大胆な投資によるグリーンイノベーションに積極的に取り組んでいる。

すでに述べたようにアメリカをはじめとする主要国では地球温暖化問題を解決するため、カーボンニュートラル目標と中間目標を積極的に打ち出している。加えてイギリスで開かれたCOP26後に採択された「グラスゴー気候協定」にはCO_2を二〇一〇年比二〇三〇年で四五％削減、二〇五〇年にネットゼロの必要性の共通認識、石炭火力の段階的削減、先進国による新興・途上国へのグリーン技術資金の提供、炭素市場ルール策定などが盛り込まれ、参加国は協調姿勢を見せた。

さらにCOP27で提起された気候変動による「損失と被害」（ロス&ダメージ）に関連して、先進国が主役として被害国・地域へのための基金創設を行うとともに、エネルギー・資源多消費型に依存する、産業技術レベルの低い新興・途上国への脱炭素化技術支援を拡大すべきであろう。

COP26でアメリカと中国は協定に基づき、世界の平均気温上昇を産業革命前の一・五度以内に抑えるため両国が協調して対策を強化し、今後一〇年の気候変動対策を話し合う作業部会を設けるなど共同宣言を発表し、協調・協力の動きがみられた。しかしながら両国は国際政治経済秩序において覇権を争っており、双方が気候変動に向けての主導権を握ろうとしている。

今後、グリーンエネルギーや脱炭素技術・設備製造分野をめぐり、米中をはじめとする国家間の競争が激しくなると考えられる。

2 脱炭素化技術開発の展開と競争

†脱ロシアエネルギーを視野に入れた主要国の水素戦略

主要国のカーボンニュートラル目標に向け、脱炭素産業革命が急速に展開している。これに伴い、主要国では脱炭素化技術をめぐり競争が激化している。

水素エネルギーの市場は、世界のカーボンニュートラル目標に向けた脱炭素化活発の機運に伴い、主要国の家庭用燃料電池システムなど定置用燃料電池の開発や水素ステーションの整備により拡大している。日経BPクリーンテック研究所によると、世界の水素インフラの市場規模は二〇二〇年には一〇兆円を超え、二〇三〇年には四〇兆円弱、二〇四〇年には八〇兆円、二〇五〇年には一六〇兆円になると予測されている(5)(図3-3)。

これを背景として主要国・地域は水素開発に力を入れている。まずEUでは二〇二〇年七月に水素戦略「An EU Strategy for Energy System Integration」、「A hydrogen strategy for a climate-neutral Europe」を発表している。またEuropean Clean Hydrogen Alliance を設立し、二〇二四年までに六GW、二〇三〇年四〇GWの水電解水素製造装置導入を目標としている。

ウクライナ情勢を受けて、特に欧州は脱ロシアエネルギー依存に向け、水電解を軸とした国内水素製造基盤を強化し、水素の供給能力を拡大しようとしている。エネルギー安全保障を強化することを狙い、水素の重要性が高まっている。欧州委員会は二〇二二年五月五日、再生可能エネルギーを利用するグリーン水素生産に関連する電解槽製造業者と、EU域内の電解槽の製造能力の拡大に向けた共同宣言を発表した。二〇三〇年までに域内での再エネ由来水素の製造量を一〇〇〇万t/年とする目標を設定し、一〇〇〇万tという域内生産目標を達成するため九〇～一〇〇GW相当の電解槽を導入するとしている。

また同年五月下旬には「リパワーEU」計画を発表し、脱ロシアエネルギー依存を進めている。これまでの域内のグリーン水素を一〇〇〇万t/年製造するという目標に加えて、海外か

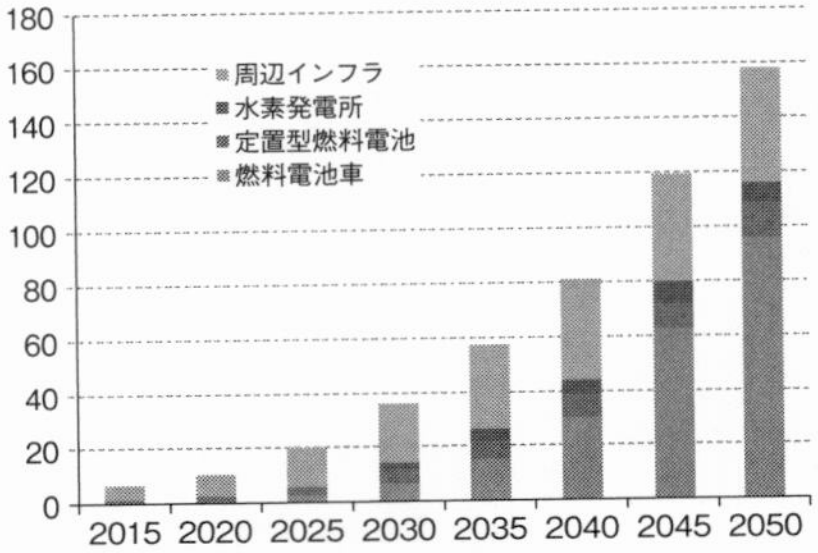

図 3-3　世界水素インフラ市場規模予測
出所：NEDOより。

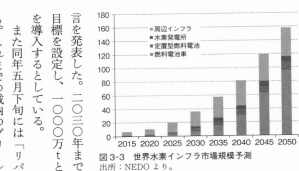

らの再エネ由来水素の輸入を一〇〇〇万t／年、計二〇〇〇万t／年とする目標を設定した。

欧州委員会は同年七月一二日、CCS（CO_2回収・貯留）の取り組みなど一七件の大規模な革新的クリーン技術プロジェクトに対し、一八億ユーロを出資すると発表した。[6] これは二〇三〇年までに低炭素技術に対し、三八〇億ユーロ超を割り当てることを目指したEUイノベーション基金（EU Innovation Fund）の一環であり、七件のCCS・CCU（CO_2回収・有効利用）プロジェクトを支援している。対象となるのはブルガリア、フィンランド、フランス、ドイツ、アイスランド、オランダ、ノルウェー、ポーランド、スウェーデンにおける低炭素セメント製造、炭素鉱化貯留サイトの開発、持続可能な航空燃料の製造などである。

EUでは目下、脱ロシア依存を目指し水素などで脱炭素化を進めている。グリーン水素供給能力の目標を達成するため、水素の大規模展開を支援し、規制枠組みのさらなる整備や大規模投資、統合されたサプライチェーンの構築や部品・原材料の供給上の課題に取り組みつつある。

ドイツ、イギリス、フランスなど欧州主要国もそれぞれ独自の国家水素戦略を策定している。ドイツ政府は二〇二〇年六月に「国家水素戦略」を打ち出している。ドイツ政府はEUの欧州グリーンディール政策に沿い、二〇五〇年までに温室効果ガスの排出量を実質的にゼロとする目標を達成し、水素技術のコストを引き下げ、技術の優位性により世界の水素市場でドイツがリードすることを目指している。ドイツは二〇三〇年までに五GWの電解施設、これに必要な陸上・洋上発電施設を建設し、グリーン水素の生産を一四TWh、これに必要な再生可能エネルギーの発電量を二〇TWhとする計画を立てている。さらに二〇三五年、遅くとも二〇四〇年までには電解施設の規模を一〇GWまで拡大し、水電解による水素製造設備に対して再エネ賦課金を免除し、再エネ由来水素等の大規模輸入に向けたサプライチェーン構築事業(H2 Global)を実施する予定である。

ドイツの水素戦略は二つの段階に分かれており、二〇二三年までの第一段階は「水素市場の立ち上げ開始と機会の活用」、二〇三〇年までの第二段階は「国内・国際的な水素市場の立ち上げの強化」としている。

イギリス政府は二〇二一年八月、二〇三〇年までに低炭素水素製造能力五GW[7]規模を開発するためのロードマップなどを示した「水素戦略」を打ち出した。

二〇二二年四月、政府は新たにイギリスのエネルギーセキュリティ戦略を掲げ、水素製造能力を倍増させ、二〇三〇年までに五GWから一〇GWとし、そのうち少なくとも半分を電解水素・グリーン水素とすることを決定した[8]。電解水素の割り当ては二〇二五年までに価格競争力のある割り当てに移行し、二〇二五年までに一GWの水素電解装置の導入を目指し、既存燃料との値差を縮小させる。そして水素ビジネスモデル(Hydrogen Business Model)等を実施しようとしている。

二〇二五年までに競争的なメカニズムに移行すると同時に、高品質水素の輸出入を促進するための水素認証制度も構築し、水素輸送・貯蔵インフラの新しいビジネスモデルも設計する予定である。

†フランス・アメリカの動き

フランス政府は積極的に水素化に取り組んでいる。二〇二〇年九月、脱炭素を図る水素国家戦略を打ち出し、二〇三〇年までに電解装置六・五GWの設置を目指し、二〇三〇年までに七〇億ユーロ（二〇二一〜二〇二三年の期間の三四億ユーロを含む）を投じるとしている。フランスは電気分解によるグリーン水素の生産に取り組む予定であり、製造に使用する電力として再生可能エネルギーおよび原子力発電由来の電力を選択している。なお、二〇二一年一月に国家水素審議会（CNH）を設置し、脱炭素を図る水素国家戦略の実施進捗状況をレビューしている。

EUでは二〇二〇年七月、グリーン水素を生産するには再生可能エネルギー発電のみではカバーできず、原子力の活用が必要不可欠だと表明し、原子力を再評価する動きがあった。こうした中、フランスはエネルギー安全保障と脱炭素化を両立するため原子力発電の活用に再び舵を切り、原発を活用して水素生産を拡大する狙いである。フランスのエマニュエル・マクロン大統領は二〇二一年一〇月一二日、発電規模の小さい原子炉「小型モジュール炉」を二〇三〇年までに国内で複数導入すると発表した。一〇億ユーロ（約一三〇〇億円）を投じ、環境負荷の低い燃料として水素生産などを後押しし、原子力から「グリーン水素」を大量生産するという姿勢を示した。また、合わせて水素製造用の大型電解工場を二カ所建設することも表明している。

フランスは水素製造に使用する電力として、原子力発電と再生可能エネルギー発電由来の電力を想定し、二〇三〇年までに水素電解装置六・五GWの設置を目指している。今後、フランスは原子力の優位性を活用し、水素開発の拡大・利用に必要な技術への大規模投資を行うとしている。

アメリカではDOE（米エネルギー省）が二〇二〇年一一月一二日、水素研究の開発・実証計画である「Hydrogen Program Plan」を発表し、水素開発拡大と世界での主導権獲得を目指している。政府はエネルギー部門をはじめとする産業で組織横断的に水素研究開発に力をいれ、水素の生産や輸送、貯蔵や使用の拡大をバックアップしようとしている。

DOEは目下、積極的に水素製造コスト削減計画を推進している。現在の再エネ利用による水素製造コスト一kg当たり五ドルを二〇二六年までに二ドル、二〇三〇年までに一ドルにする計画である。また、DOEは大型FCトラックの開発を支援しており、二〇二二年二月、地域クリーン水素ハブやクリーン水電解プログラムなどに総額約一〇〇億ドルを拠出することを発表した。

さらに二〇二二年二月一五日、バイデン米政権は産業分野の脱炭素化を推進するため、水素エネルギーの活用に九五億ドル（約一兆一〇〇〇億円）を投じることを柱とする戦略を発表した。水素を身近なエネルギーとして活用できるよう、地域で水素の生産や運搬、貯蔵、最終消費を円滑に行うことができる仕組みをつくるとしている。

また連邦政府のみならず、州政府も水素導入に乗り出している。カリフォルニア州は二〇一八年、二〇二五年までに二〇〇カ所の水素ステーションを建設する目標を掲げており、脱炭素および水素活用に向けて、輸送部門のGHG（温室効果ガス）排出抑制の手段として水素燃料電池車の導入を進めている。新車販売の一定割合をZEV（ゼロエミッション車）とする規制の下、カリフォルニア中心にFCV（燃料電池自動車）の導入が八〇〇〇台を超えており、二〇二四年からは商用車もZEV規制の適用を開始するとしている。その他、ユタ州ではグリーン水素を活用した大型水素発電プロジェクトを計画し、二〇二五年に水素混焼率三〇％、二〇四五年に一〇〇％専焼運転を目指している。

†中国の動き

中国では二〇二二年三月二九日、政府が「水素エネルギー産業発展中長期計画（二〇二一〜二〇三五年）」を発表し、水素をカーボンニュートラル実現の重要手段として位置づけている。同計画では二〇二五年までにモデル都市群における水素実証事業で大きな成果をあげ、三〇年までには水素エネルギー産業技術のイノベーションシステムを遂行し、再生可能エネルギーによる水素製造を実用化するとしている。

また二〇三五年までには水素エネルギー産業システムを形成し、交通、エネルギー貯蔵、工業などの分野で多様な水素エネルギー応用のエコシステムを構築するとしている。最終的なエネルギー消費において、再生可能エネルギーによって生産された水素の割合を大幅に上昇させ、エネルギーのグリーン転換型発展の促進を目指している。

なお、中国水素エネルギー連盟が二〇一九年六月に発表した「中国水素エネルギー・燃料電池産業白書」によると、中国は世界最大規模の水素大国で、工業による水素生産能力は二五〇〇万tにのぼる。水素需要量は二〇三〇年に三五〇〇万t、二〇五〇年までに全エネルギー消費の一〇%を占め、六〇〇〇万tに近づく見込みである。そのうち交通分野は二四五八万t、工業分野利用は三三七〇万t、建設およびその他は一一〇万tで、水素産業チェーンの年産額は約一二兆元に達する。二〇五〇年の平均水素生産コストは一〇元／kg（≒一六〇円／kg）以下になると見越している。

また中国のFCV分野において、全国の水素燃料電池車販売台数が全商用自動車に占める割合は二〇三〇年に三六万台で七％、二〇五〇年に一六〇万台で三七％に達し、燃料電池乗用車の販売台数が全乗用車に占める割合は二〇三〇年に三％、二〇五〇年に一四％に達する見込みである。ロードマップでは技術的課題の克服と経済性の確保に要する期間に着目してこれを三つのフェーズに分け、ステップ・バイ・ステップで水素社会の実現を目指すとしている。

中国水素エネルギー連盟によると、中国は二〇一九年に三三〇〇万t以上の水素を生産するなど世界最大の生産国であり、なおかつ水素の主要消費国である。中国では九九％以上の水素が石炭、天然ガス、工業副産物ガスなどの化石エネルギーから製造されている一方で、炭素排出量ゼロの電解水から製造する水素は一％未満であり、化石燃料の使用による炭素排出の問題を根本から解決できていない。[9] つまり中国で生産された水素のほぼ一〇〇％はCO_2回収を伴わないグレー水素である。

今後、中国がグリーン水素・ブルー水素（化石燃料の改質により水素生成を行ったうえで、炭素を回収・貯留する方法でつくられた水素）生産を拡大するにあたっては克服すべき課題がある。まず再生可能エネルギー電力によるグリーン水素生産においては再エネ生産コストを引き下げ、なおかつ電気分解技術の向上や水電解槽の大型化により生産コストを引き下げる必要がある。またブルー水素については天然ガスの国内供給が逼迫しており、CCUS技術のノウハウが米国・日本などに比べて劣っているため、これは合理的な選択ではない。

ただし中国は世界第一の石炭生産大国で石炭資源優位性を持っているため、今後は日米など先進国のCCUSの技術移転と合弁事業による学習効果を活用し、豊富な石炭を用いてブルー水素の生産を拡大させることもできる。石炭が多く、石油（ガス）が少ないという中国のエネルギー構造の特徴を考慮すると、石炭から水素への変換技術とCCUS技術の統合がブルー水素生産を拡大するための急務である。他方、再エネ電力によるグリーン水素生産においては欧州など先進国の電気分解技術の導入・開発を通じ、生産コストを引き下げることが可能であろう。

†日本の動き

日本政府が二〇一七年一二月、世界で初めて定めた水素戦略ではフェーズ1（二〇一七年〜）で定置用燃料電池やFCVの普及により水素利用を拡大し、水素・燃料電池分野の世界市場を獲得し、フェーズ2（二〇二〇年代後半〜）で水素発電や大規模供給システムを確立し、水素需要をさらに拡大しつつ水素源を未利用エネルギーに広げ、従来の電気・熱に水素を加えた新たな二次エネルギーシステムを構築するとしている。さらにフェーズ3（二〇四〇年頃）では水素映像にCCSを組み合わせ、あるいは再エネ由来水素を活用し、トータルでのCO_2フリー水素供給システムの確立を目指している。

二〇一九年六月、日本政府は水素の製造コストの課題を克服するため「カーボンリサイクル技術ロードマップ」を策定した。これにより二〇二〇年以降、水素戦略策定の動きが加速化している。

二〇二〇年一〇月の菅首相(当時)のカーボンニュートラル宣言を受け、水素開発利用はグリーン成長戦略でも重点分野の一つとして位置づけられ、さらに二〇二一年一〇月、日本政府が発表した第六次「エネルギー基本計画」において二〇五〇年までの水素開発利用の目標を設定した。

水素の生産・供給量においては現在の年間約二〇〇万tから、二〇三〇年までに年間最大三〇〇万tに増やし、さらに二〇五〇年には年間二〇〇〇万tまで拡大するとしている。中国や欧州などに比べ、日本の水素製造・供給コストは高い。この課題を克服するため、二〇一九年六月の政府が発表した「カーボンリサイクル技術ロードマップ」(二〇三〇年まで)と今回の第六次「エネルギー基本計画」(二〇五〇年まで)でコストを引き下げる目標値を設定している。ここでは水素の供給コストを現在の一〇〇円/nm^3から二〇三〇年には三〇円/nm^3、さらに二〇五〇年には二〇円/nm^3以下まで低減させるとしている。[10]

日本は水素の需給一体での取り組みにより導入量の拡大と供給コストの低減を目指しており、カーボンニュートラル時代を見据えて水素を新たな資源として位置づけ、社会実装を加速させ

順位		特許スコア	出願件数
1位（1）	日本	884万6664	3万4624
2位（5）	中国	725万8902	2万1235
3位（2）	米国	377万9901	1万3650
4位（3）	韓国	364万8362	1万1215
5位（4）	ドイツ	123万3167	8205
6位（7）	イギリス	52万8407	2366
7位（6）	フランス	47万1009	2031
8位（9）	台湾	29万3808	753
9位（-）	スイス	19万2627	879
10位（10）	オランダ	18万3552	1096

表3-2　水素特許スコア上位10カ国・地域（11～20年）
（注）特許スコアは被引用回数などで特許を点数化した「トータルパテントアセット」。20年は未公開特許があるため参考値。カッコ内は01～10年の順位で、スイスは11位以下。
（出所）アスタミューゼ調べ
出所：『日本経済新聞』2022年7月13日。

ようとしている。政府の水素開発・利用の指針の下、企業は安価な水素を安定的かつ大量に供給するため、海外からの安価な水素活用、国内の資源を活用した水素製造基盤の確立に力を入れている。政府は国際水素サプライチェーン、余剰再エネ等を活用した水電解装置による水素製造の商用化、光触媒・高温ガス炉等の高温熱源を活用した革新的な水素製造技術の開発に取り組み、日本の水素産業の国際競争力の強化、さらなる競争優位性の創出を目指している。

カーボンニュートラルに向けた脱炭素化の流れが加速するなか、主要国の政府は積極的に水素戦略を打ち出し、水素利活用の国際優位性を確立しようとしている。よって今後は主要水素技術のコスト低減、水素の製造から利用に至るまでのサプライチェーン構築、CCSや再生可能エネルギーの活用、電解槽など水素関連技術の開発など、水素ビジネスをめぐる国際競争が激しくなると考えられる。

†日本企業の水素・電池関連の特許数は世界トップ

脱炭素産業革命が世界的に展開する中、主要国の技術開発競争が激しくなっている。表3-2に示したように二〇〇一年以降、日本企業の水素、電池関連の特許を出願した件数は世界トップとなっている。

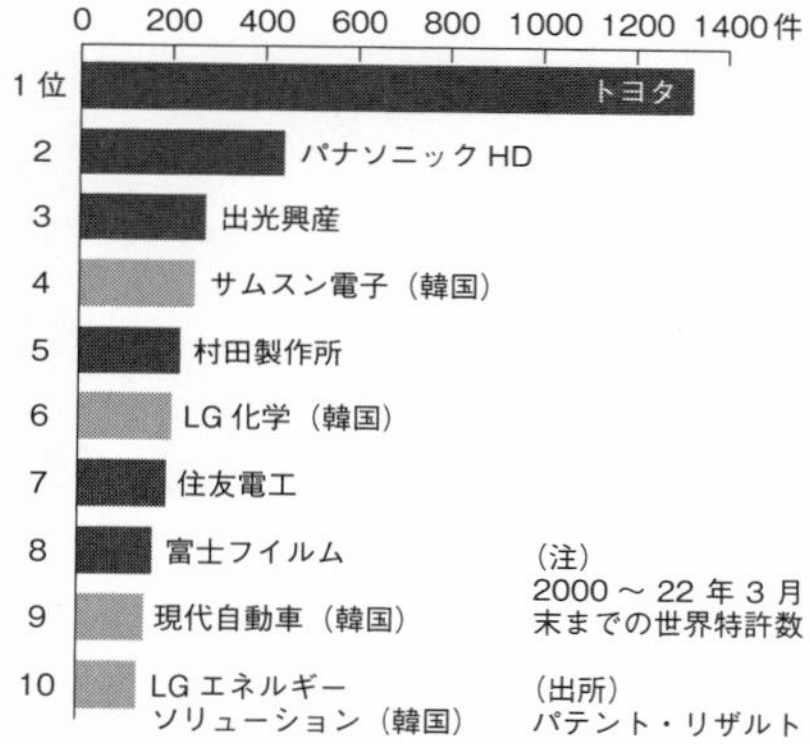

図3-4　全固体電池関連特許は日本が優勢
出所：『日本経済新聞』2022年7月7日。

水素の分野でも、日本勢は水素を活用する製鉄法の研究・開発などで主要国に先行している。全固体電池など蓄電技術ではトヨタなど、一度の充電で走行距離を確保でき、なおかつ安全性の高い次世代の全固体電池で世界をリードしている。トヨタ自動車やパナソニックなどが特許出願で優位に立っている（図3-4）。

まず水素に関して、日本では企業・業界が積極的に開発・実用化に取り組んでいる。Hydrogen Technology社はイーレックス社との間で、水素専焼による発電およびFCVへの水素供給の共同

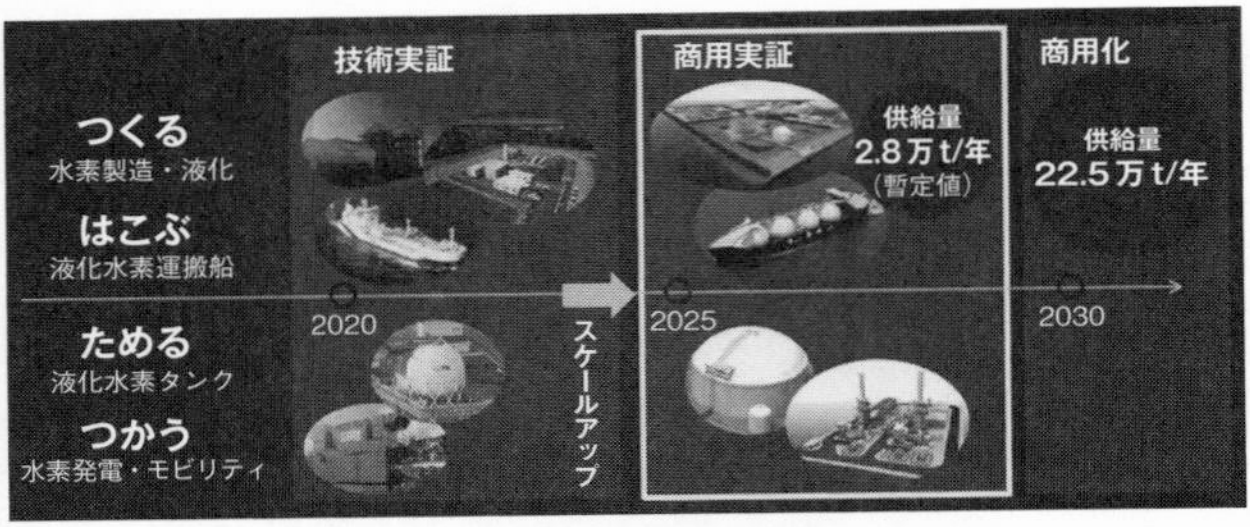

図3-5　川崎重工における水素の大量利用・大量輸送に向けたビジョン
出所：https://www.khi.co.jp/sustainability/finance/bond_hydrogen.html

事業開発に関する覚書を締結している。同プロジェクトでは、HT社独自開発の「水」と「岩石由来の触媒」のみによる低温低圧の下、「水素」を取り出すという新技術により製造される安全かつ安価な水素を用いて、発電事業、燃料電池自動車事業など幅広い水素利用について検証し、取り組んでいる。

同プロジェクトはHT社の技術を用い、水素専焼発電を行うために十分な水素発生が連続的に得られるという実証を得るため、東京電力パワーグリッット株式会社管内に三〇〇kW級の国内初の水素発電所（富士吉田水素発電所）の建設を進めており、二〇二一年一一月より稼働が開始された(11)。

目下、日本の重工大手や設備メーカーは相次いで水素事業を拡大している。川崎重工は水素を液化し、大量輸送を可能とする極低温技術の強みを活用し、一〇年ほど前から他社に先駆け、水素社会の実現に向けた取り組みを進めている。

図3-5に示したように水素の製造、搬送、貯蔵、実用という四つの領域で積極的に取り組み、二〇二五年までに商

業実証ベースの水素の供給量を年間二万八〇〇〇t、二〇三〇年までに商業化ベースの供給量を二二万五〇〇〇tとする計画である。

三菱重工業は水素を燃料とする水素ガスタービンの早期商用化に向け、開発・製造拠点を置く高砂《たかさご》製作所に、水素製造から発電に至るまでの技術を一貫して検証できる世界初の施設「高砂水素パーク」を整備している。同社は関連設備を順次拡充し、二〇二五年に大型ガスタービンで三〇%混焼、中小型では一〇〇%専焼の製品を商用化する予定である。高砂水素パークは同製作所構内の実証設備複合サイクル発電所に隣接しており、二〇二三年度の稼働開始に向け、水素製造・貯蔵およびガスタービンでの水素燃焼技術の試験・実証運転に着手できるよう取り組んでいる。水素製造設備では水電解装置の採用に加え、メタンを水素と固体炭素に熱分解することによるターコイズ水素の製造など、次世代水素製造技術の試験・実証を順次行う予定である(12)。

Jパワーは二〇二一年九月、日本初の褐炭由来水素を利用した燃料電池発電デモと水素燃料電池ドローン飛行デモを実施した。Jパワーが水素製造の分野で参画している未利用褐炭由来水素の大規模海上輸送サプライチェーン構築実証事業、つまり技術研究組合CO_2フリー水素サプライチェーン推進機構(HySTRA)および豪州側のコンソーシアムとの連携により、豪州褐炭から水素を製造・貯蔵・輸送し、日本国内における水素エネルギー利用までをサプライチェーンとして構築するための技術開発と実証を行っている。

さらに日本の自動車メーカーは、ＦＣＶや水素ステーションなどのインフラ整備にも力を入れている。ＦＣＶはＥＶと比べて航続距離が長く、水素の充填時間も短いうえに走行中に排出するのは水だけで、環境に優しい究極のエコカーとして関心が高まっている。

トヨタは二〇二〇年以降、ＦＣＶの普及に向けて現状の三〇〇〇台レベルからグローバルで年間三万台以上まで販売台数を伸ばすことを目指しており、ＦＣＶの基幹ユニットとなる燃料電池スタック（ＦＣスタック）と燃料の水素を貯蔵する高圧水素タンクの生産設備を拡充しつつある。

多くの自動車メーカーが電気自動車にシフトするなか、トヨタは水素とエンジンの組み合わせで内燃機関を製造する技術の強みやノウハウを活用し、水素エンジン開発に取り組んでおり、すでに二〇二一年五月、世界初の水素エンジン車でレースに参戦している。また、内燃機関を活用しつつ脱炭素を可能とする方法も考案し、水素エンジンの開発を行っている。同社はレース参戦に向けて、(13)燃焼制御である水素エンジンの主な技術難題を克服するため、燃焼室の様子やアクセルやブレーキの状況などさまざまなデータをリアルタイムに取得して解析した。(14)

また、日本製鉄は水素利活用技術により新しい方法での製鉄に取り組んでいる。日本製鉄はすでに二〇〇八年から業界の主役として、高炉の炭素による還元の一部を水素による還元に置き換え、高炉からのCO_2排出量を削減する環境調和型プロセス技術開発「COURSE50」プロジェクトに参画している。同社は水素系ガスを用いた鉄鉱石還元技術による高炉からのCO_2排出量一〇％削減、高炉ガスからのCO_2分離・回収技術による二〇％削減を合わせて三〇％削減を目標として取り組んでいる。水素を一部活用した還元技術については、同社の東日本製鉄所君津地区に建設した一二㎥の試験高炉で一〇％削減を実証し、実炉サイズの計算シミュレーション技術も援用し、商用高炉での画期的な還元技術が実現しつつある。(15)

国内製鋼大手はタッグを組み、水素製鉄の実現に向けた取り組みを加速させている。二〇二二年六月一五日、日本製鉄、ＪＦＥスチール、神戸製鋼所の大手三社と金属系材料研究開発センター（ＪＲＣＭ）は「水素製鉄コンソーシアム」を結成し、二〇三〇年までに水素を活用した高炉における水素還元技術およびCO_2分離回収技術などを通じ、製鉄プロセスからCO_2排出量を三〇％以上削減することを目指している（http://www.jrcm.or.jp/pdf/20220615-2.pdf）。

前出の表３－２に示したように、二〇一一～二〇年の日本の特許スコアと出願件数は世界トップである。日本は特に車の燃料電池などの利用・実用化の技術で他国に先行しているが、近年では中国が挙国体制により水素の出願件数を増やして米韓独を抜き、世界二位で日本を猛追している。今後、日本が水素サプライチェーン（供給網）を主導していくには低コストでの実用化、普及の枠組みづくりが課題となる。(16) さらに日本政府は、水素開発・普及をはじめとする脱炭素分野のイノベーションで司令塔の役割を果たし、官民の連携を強化すべきである。

欧州企業の取り組み

一方、欧米などの企業も積極的に水素開発に取り組んでいる。シーメンス・エナジーは二〇二一年一月、風力発電設備部門の Siemens Gamesa と共同で洋上風力タービンを改良して電解装置を取り付け、洋上風力発電に水素生産設備を統合する開発プロジェクトを実施している。同プロジェクトは連邦教育研究省（BMBF）の「ドイツ水素共和国（Wasserstoffrepublik Deutschland）」プログラムの支援により実施され、二〇二一〜二〇二五年の五年間にわたる投資総額は一億二〇〇〇万ユーロに達している。

ドイツのRWEジェネレーションはグリーン水素の生産・供給事業に積極的に参入している。英石油企業のBP、独化学大手のエボニックBASFなどの企業と提携し、水素バリューチェーンを構成するGET-H2 Nukleusというコンソーシアムにより、ドイツ北西部リンゲンのガス火力発電所に一〇〇MWの電解槽プラントを設置している。これは二〇二三年末までに稼働する見込みで、近隣の工業地帯の産業ユーザーへパイプラインで供給され、将来的には供給範囲をドイツ全域まで広げるとしている。

ジェトロの調査[17]によると、独電機大手のシーメンスは二〇二〇年九月、ドイツのバイエルン州に再生可能エネルギーから水素を生成する電解プラント（エレクトロライザー）を建造すると発表した。六MWの大型プラントで、第一フェーズでは年九〇〇t超の水素製造を計画しており、稼働開始段階では最大で年二〇〇〇tの水素を生成する。同プラントはバイエルン州北部のヴンジーデル・イム・フィヒテルゲビルゲですでに操業しているシーメンスの蓄電池施設の近くに建設され、二〇二一年末に操業を開始する。生成した水素はタンクに入れ、トラックで近隣地域のユーザーに供給する。

独産業ガス大手のリンデは二〇二一年一月、ドイツのロイナにある化学コンビナートに世界最大規模となる二四MWのPEM（固体高分子電解質膜）型エレクトロライザー（水電解装置）プラントを建造する計画を発表した。同プラントは自社で所有・運営し、再エネのグリーン水素を生成し、同社の既存のパイプライン網によりユーザーに供給するほか、液化したグリーン水素を水素ステーションや地域にあるほかの産業ユーザーに供給する。同プラントで生成する水素の総量は燃料電池バス約六〇〇台が年間に四〇〇〇万kmを運行する量に相当し、CO_2排出量を最大で四万t削減する。同プラントはリンデと英ITMパワーの合弁会社、ITM Linde Electrolysis が建設し、二〇二二年後期に操業開始する計画である。

イギリスのBP社は二〇二一年一一月、二〇三〇年までに最大五〇〇MWeの水素製造ができる大規模なグリーン水素施設を北東部のティーズサイドに建設する計画を発表した。北東部をクリーン水素の主要なハブとして確立し、産業や大型輸送部門の脱炭素化を推進しようとしている。[18]

新プロジェクト「HyGreen Teesside」は需要に合わせて複数の段階で開発していく計画であり、BP社は初期段階で二〇二五年までに六〇MWe、二〇三〇年までに五〇〇MWeの水素製造設備を開発するとしている。

また、イギリスのガス大手Cadentをはじめとする五社は二〇二一年一月、二〇三〇年までの水素供給計画「Britain's Hydrogen Network Plan」を発表している。二〇二三年までに供給する天然ガスに水素を最大二〇%まで混合させ、二〇二五年までに一GW、二〇三〇年までに五GWの水素・バイオメタン製造を軌道に乗せるとしている。さらに大型車用の供給設備を整備するなど産業用の水素供給拠点を整備し、再生可能エネルギーからの製造設備とCCSによる化石燃料からの製造設備を接続する。こうした水素生産・供給拠点を二〇二一年中に二カ所、二〇三〇年までに二カ所で計四カ所整備する予定である。さらにはガス管を水素供給可能なものに交換するなどの事業も含まれ、大手五社の投資総額は二八〇億ポンド(約四兆円)に上る見通しである。[19]

†アメリカ企業の取り組み

アメリカの企業は国際市場の主導権を狙い、積極的に水素の開発に取り組んでいる。石油メジャーであるシェブロン傘下のシェブロンUSAと米国エンジンメーカーのカミンズは二〇二一年七月、水素関連ビジネス促進に向けた戦略的提携のためのMOU（合意文書）を締結した。ここでは主に①輸送・産業部門での脱炭素化に向けての水素利用の拡大、②商用車と産業用途に水素動力ソースを活用するための水素需要の創出、③燃料電池自動車および産業用途で水素利用を支援するための水素供給設備の製造・整備、④シェブロンの米国内の複数の製油所でカミンズの水電解装置および燃料電池技術の活用機会を模索、といったことを優先事項としている[20]。

カミンズ社はシェブロンとの連携により、水素技術を促進するなどカーボンニュートラルの実現に貢献しようとしている。同社は世界で二〇〇〇以上の燃料電池および六〇〇の水電解装置を供給しており、水素燃料の内燃機関を含む他の水素の代替品を模索している。

また、カリフォルニア州で水素ステーションの開発・運営を手掛ける最大手のFirstElement Fuel, Inc.（FEF社）は二〇一三年に設立されたスタートアップ企業である。同社は燃料電池自動車の世界主要市場であるカリフォルニア州で三一カ所の水素ステーションを運営しており、二〇二四年までに同州で八〇カ所の水素ステーション網の構築を目指している。

売上高と市場シェアにおいて世界最大の産業用ガス会社であるアメリカリンデ社は目下、水素自動車に投資し、水素技術開発を推進している。同社は一九七〇年代半ばに炭素を含まない燃料としての水素の利用を初めて検討して以来、クリーンな水素への移行をリードし、世界最大の液体水素の流通システムと容量を開発してきた。同社はまた、世界初の高純度水素貯蔵庫を運営して一〇〇〇キロメートル以上のパイプラインを有しており、これまでに世界で二〇〇カ所以上の水素ステーションと八〇カ所の電解プラントを設置している。

GEは水素やCCSへの取り組みも本格化させている。現在稼働中のGEのガスタービンはすべて一定程度の水素混焼能力を備えており、一部の機種では一〇〇%水素専焼を達成している。GEガスパワージャパンプレジデント・戸村泰二氏は「最大の課題は水素インフラ整備のタイミングだが、いつでも水素専焼に対応できるよう準備を進めている。また、CCSへの期待も高まっているが、課題は広い敷地が必要なことだ。GEは必要な敷地面積の四割減、設備導入コスト半減、発電効率向上に向けた技術開発を進めている」(21)と述べている。

GEは七五基以上の自社製ガスタービンにより、すでに六〇〇〇万時間以上の水素または水素に類似した燃料での稼働実績の優位性・ノウハウを有している。そこではプラントが稼働する際に水素が副産物(排ガス)として生成され、その水素を燃料としてタービンに戻し、プラントの稼働に再利用している。(22) GEは今後も水素開発を拡大するため、水素技術および炭素回収技術の研究開発を強化し、投資を続けようとしている。

また先の戸村氏は「米国のロングリッジ発電所は、米国で初めて水素利用前提で建設された発電所である。二〇二一年に五％の水素混焼でスタートしたが、将来的にはグリーン水素専焼に移行する予定である。ほかにも、米国やオーストラリアで水素混焼のガス火力発電所が動いており、水素専焼を目指している発電所もある」と語っている。日本ではまだ同様のプロジェクトはないが、GEはパートナーである東芝と協業しながら検討を進めているという。

また、二〇二二年八月九日のGEレポート(23)によると、GEは米エネルギー省のエネルギー高等研究計画局（ARPA-E Advanced Research Projects Agency-Energy）から四二〇万ドル（約五億六〇〇〇万円）の助成金を受け、脱炭素エネルギーシステムを支える転換技術の開発に取り組んでいる。中でも今回、GEがガスと水素を燃料とする先進的なガスタービンのための新しい「浮き上がり火炎（lifted-flame：リフテッドフレーム）」燃焼方式を研究するプロジェクトが注目されている。

同リフテッドフレーム方式は燃焼器内の火炎が噴射装置に触れないことが特徴で、CO_2排出量を削減できるうえ、そのほかの課題も解決できる可能性がある。

GEガスパワーの脱炭素化関連エマージェント・テクノロジー・ディレクターを務めるジェフリー・ゴールドミア（Jeffrey Goldmeer）は次のように説明している。「ARPA-Eの助成金供与によって生み出される見込みのテクノロジーは、水素濃度の向上と燃焼後のCO_2回収アプリケーションに変革をもたらす可能性がある。今後一〇年間でガスタービン・コンバインドサイクル発電所の熱効率を五％以上改善することを目指しており、GEのテクノロジーはエネルギー転換の先導役になるだろう(24)」。

中国企業の取り組み

中国では政府の水素発展戦略の下で、民間企業が積極的に水素開発・製造に参入している。中国寧夏にある宝豊能源(25)（Baofeng Energy Group）は二〇一九年、一四億元を投じる「国家級太陽光発電による水電解水素製造総合モデルプロジェクト」を発表した。

このプロジェクトの対象は二〇〇MWの太陽光発電プラントと二万nm^3／hの電解水装置等で、設計能力は水素一・六億m^3／年、副生酸素〇・八億m^3／年を目標としている（図3-5）。また石炭消費量削減効果は二五・四万t／年、CO_2排出削減は四四・五万t／年で年間売上高は六億元、利益は一・一億元にのぼる見込みである。同プロジェクトは二期に分かれて建設し、第一期は二〇二〇年四月に一〇〇MW太陽光発電プラントと水素供給能力一万nm^3／hの電解水装置の建設を開始し、二〇二一年四月に部分的に生産を開始している。二〇二二年二月末時点で同社では、グリーン水素を生産する水電解装置三〇台が稼働しているが、水電解設備は輸入したものである。

同社は現在、グリーン水素三億㎥、グリーン酸素一億五〇〇〇㎥という世界最大の生産能力を有しており、今後もグリーン水素生産能力を拡大し、将来的には年間生産能力一〇〇億㎥、グリーン水素数百万tを達成する計画である。今後は水素の製造・貯蔵・輸送・利用から水素ステーションの建設など水素産業チェーンを発展させ、二〇四〇年までに「カーボンニュートラル」を達成し、中国初のグリーン製造企業となることを目指している。

億華通は中国の燃料電池製造のリーディングカンパニーで、二〇〇四年に設立された。中国で初の水素ステーションである北京水素ステーションの建設実績を持ち、二〇二二年北京冬季オリンピックの拠点であった張家口の水素ステーションの建設を担った。また清華大学新エネルギー自動車技術センターと燃料電池に関する共同研究で提携しており、二〇一五年からはHydrogenics社と中大型車両向け燃料電池システムの分野で戦略的技術提携を結んでいる。二〇一六年には一〇KW、三〇KW、六〇KW、二〇〇KWをカバーする第三世代水素燃料電池エンジンの開発に乗り出している。

さらに同社は技術資源の吸収・活用のため積極的に先進国企業と提携しており、二〇二〇年八月にはトヨタ自動車および中国側企業五社と、商用車向けの燃料電池システムを開発する合弁会社「連合燃料電池システム研究開発」を設立した。そして二〇二一年三月にはトヨタと折半出資（総投資額は約80億円）で燃料電池システムの生産会社「華豊燃料電池」を設立し、「ミライ」の燃料電池システムをベースとして商用車向けシステムを開発し、二〇二三年には燃料電池システムや燃料電池スタックを生産する計画である。こうしてトヨタの技術を吸収し、自社の技術資源を強化して中国のFCV市場を拡大しようとしている。

目下、中国の水素生産量は世界一の約二〇〇〇万tに達したが、電解水による水素つまりグリーン水素の生産量はわずか二%で、グリーン水素の生産ポテンシャルは非常に大きい。二〇三〇年までに、グリーン水素の生産比率は全体水素生産量の一〇%に上る見込みである。『中国水素・燃料電池産業の白書』(二〇二〇年)によると中国の水素の需要量は二〇三〇年に三一七五万t、二〇五〇年に九六五〇万tにのぼる見通しで、専門家の分析ではグリーン水素は将来、中国の水素供給の主役として二〇四〇年と二〇五〇年にそれぞれ水素供給構成の四五%、七〇%を占めるとしている。それに合わせて、中国の水電解設備市場規模は七〇〇〇億元(約一一〇〇億ドル)に達するとみられる。

だが中国のグリーン水素の生産は、水素大手の宝豊能源社のように水電解設備を海外からの輸入に依存している。国内企業は高性能電解槽の固体高分子電解質膜(PEM)コア技術と主要材料に弱みがあり、先進国に依存せざるを得ない。これは、中国の水素生産コストがアメリカより高いことの主な原因の一つである、

他方、石炭生産企業をはじめとする中国水素生産企業は豊富な石炭を用いてブルー水素生産

の拡大を目指しているが、アメリカや日本など先進国に比べてCCUS技術・ノウハウが乏しいため製造コストを抑制できず、生産の拡大が難しい。

現在の技術では中国の水素需要、特にカーボンゼロのグリーン水素・ブルー水素を十分に生産し、供給することはできない。よって今後、関連技術の自主開発や先進国企業との連携は極めて重要な課題となる。

3　次世代電池の全固体電池開発

†アメリカの取り組み

主要国政府は蓄電技術開発支援政策を続々と打ち出している。欧州では規制措置により、域内で持続可能なバッテリーバリューチェーンが構築されるような産業施策を図っている。

アメリカでは二〇一六年六月、一〇〇日レビュー（バッテリー）およびリチウム電池国家計画を掲げている。供給途絶に備えて国内で重要技術を確保し、パートナー国と連携し、イノベーション力を結集させようとしている。

また、アメリカ政府は電池材料のコバルト・ニッケルフリーの実現、二〇三〇年までの九〇

%リサイクル達成を目標としている。政府は米国製EVに一九兆円という大規模な支援を行っており、二〇二一年一一月には超党派インフラ法案（七〇億ドルの電池・電池材料の製造・リサイクル支援を含む）が成立した。

アメリカは二〇一九年、全固体電池関連の研究開発に予算総額一五〇〇万ドルを投じている。ここにはGM、Solid power、ミシガン大学等が参加し、固体電解質、界面解析、製造プロセス等の研究・開発を行っている。

アメリカ政府はDOE（米エネルギー省）を中心として、電池の研究開発支援を行っている。電池はさまざまなエネルギー分野への汎用性が高く、その研究開発支援はDOE傘下にある複数の部局で行われているが、EV用電池についてはDOEのエネルギー効率・再生可能エネルギー局（Office of Energy Efficiency and Renewable Energy：EERE）に属する自動車技術局（Vehicle Technology Office：VTO）が研究開発支援を主導している。VTOはEV普及のための先端自動車技術の研究開発支援の一環として、電池の技術開発支援を行っている。

VTOは米国の大手自動車メーカーなどと連携し、多岐にわたる電池の研究開発を支援している。主な連携先・プログラムとしてはGM、フォード、ステランティス（旧フィアット・クライスラー）などが参画し、先進的電池技術の開発や実証ならびに新技術のベンチマークテストを行う「米国先進バッテリーコンソーシアム（U.S.Advanced Battery Consortium：USABC）」、自動車、電力、エネルギー業界との協働によりエネルギーインフラ技術の研究開発に取り組む「米国ドライブパートナーシップ（U.S. Drive Partnership）」、中型・大型トラックのエネルギー効率や安全性の向上や排出ガス削減に向けた共同研究開発を推進する「二一世紀トラックパートナーシップ（21st Century Truck Partnership）」などがある。VTOは二〇二八年までのEV用電池の研究開発において、①EV用電池コストは一〇〇ドル／kWh以下、最終的には八〇ドル／kWhとする、②EVの航続距離は三〇〇マイル以上、③充電時間は一五分以下という目標を掲げている。

VTOはこの目標を実現するべく、産学連携を通して主に初期段階の研究開発をサポートしている。これは先進電池用材料の研究、先進リチウムイオン電池や次世代電池の研究開発に分けられる。

まず先進電池材料の研究ではEVのコストを引き下げるため、電池コストの五〇〜七〇％を占める正極材、負極材、電解質の研究・開発をバックアップしている。レアメアルであるコバルトを代替する正極材の研究、全固体電池やリチウム硫黄電池、リチウム空気電池、リチウム金属電池、ナトリウムイオン電池などの材料研究に取り組んでいる。

たとえばDOEはGMが二〇一六〜二〇一九年にかけて取り組んだ、全固体電池に用いる固体電解質の研究やリチウム硫黄電池の設計、自動車へのインテグレーションに関する研究をサポートしている。また、二〇一八年にはオハイオ州ルイス・センターに拠点を置くエネルギー関連企業のネクセリス（Nexceris）が実施したコバルトの代替としての正極材の研究に約二二五〇万ドルの助成金を提供した。このほか、二〇一九年にはコロラド州の電池企業のソリッド・パワー（Solid Power）がフォードやBMWと提携して行った全固体電池開発のための電解質の研究に対し、一〇〇万ドルの助成金を与えている。

また、先進リチウムイオン電池や次世代電池については新たな材料を活用し、より低コストで軽量、高容量、高寿命で安全性が高く、高速充電が可能な電池の開発に取り組んでいる。近年は特に、リチウムイオン電池の低コスト化と高性能化に関する研究開発に集中している。

二〇一九年、DOEは高密度のリチウムイオン電池を開発するカリフォルニア州フリーモントのスタートアップ企業ゼンラブズ（ZenLabs）による、低コストかつ急速充電が可能なリチウムイオン電池の開発に対し、八六万ドルの助成金を与えている。同社は同年、先進電池コンソーシアムであるUSABCと四八〇万ドルの技術開発契約を結び、低コスト急速充電電池技術開発を目指し、高性能酸化ケイ素負極材を使用したリチウムイオン電池の開発手法と電池設計の最適化への開発を行った。さらに二〇二二年七月、USABCは同社に三五〇万ドルの技術開発契約を付与し[26]、低コスト・高速充電（LCFC）に向けた技術開発を図っている。

アメリカのフォードは二〇二一年五月、二〇二五年までに電気自動車（EV）の開発に三〇〇億ドル（約三・三兆円）以上を投資すると発表し、これまで計画していた二二〇億ドルから四割近く引き上げている。現在の主流であるリチウムイオン電池に加え、液体の代わりに固体の電解質を使用し、安全性・充電速度が速く航続距離が長い、優位性のある全固体電池の開発にも取り組もうとしている。

†欧州諸国の取り組み

EUは域内におけるバリューチェーンの創出を目指し、積極的に取り組んでいる。二〇一七年一〇月、五〇〇社程度が参画するEUバッテリーアライアンス（EBA）を設立し、二〇一八年五月に電池・電池材料工場支援や研究開発支援金（仏一二〇〇億円、独三七〇〇億円など）計八〇〇〇億円規模の支援をしている。二〇二〇年一二月には新しい制度導入によるルールメイキングをしており、新バッテリー規則案によるカーボンフットプリント規制、責任ある材料調達、リサイクル材活用規制等を決定している。これは二〇二二年三月に欧州議会で採択されており、今後、EU理事会と欧州議会の間での交渉、EU理事会での採択、関係機関間での調整を経て施行される。(27)

欧州は現在、アジアの電池メーカーへの依存から脱却し、欧州における電力用電池の市場拡大に対応するため、電力用電池生産の現地化に多額の費用を投じている。European Battery

Allianceは、欧州製電池の市場規模は二〇二〇年代半ば最大で二五〇〇億ユーロに達すると見ている。ドイツは二〇三〇年までに世界のバッテリーセル需要の三〇％を満たすという目標を掲げ、ドイツまたは欧州で現地生産するため、欧州初の大規模電池生産工場の計画を承認するよう欧州委員会に要請した。この計画は、ドイツ固有の電池製造部門を確立することを通じ、欧州の再生可能エネルギー輸送および蓄電を支援しようとしている[28]（ジェトロ https://www.jetro.go.jp/biznews/2020/07/ca36b26e4c41ef87.html）。

ドイツでは近年、政府と企業が次世代の電池開発に積極的に取り組んでいる。二〇一八年一一月、ドイツ政府は企業が電池を開発・製造するための資金として一〇億ユーロ（約一二・二億ドル）を投じると発表している。さらに二〇二〇年六月、ドイツ政府は欧州の電力用電池産業において重要な地位を占めるため、従来型電池メーカーであるファルタ社への三億ユーロの助成を皮切りとして、一五億ユーロを投じて同国の電力電池研究・生産支援を始めた。次世代電池サプライチェーン構築に関わる補助の第一弾として、ドイツ南部のバーデン・ヴュルテンベルク州に本社があるファルタ（VARTA）の蓄電池生産の拠点拡張に対し、二〇二四年までに総額三億ユーロを支援する。

ドイツの経済・気候保護省は二〇二二年三月、蓄電池メーカーのブラックストーン・テクノロジー（Blackstone Technology）が主導する蓄電池プロジェクトを支援し、今後の三年間で合計二四一〇万ユーロを助成するとしている。ブラックストーン・テクノロジーは同助成を活用し、研究段階にあるナトリウム主体の全固体電池の実用化と二〇二五年までの商用生産を目指す。同社は蓄電池生産では3Dプリンターを活用し、輸入原料を最大限に減らす製法を行うとしている。

またBMWは二〇二一年四月から、政府の次世代電池に関する研究開発のため総額六八〇〇万ユーロの支援を受けている。同社は政府のサポートの下、蓄電池のリサイクルと蓄電池原料の再利用に注力するとともに、全固体電池の研究開発に取り組もうとしている。同社の開発を担当するフランク・ウェーバー取締役は「全固体電池技術を積極的に研究しており、二〇三〇年までに大量生産が可能な車載用全固体電池の実現を目指す。二〇二五年までには先駆となる初の全固体電池搭載車の提示を計画している」とコメントしている。[29]

BMWは二〇二二年五月、ミュンヘン郊外にセル生産コンピテンスセンター（CMCC）を二〇二二年秋に設立し、一・七億ユーロを投じて段階的にバッテリーセルの生産ラインを立ち上げることを発表した。まず初期段階で電極の材料となるグラファイトやニッケル酸化物などの計量・混合や金属箔のコーティング、圧縮などに取り組む。その次の段階ではセルの組み立てや形成のためのシステムを設置し、一年間かけて通常の生産に移行する。[30] また同社は二〇二二年に試験用電池を調達し、二〇二五年までに全固体電池を載せた車両の路上試験を始め、二〇三〇年までに発売する計画である。同社は二〇二〇年代末までに、全固体電池を搭載するEVを販売するとしている。現在、自動車向けの全固体電池技術の研究開発に取り組んでおり、二〇二五年までに全固体電池を搭載したプロトタイプEVの走行を目指している。(31)

Mercedes-Benz（メルセデス・ベンツ社）は二〇二一年一一月、アメリカ新興企業Factorial Energy（ファクトリアル・エナジー）と連携して全固体電池の共同開発に乗り出した。同社はファクトリアルの権益を取得し、ファクトリアルの経営陣に代表者を送っている。共同開発はセルから始まり、電池モジュール、車両統合まで拡張していく。早ければ二〇二二年にも試作セルをテストし、五年以内に数を限定して車両に統合することを目指している。

イギリス政府は産業戦略チャレンジファンド（ISCF）を通じて、蓄電池開発事業「Faraday Battery Challenge」に四年間で二億四六〇〇万ポンドを投じる計画を進めている。これと合わせて二〇一七年にFaraday Institutionを設立し、第一弾として蓄電池の基礎研究に四二〇〇万ポンドを供給する。政府は電池の性能、コスト、信頼性、リユース・リサイクルに着眼し、固体電池を含む四つのプロジェクトを設定している。二〇一九年九月には新たにナトリウムイオン電池、リチウム硫黄電池のプロジェクトを採択した。イギリス政府は近年、二六億ポンドの公的資金、および三〇億ポンドの民間からのマッチングファンドをもとにIndustrial Strategy Challenge Fund（ISCF）を設置し、次世代の蓄電技術の開発をサポートしている。

二〇二一年八月一九日、材料メーカーのジョンソン・マッセイ社やオックスフォード大学など七機関は電気自動車（EV）用の「全固体電池」の開発に向け、連合（コンソーシアム）を設立したと発表し[32]、産学官による連携で次世代電池開発に取り組んでいる。

イギリスの全固体電池技術のベンチャー企業、Ilika Technologies社は二〇一九年五月、体内に埋め込む医療機器に向けたリチウムイオン二次電池の開発に成功した。同社の全固体電池技術を用い、ワイヤレス給電で体外から充電でき、最大一〇年間の寿命が期待される。二〇二二年三月、同社の全固体電池技術は英APCの検証に合格した。

また、イギリスの多国籍自動車会社のステランティス（Stellantis）は、全固体電池ベンチャーのファクトリー・エナジーと全固体電池を共同開発し、二〇二六年までに全固体電池技術を導入し、商業化する目標を掲げている。ファクトリー・エナジーはメルセデス・ベンツとも協業しており、両社は早ければ二〇二二年にも全固体電池を搭載したEVの走行テストを実施する予定である（野元政宏「次世代EV市場の「ゲームチェンジャー」全固体電池の技術力が日本再浮上の鍵を握る」『日刊自動車新聞』二〇二二年四月一八日付）[33]。

†中国の取り組み

中国の国家としての主な電池技術の開発計画は次の通りである。政府は二〇一六年、総額約三・六億元（約六〇億円）を投じ、五年間かつ蓄電池プロジェクト分のリチウムイオン電池（LIB：Lithium Ion Battery）で高N・i系の高電位・高容量化、Si－黒鉛混合系等の高容量材料、耐高電圧電解液を開発、全固体電池、リチウム硫黄蓄電池、リチウム空気蓄電池の開発に積極的に取り組んでいる。また政府は二〇一九年一二月、「新エネルギー自動車産業発展計画（二〇二一～二〇三五）」を発表し、初めて固体電池開発を国家レベルにまで高めた。同計画では二〇三〇年までに中国の液体電解質を固体電解質に進化させることを目標とし、固体電池の研究開発を強化しようとしている。

具体的には電気自動車（EV）向け動力電池について、①二〇二五年までに液体電解質を用いる従来のリチウムイオン電池のエネルギー密度を三五〇Wh／kgとする、②三〇年には全固体電池に移行する前段階として、全固体電池とリチウムイオン電池の長所を融合させたハイブリッド電池のエネルギー密度を四〇〇Wh／kgとする、③二〇三五年には準固体・全固体電池のエネルギー密度を五〇〇Wh／kgとするという目標が掲げられている。[34]

中国政府は積極的に蓄電市場への投資を行い、蓄電技術の開発・実用化を目指している。国家発展改革委員会と国家エネルギー局は二〇二二年六月七日、蓄電市場の整備を進める通知を出し、政府や国有電力各社の投資が拡大する見通しである。今後、蓄電関連の累計投資額は二〇三〇年までに約九〇〇〇億元（約一八兆円）に達すると見られている。[35]

国内ではPhi Energy Technology、Ganfeng Lithhium、Qingtao Energy、Wanxiang One Two Three、Weilan New Energyなどの中国企業がこぞって固体電池生産ラインを構築し、一部では生産も開始しており、二〇二五年以降の次世代電池をめぐる競争が始まっている。

二〇一六年に江西省に設立されたスターテック社はLiFePO4で被覆された固相焼結イオン導電体（LLZO／LiNbO3）と一〇～二〇％の固体電解質を用い、固体電解質をその場でキャストして硬化させたPEOベースLFP／Li固体電池システムを開発した。バッテリーは五〇サイクル後も九八％に近い状態である。また、設計セルエネルギー密度四〇〇Wh／kg、溶解性膜厚約三〇ミクロンの八〇Ahソフトパック固体電池を設計した。

同社は二〇二〇年に固体電池材料システムを検証し、三〇〇Wh／kg五Ahソフトパックの設計検証に到達した。二〇二二年には固体リチウム電池のパイロット生産を実現し、三五〇Wh／kg、サイクル一〇〇〇回以上に達している。同社は二〇二四年には全固体リチウム電池二GWHの年間生産ラインを構築して量産を実現し、四〇〇Wh／kg、サイクル一〇〇〇回以上の大量生産を実現する計画である。(36)

二〇一九年四月、中国遠影（Envision）グループは日産車載電池子会社の八〇％の権益率を買収し、EV向け電池製造を行うEnvision AESC Groupを設立した。同社はEV向け電池で攻勢をかけており、二〇二四年に質量エネルギー密度が三〇〇Wh／kgに達するリチウムイオン電池、二〇二七年には全固体電池の量産を計画している。

†日本の取り組み

日本政府は二〇一二年以来の蓄電池産業政策・戦略で、蓄電池コストの低減による応用・普及の加速および世界蓄電池シェアの拡大に加え、将来のゲームチェンジにもつながると言われる全固体電池の技術開発に集中投資し、次世代技術で維持・拡大していくとしている。

近年、中・韓企業が政府の強力なサポートを背景として液系リチウムイオン蓄電池（液系LIB）の技術で日本に追いつき、コスト面も含めて国際競争力で逆転している。欧米を含めて、世界的に官民で投資競争が激化している。さらに全固体電池についても技術開発は進展しているものの、今後解決すべき課題も残存しており、液系LIB市場は当面続く見込みである。

日本政府は二〇二一年六月に打ち出した「二〇五〇年カーボンニュートラルに伴うグリーン成長戦略」で全固体リチウムイオン電池・革新型電池の性能向上、蓄電池材料の性能向上、蓄電池や材料の高速・高品質・低炭素生産プロセス、リユース・リサイクル、定置用蓄電池を活用した電力需給の調整力等の提供技術等の研究開発・技術実証等に取り組むという目標を掲げている。

同戦略は今後の発展目標・方法を提示している。第一の目標は液系リチウムイオン電池（液系ＬＩＢ）の製造基盤の確立（国内製造能力の確保）である。日本国内の自動車製造の安定的な基盤を確保するため、二〇三〇年までのできるだけ早期に国内の車載用蓄電池の製造能力を一〇〇GWhまで高める。そして蓄電池の輸出や定置用蓄電池向けに必要となる製造能力の確保を念頭に置き、遅くとも二〇三〇年までに蓄電池・材料の国内製造基盤一五〇GWhの確立を目標とする。また、電気自動車とガソリン車の経済性が同等となる車載用の蓄電池パック価格一万円／kWh以下、太陽光併設型の家庭用蓄電池が経済性を持つシステム価格七万円／kWh以下（工事費込み）、工場等の業務・産業部門に導入される蓄電池（業務・産業用蓄電池）が経済性を持つシステム価格六万円／kWh（工事費込み）を目指す。

第二の目標はグローバルプレゼンスの確保である。蓄電池製造に不可欠な上流資源のグローバル市場での購買力、標準化・国際的なルール形成での影響力という視点から、二〇三〇年までに日本企業全体で国際市場において六〇〇GWhの製造能力を確保することを目標とし、国際市場シェアの二〇％[37]を実現しようとしている。

第三の目標は、次世代電池市場の獲得のための研究開発能力の拡大である。全固体電池など次世代電池を世界に先駆けて実用化し、製造技術の優位性・不可欠性を確保するため産官学の研究開発力を結集する。二〇三〇年頃には全固体電池を本格的に実用化し、それ以降も日本が世界的な技術リーダーとしての地位を維持することを目標とする。

具体的には全固体リチウムイオン電池の本格的な実用化、二〇三五年頃には革新型電池（フッ化物電池、亜鉛負極電池、多価イオン電池等）の実用化を図る。加えて家庭用、業務・産業用蓄電池の合計で二〇三〇年までに累積導入量約二四GWh（二〇一九年までの累積導入量の約一〇倍）を目指している。

日本政府はこうした製造目標達成に向け、さらに国内基盤を拡充して国際競争力維持・強化につなげ、二〇三〇年に一五〇GWhの国内製造基盤を確立するため、積極的に次のような取り組みを行っている。

まず、官民連携により蓄電池・材料の国内製造基盤への投資を強化している。政府は一〇〇〇億円基金による支援のみならず、目標達成に向けたさらなる国内製造基盤の拡充のための政策パッケージも検討し、民間企業の積極的な投資を促進している。

次に、国際競争力を確保するためDX・GXによる先端的な製造技術の確立・強化に力を入れている。日本の国際優位性である蓄電池の性能・安全性等を維持しつつ、課題であるコスト競争力を向上させるため、先端的な製造プロセスの開発投資に対する支援を強化しようとしている。

さらに、電池制御システム（BMS）の高度化に向けた対応をしている。定置用電池システムにおいては、マルチユースなど市場のニーズに適応したシステムの高度化が要求されており、要件定義のための技術開発・実証や標準化等の施策について検討しようとしている。

†日本企業の動向

一方、企業側は政府のサポートの下で蓄電池開発を行い、特に全固体電池の開発は大きな進展を遂げている。日本ではトヨタ自動車をはじめ、国内企業が研究をリードしてきた。一〇〇〇超の特許を持つトヨタは二〇二〇年代前半の実用化を目指す考えで、二一年中に試作車の公開も検討している。同社が開発する全固体電池は既存電池と同じサイズの場合、航続距離が二倍超に増える計算である。トヨタ自動車は電解質が固体のリチウムイオン二次電池である「全固体電池」を二〇一一年から開発し、当初の目標値を達成した。同社の一人乗りEV「COMS」に実装し、走行試験に成功している。

日産自動車は二〇一九年一一月二九日、長期ビジョン「Nissan Ambition 2030」に二〇二四年までの五年間で約二兆円を投資し、グローバルな電動車のモデルミックスを五〇%以上に高め、電動化を加速させようとしている。二〇二八年度には全固体電池を搭載したEVを市場投入し、量産する計画である。

日産は目下、自社内で全固体電池の開発に取り組んでおり、安全性、航続距離や充電時間の向上に力を入れている。現在のリチウムイオン電池に比べ、充電時間は三分の一に短縮することを目標としている。[38]日産は全固体電池を開発するため、先進技術開発の領域において三〇〇〇人以上のエンジニアを新たに採用する予定で、強固な開発体制を整えつつある。
日産は、全固体電池の開発では材料開発段階から生産技術部門も加わるという「異例な形」で取り組んでいる。高精度な電池セルの生産技術を確立しなければ、電池やEVの安全性に重大な影響が及ぶ。全固体電池を量産EVに搭載するには、自動車の量産スピードに合わせて高精度に電極を積層する技術が求められる。日産はこれを実現するため、面圧負荷が均等になるようにモジュールバネ機構、体積の変化を考慮したモジュール設計、セルの厚みのバラつきを吸収する機構などの技術を活用している。[39]
日本経済新聞[40]によると、世界での全固体電池の研究開発では日本勢が先行している。世界全体で二〇〇〇年から二〇二二年三月末までに公開された特許数を調べると、トヨタ自動車が一三三一件とトップで、二位のパナソニックHD（四四五件）と三倍の差がある（図3-4）。トヨタは一九九〇年代から研究を手掛け、二〇二〇年には他社に先駆け、全固体電池を搭載した試作車を完成させている。
特許出願件数の上位五社中、四社を日本勢が占め、さらに上位一〇社中六社を日本勢が占めているが、サムスン電子やLG化学など海外勢も追い上げてきた。韓国勢は電池の長寿命化など実用段階で性能に直結する特許を多く保有しており、独フォルクスワーゲンなども全固体搭載モデルのEVを市場投入する計画がある。[41] 寧徳時代など中国勢は生産コストなどの優位性で日本勢を猛追しており、二〇三〇年までに全固体電池を搭載し、商業化するという。

こうした中、今後トヨタなど日本勢がこれまでに培った知財基盤や技術優位性をいかに内外市場に活かすかが注目を集めている。全固体電池は従来のリチウムイオン電池と比べて航続距離を二倍に拡大し、充電時間も三分の一に抑えられているとはいえ、コストがリチウムイオンの四倍超かかるとの試算もあり、これは早期実用化の大きな課題となる。[42]

図3-4に示したように、全固体電池特許ランキングの一〇企業に日本企業が六つも入っている。また、日本の全固体電池の特許と全固体電池の国際市場のプレーヤー数から、日本の世界での競争優位性がうかがえる（図3-6）。世界から一歩リードしている状況とはいえ、韓国・中国などの企業の台頭で国際競争はより一層激しくなることが予想される。特に中国の企業は市場規模はもとより、政府による強力なサポートを得て猛追しており、全固体電池の特許に関する国別の割合は日本が三七％であるのに対して、中国は二八％と肉薄しつつある。[43] 今後、日本政府は司令塔の役割を果たしつつ、さらに官民連携を強化し、企業の技術開発を後押しすべきである。

今後、全固体電池の世界市場規模はますます拡大していく。図3-7に示したように、全固体電池の世界市場規模は二〇二二年に二一年比約六七％大幅増の六〇億円となり、二〇四〇

車	
トヨタ自動車	20 年代前半に実用化し、21 年に試作車
日産自動車	20 年代後半に実用化
BMW（独）	25 年までに路上試験し、30 年までに発売
VW（独）	ドイツで試験生産ラインを検討
NIO（中）	22 年に「固体電池」を新車種に搭載予定
現代自動車（韓）	27 年に試験生産開始予定

電機	
パナソニック	トヨタと共同で全固体電池を開発
村田製作所	21年度中にウエアラブル向けを量産
TDK	オールセラミック全固体電池を量産
サムスン電子（韓）	寿命と安全性を高め、大きさを半分にする技術を開発

素材	
日立造船	世界最大容量の電池を開発
三洋化成	ゲル状の樹脂を使う電池を開発、量産へ
三井金属	電解質をマクセルと開発中、21 年に量産
古河機械金属	リンや硫黄が原料の固体電解質を開発
JX 金属	電解質を東邦チタニウムと共同開発
日本電気硝子	正極を改良し性能を高めた製品を開発中
出光興産	石油精製の副産物を使った固体電解質を開発中

新興	
クアンタムスケープ（米）	VW と 24 年にも商業生産
ソリッドパワー（米）	車向けを開発、BMW・フォード出資
エンパワージャパン	東工大発ベンチャー、固体電解質を開発

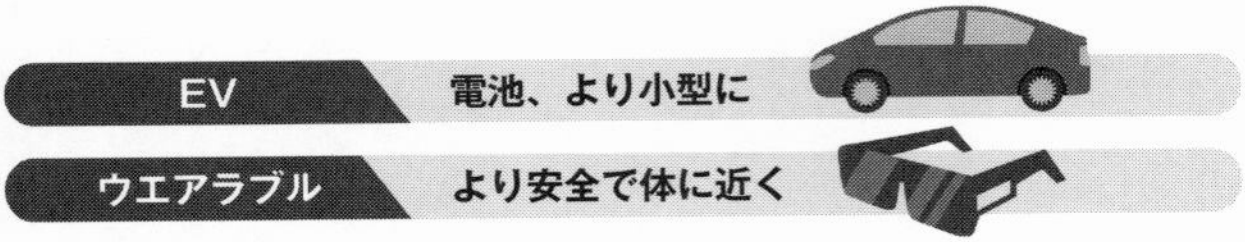

図 3-6　全固体電池を巡る主なプレーヤー
出所：図 3-4 と同じ。

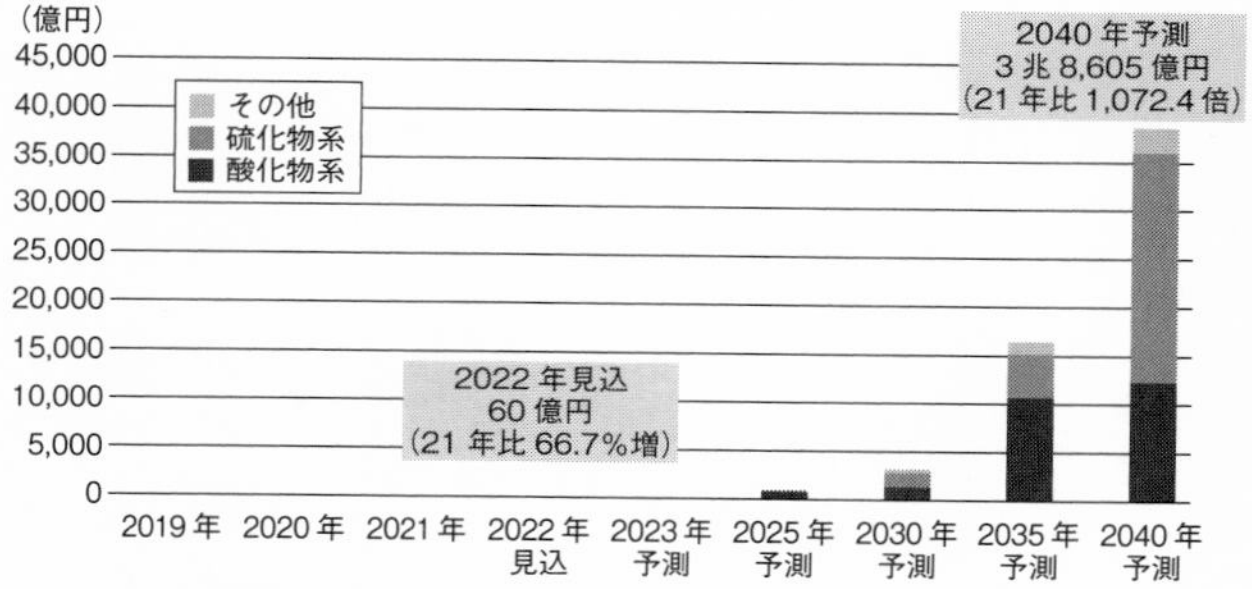

図 3-7　全固体電池の世界市場
出所：富士経済グループ（『2022　次世代電池関連技術・市場の全貌』2022 年 11 月 7 日）。

年には、さらに三兆八六〇五億円にまで拡大し二一年比一〇〇〇倍以上に激増すると予測されている。こうして主要国間の全固体電池の研究開発・実用化を巡る競争はさらに激化していくであろう。

4　パワー半導体分野

†三菱電機・東芝の取り組み

世界の電力需要の約五割がモーターによりもたらされるのである。モーターを回転させるパワー半導体を使った機器の動作効率が改善する効果は大きく省電力・省エネにつながる。パワー半導体は脱炭素化のための重要なカギの一つとなる。経済産業省によると、パワー半導体の性能改善で、日本で毎年九八三万トン超分（二〇五〇年まで）の二酸化炭素の排出量を減らすだけの効果を見込み、二〇二〇年度の総排出量（一〇億四四〇〇万トン）の一％分を毎年削減できる。[44]

パワー半導体生産は日本企業が優位性を持っている。例えば、シリコンカーバイド（SiC）生産は人工的に作り出さなくてはならなく、ウエハーなどの安定生産が困難である。それゆえ、パワー半導体は、微細化が性能を左右する演算用のロジック半導体と異なり、加工技術が競争力の源泉となり、製造装置などの大規模投資が必要なく、材料研究で実績を積み上げてきた日本企業が強みを発揮しやすい分野である。[45] 日本企業のパワー半導体技術は、水素技術と同じ国内外の脱炭素化に大きく寄与している。

シリコンカーバイド（SiC）は、シリコン（Si）と比べて、絶縁破壊電界強度、飽和電子速度、熱伝導度などが高い半導体材料である。そのため半導体デバイスへ適用した場合、Siデバイスと比較して高耐圧特性、高速スイッチングや低オン抵抗特性の実現が可能である。そのため電力損失の大幅低減、機器の小型化に貢献できる次世代の低損失デバイスとして期待されている。

図3－8に示したように三菱電機は世界のパワー半導体シェアで八・六％と比較的高い比率を占め、売上高ランキングは世界第三位で日本勢の中でトップに位置している。これまでに長い間蓄積してきたパワー半導体の技術・ノウハウの優位性を現在の開発に活かしている。[46]

三菱電機は最近、自動車や産業、鉄道など非民生向けパワー半導体の設計共通化に乗り出している。設計のプラットフォームを確立し、脱炭素社会に貢献できる省エネルギーデバイス開発の効率化を向上させ、二〇二五年度に一部製品での導入を目指している。

主要国の脱炭素シフトを受けて自動車の電動化、白物家電のインバーター化が進展し、省エネルギーデバイスの需要も急拡大していることを受けて、三菱電機は二〇二二年六月に生産を終了する熊本県の液晶モジュール工場をパワー半導体などの製造に転用するとしている。既存設備・技術を有効活用して短期間での生産能力増強を図り、大規模投資を続けるライバルの欧米勢に対抗しようとしている。

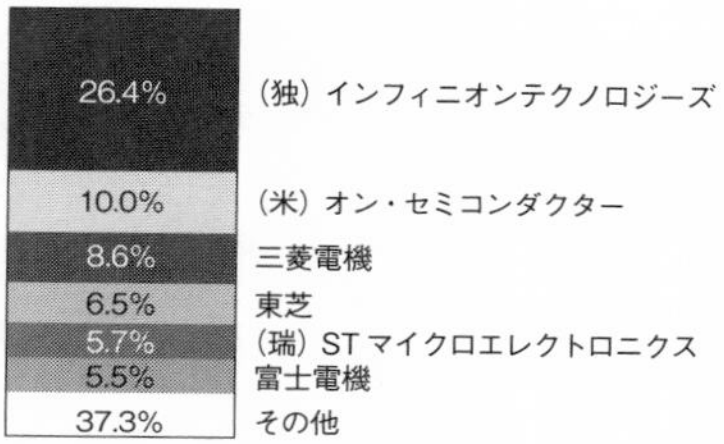

図 3-8　パワー半導体の世界シェア
出所：https://www.nikken-totalsourcing.jp/business/tsunagu/column/224/

三菱電機のパワー半導体事業は目下、部門別売上規模で産業・再生可能エネルギー・鉄道が全体の五割を占め、そのほかは自動車・民生部門が占めている。同社は脱炭素化・電動化で高い成長が見込める車載を含めた非民生分野の開発効率化に取り組もうとしている。

三菱電機は二〇二〇年の売上高は世界第三位で一二億六〇〇〇万ドルに達した（表3－3）。同社はさらに、二〇二五年度にはパワー半導体事業の売上高を二〇二〇年度比六割強と大幅増の二四〇〇億円以上、営業利益率を同一〇％以上に引き上げる

①インフィニオン・テクノロジーズ（独）	39.3
②オン・セミコンダクター（米）	15.9
③三菱電機	12.6
④ST マイクロエレクトロニクス（スイス）	11.3
⑤東芝	9.4
⑥富士電機	9.2
⑦ビシェイ・インターテクノロジー（米）	7.7
⑧ローム	4.9
⑨ネクスペリア（蘭）	4.5
⑩アルファ＆オメガ・セミコンダクター（米）	4.4

英オムディア調べ

表 3-3　パワー半導体メーカーの売上高ランキング（2020 年：億ドル）
出所：https://newswitch.jp/p/30329

計画である。[47]

東芝はこれまで二〇〇㎜ウェハーを用いた製造ラインが主力であったが、現在は電動化や省エネなど脱炭素によるパワー半導体への需要が拡大していることから、一枚のウェハーからより多くの半導体チップが得られる三〇〇㎜ウェハーの製造ラインの立ち上げを進めている。二〇〇㎜ラインの増強を先行して進めつつ、二〇二三年度には三〇〇㎜ラインでの量産を始め、二〇二五年度下期には二〇二一年度上期と比べて二倍近くまで生産能力を増強する計画[48]である。

同社はシリコンパワー半導体（Si）と化合物半導体（SiC、GaN）の両サイドで製品開発に力を入れている。まず、低耐圧MOSFETについては三〇〇㎜ラインの導入により生産量と技術力の向上を図りつつ、高品質な車載パッケージの開発を進める。現行製品は第九〜一〇世代であるが、産業用や車載、耐圧などで分かれるそれぞれの製品ラインで二〜三年ごとに世代を更新する際、従来比で二〇％程度の性能向上を実現していく。[49]

東芝はパワー半導体事業投資戦略として、二〇二二年から二〇二七年にかけてパワー半導体の研究開発のみで五年間に一〇〇〇億円を投じ、シリコンパワー半導体のラインアップ拡充やSiC（炭化ケイ素）、GaN（窒化ガリウム）デバイスの開発を強化・加速しようとしている。

生産能力に関しては二〇二一年度から二〇二五年度までに約二六〇〇億円を投入し、二〇二〇年度比でニアラインHDDが二倍に増強するほか、シリコンパワー半導体は一・七倍拡大する見通しである。パワー半導体部門では二〇〇mmラインの増強、二〇二二年二月四日に発表した加賀工場の三〇〇mmラインの新施設建設および既存施設での稼働前倒しのほか、化合物半導体の二〇〇mmライン整備などを計画している。(50)

†富士電機・FLOSFIAの取り組み

富士電機はSiC（炭化ケイ素）パワー半導体の開発に力を入れている。同社は二〇二三年度を最終年度とした五カ年中期経営計画（二〇一九〜二〇二三年度）でパワー半導体に合計一二〇〇億円の設備投資を行うとし、シリコン二〇〇mmウェハーの前工程ラインを中心とした設備投資を進めてきたが、昨今の電動車や再生可能エネルギー向けの脱炭素需要拡大を受けて、今回のSiCパワー半導体への投資も含めた設備投資額を一九〇〇億円まで増額させる見通しである。(51)

さらに同社は他社に先駆け、先進的な研究開発に積極的に取り組んでいる。技術開発・新商品開発の面でパワーエレクトロニクスとパワー半導体のシナジー効果を強化する体制を構築し、「パワー半導体適用技術」が重要な差別化のポイントと考えている。同社は進化を続けるパワー半導体と向き合い、他社に先駆けて新たなパワーエレクトロニクスデバイスを作り出し、競争優位性を得ようとしている。

三菱重工業やデンソーが出資し、二〇一一年三月に設立された京都大学発のスタートアップＦＬＯＳＦＩＡは、電力損失を劇的に低下させる新しいパワー半導体として酸化ガリウム（Ga_2O_3）に着目し、本材料を用いた新しい「ＧａＯ®パワーデバイス」の開発に取り組んでいる。酸化ガリウムはバンドギャップ値が五・三ＥＶ（コランダム構造の場合）、期待される絶縁破壊電界が八ＭＶ／cmを超えるなど極めて良好な物性値を有しており、シリコン（Ｓｉ）やシリコンカーバイド（ＳｉＣ）と比較してそれぞれ三四〇〇分の一、一〇分の一もの低損失化が期待できる、省エネ化のキー材料である[52]。

同社は二〇一五年にGa_2O_3を用い、世界最小（ＦＬＯＳＦＩＡ調べ）のオン抵抗である〇・一mΩcm²のショットキーバリアダイオード（以下ＳＢＤ）の開発に成功した。このＳＢＤは五〇〇Ｖ以上の耐圧、家庭用の電源用途で使用可能な耐圧をもっており、現在販売されている最新のシリコンカーバイド（ＳｉＣ）製ＳＢＤのオン抵抗〇・七mΩcm²に比べ、八六％と大幅に低減した（図３－９）。

日本経済新聞の記事[53]によると、同社は電気自動車（EV）向けに省エネ性能を大幅に高めた次世代半導体の生産をスタートした。現在の製品よりもEVの消費電力が一割ほど減り、航続距離を約一割伸ばすことが可能で、二〇二二年内に量産体制に入る予定である。量産するのはパワー半導体で、基板に酸化ガリウムを用いる新型の製品となる。同社は電気の消費を制御するパワー半導体の強みを生かし、欧米勢に先行して事業化し、需要の急増が見込める自動車産業のEVシフトに備えている。

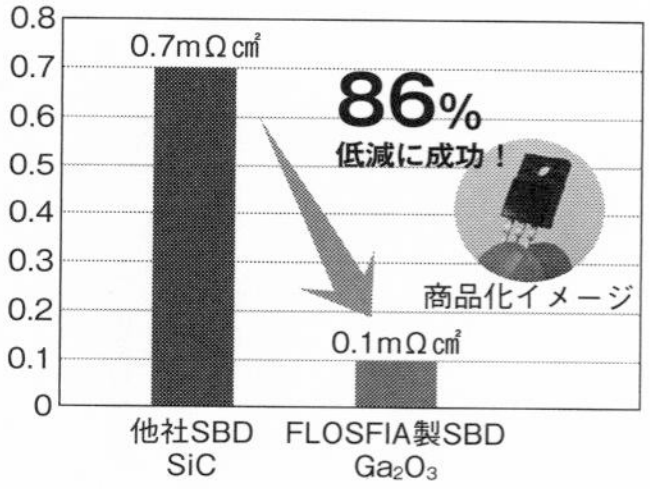

図3-9　FLOSFIA　世界最小のオン抵抗（0.1m Ω cm^2）を有する「GaO® パワーデバイス」開発に成功！
出所：FLOSFIA HPより。

欧州企業の取り組み

パワー半導体は電圧や電流を制御し、機器の省エネ性能を高める。業界の世界トップ、ドイツのインフィニオンテクノロジーズはパワー半導体の開発や収益を拡大し、世界で圧倒的な存在感を示している。同社はメモリー事業の不振などからパワー半導体に注力し、研究開発や製造技術に積極的に投資することで差別化を進め、世界競争で優位を維持している。

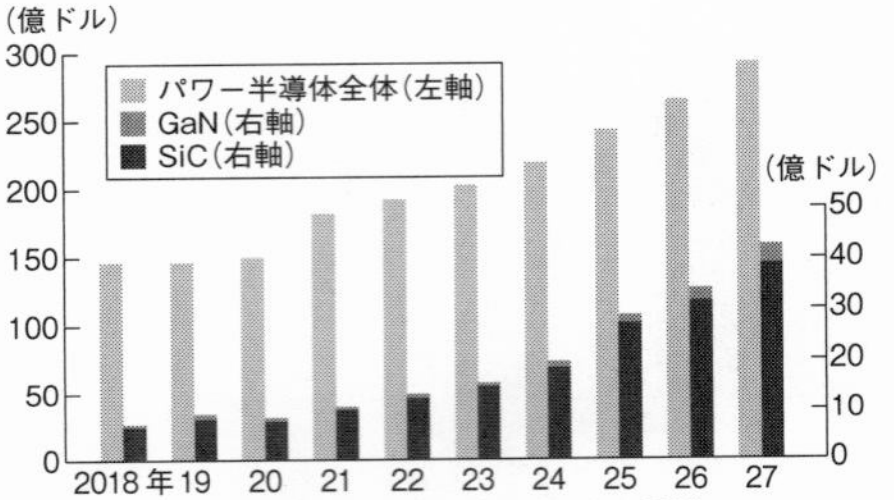

(注)英調査会社オムディアによる予測

図3-10　パワー半導体の世界市場規模は7年で2倍に
出所：『日本経済新聞』より。

同社の二〇二一年九月期売上高は一一〇億ユーロ（約一兆四〇〇〇億円）、純利益は一一億ユーロにのぼり、一〇年間で三倍となった。二〇二〇年時点で同社のパワー半導体の世界シェアは二〇一五年の二五％から二七％に上昇した。パワー半導体では日本勢も世界で健闘しているが、インフィニオンとの差は歴然としている。同社は二〇一二年から、多くのチップを焼き込むことができるため生産効率向上の鍵となる、大口径の三〇〇㎜ウェハー対応の半導体生産に取り組んでおり、ようやく三〇〇㎜対応の工場整備に踏み切ることを決めた東芝に一〇年以上先行している。[54]

さらに同社はパワー半導体のシェアの高さを背景として値上げを進め、収益力を拡大している。英調査会社オムディアの杉山和弘氏は「世界的な半導体不足の中で、材料費や輸送費が上がっていることからインフィニオンなど外資系半導体は積極的に値上げに動いたが、日本メーカーは社内向けの製品を手がけていることや、自動車メーカーとの交渉力が弱いことから積極的に値上げに出られておらず、価格交渉力で差が生まれた」という。[55]

イギリスの調査会社オムディアによると、五年後の二〇二七年のパワー半導体市場は約二九〇億ドルと、二〇二〇年比で二倍近く拡大する見込みである（図3-10）。

インフィニオンは二〇二一年八月、オーストリアの薄型の三〇〇㎜ウェハーによるパワーエレクトロニクス向けチップの最先端工場に一六億ユーロ（約二〇〇〇億円）を投入した。今後、世界的な脱炭素の動きを受けてパワー半導体需要が拡大するに伴い、同社は積極的に開発を拡大するであろう。

スイス・ジュネーヴに本社を置く多国籍半導体メーカーであるSTマイクロエレクトロニクス（エス・ティィー・マイクロエレクトロニクス、STMicroelectronics NV）は二〇二一年八月、次世代パワー半導体の試作開発用に初の二〇〇㎜（八インチ）SiC（炭化ケイ素）バルク・ウェハーを製造したことを発表した。二〇〇㎜SiCウェハーへのシフトは、EV車載・産業分野におけるSTの顧客プログラム向けの生産能力を強化する上で、重要なマイルストーンとなっている。また、これはパワー・エレクトロニクスの小型軽量化・高効率化・低コスト化を可能にする革新的な技術であり、同社の市場における主導的地位をより強固なものにしている。

同社は現在、最先端のSiC製品「STPOWER」の量産をイタリアのカターニャ工場とシンガポールのアンモキョ工場の一五〇㎜ウェハー製造ラインで行い、後工程の組み立ておよびテストを中国・深圳工場とモロッコ・ブスクラ工場で行っている。今回のウェハー製造は、コスト効率に優れた先進的な二〇〇㎜S・iCウェハーの量産に向けた試金石となっている。同社は二〇二四年までにさらに新たなS・iCウェハー工場を建設し、S・iCウェハーの四〇%超を自社製造するという計画のもと、二〇〇㎜S・iCウェハーへの移行を進めている。(56)

ドイツのボッシュは二〇二二年二月二二日、南ドイツのバーデン・ヴュルテンベルク州ロイトリンゲンにある半導体工場を拡張するため、二〇二五年までに追加で二億五〇〇〇万ユーロを投資すると発表した。(57) これはMEMS(Micro Electro Mechanical Systems)や炭化ケイ素(S・iC)を使用したパワー半導体の需要に対応するためで、具体的にはロイトリンゲン工場のクリーンルームを現在の約三万五〇〇〇㎡から二〇二五年末までに四万四〇〇〇㎡超まで拡張する。同社は二〇二一年一二月、パワー半導体の量産開始を発表しており、EV普及を後押しするパワー半導体の技術開発に取り組んでいる。

日米欧先進国企業はパワー半導体の製作技術・ノウハウにより世界のシェアをほぼ独占している。世界の半導体市場における日本の優位性は薄れたが、パワー半導体分野ではまだその地位を保っている。

†中国企業の取り組み

脱炭素化が加速し、世界のパワー半導体市場が拡大する中、中国勢はパワー半導体の開発に参入しようとしているが、これにはハイテク分野での高度な技術やノウハウが欠かせず、多品種少量生産という特質からも参入へのハードルは高い。中国は政府の強力なバックアップの下、企業が積極的に開発に取り組んでいる。

中国の大手電子機器メーカーである聞泰科技は一二〇億元を投じ、上海にパワー半導体の新工場を建設している。同社はオランダの半導体子会社であるネクスペリア社とともに二〇二三年に約二〇〇〇億円を投じ、三〇〇㎜ウェハー対応の新工場を上海市で稼働させ、年間四〇万枚の生産能力を有している。

厦門市西蘭ティブコ微電子有限公司は、杭州西蘭微電子有限公司と厦門半導体投資集団有限公司が共同出資した西蘭微電子の一二インチ特殊プロセスチップ製造会社である。二〇一八年二月に設立されたSilan Tibcoの一二インチIC製造ラインプロジェクトはパワー半導体チップとMEMSセンサーを主力製品とし、総投資額一七〇億人民元で一二インチチップ製造ライン二本を建設した。第一パワー半導体チップ製造ラインは計画生産能力八万枚／月で総投資額七〇億人民元、第二チップ製造ラインは計画生産能力八万枚／月で総投資額は一〇〇億人民元である。

二〇二〇年、Silan Tibcoの第一期一二インチチップ生産ラインが試運転を終え、同年一二月に稼働を開始した。本プロジェクトはSilan Tibcoの既存の一二インチ集積回路チップ工場に生産設備、補助電源、設備工事を追加し、クリーンルームを改修することで年間二四万個の一二インチ高電圧集積回路とパワーデバイスの追加生産能力を達成している。

日本で知財リポジトリを運営するアスタミューゼが発表したデータによると、二〇〇〇年から二〇一七年の間に世界三七カ国で出願されたパワー半導体関連技術の特許は合計四七四二万八〇〇〇件に上っている。国別では米国が一三九七万三〇〇〇件の関連特許で一位、日本が一二八七万二〇〇〇件、中国が八四〇三件と続いている。(58)

企業特許の件数では日本の三菱電機が一三〇四件で一位、ドイツのインフィニオン（九八三件）、ルネサスエレクトロニクス（八〇二件）、東芝（四五六件）の順となり、企業特許の件数では日本の三菱電機が二位、ドイツのインフィニオンが三位となった。六位は富士電機（四〇九件）、七位は日立製作所（三九八件）であった。米国企業ではインテルが四二三件の発明特許で五位、韓国のサムスンSDIが二八〇件で一〇位となっている。

中国企業は上位に入らなかったが、特許出願件数の伸びでは米国を上回り、今後は中国企業のパワー半導体の生産能力が拡大する可能性がある。中国は電気自動車（EV）生産の拡大や脱炭素化による需要増加に対応するため、国策でパワー半導体を自給自足で確保するべく動いている点で注目を集めている。中国企業もパワー半導体の開発を強化していくことから、将来的に世界市場での国際競争がさらに激化すると思われる。中国ではパワー半導体についてては海外製品への依存度が高いが、日中貿易摩擦の影響を受け、国内生産を強化する動きも見られる。

二〇一九年四月二二日、二〇二二年の北京冬季五輪に向けて北汽福田（Foton）、トヨタ自動車、SinoHytech はFCV公共バス開発で提携することが発表された。この九mバスにはトヨタ製の六〇kW燃料電池スタックおよび補機が搭載される。

中国では政府の支援を受けて、電力や電圧を制御するパワー半導体の大増産が進んでいる。潤西微電子は重慶市、杭州富芯半導体は浙江省杭州市でそれぞれ直径三〇〇㎜シリコンウェハーを素材とするパワー半導体工場を建設する計画である。中国新興メーカーの半導体生産装置はほとんど日本の半導体装置から手に入れたもので、パワー半導体生産技術が育つことにつながっている。中国のパワー半導体メーカーは日本勢のライバルとなる可能性がある。

5 ＣＣＵＳ分野

†日本・アメリカの政策

ＣＣＵＳ技術とは Carbon Capture, Usage and Storage 技術のことであり、産業活動から排出される高濃度のCO_2を固定化し、有効に利活用する技術である。ＣＣＵＳは温暖化ガス・気候変動問題のリスクの軽減・克服において、極めて重要な役割を果たす革新的な技術である。排出ソースにおけるCO_2排出を回避し、大気中に存在するCO_2を大規模に削減する能力は気候変動問題を解決するための鍵の一つである。

日本政府はCCUSへの取り組み・活用に向けて積極的に対応している。二〇二一年一〇月に決定した「第六次エネルギー基本計画」(59)ではCCS（CO_2回収・貯留）とCCU（Carbon Capture and Utilization カーボンリサイクル）の実現に向けた対応策を打ち出している。

まずCCSの活用に向けた対応のため、次のように行うべきとする。技術的確立・コストダウン、適地開発や事業化に向けた環境整備について長期のロードマップを策定し、関係者と共有した上で推進していく。CCSの技術的確立・コスト低減に向け、分離回収技術の研究開発・実証を行うとともに貯留技術やモニタリングの精緻化・自動化、掘削・貯留・モニタリングのコスト低減等の研究開発を促進・強化する。また、低コストかつ効率的で柔軟性のあるCCSの社会実装に向けて、液化CO_2船舶輸送の実証試験に取り組む。同時にCO_2排出源と再利用・貯留の集積地とのネットワーク最適化のため、官民連携でのモデル拠点構築を進めていく。

CCSの社会実装に不可欠な適地の開発については、国内のCO_2貯留適地の選定のため、経済性や社会的受容性を考慮しつつ貯留層のポテンシャル評価等の調査を引き続き推進する。

の検討を進める。

また、海外のCCS事業の動向等を踏まえた上で、国内のCCSの事業化に向けた環境整備等

次にCCUの実現に向けた対応策として、次のように行うべきとしている。CCUはCO_2を資源として捉え、鉱物化や人工光合成等による素材や燃料等への再利用を通して、大気中へのCO_2排出を抑制することができる。また、CO_2の分離・回収設備を設置することで既存の化石燃料の調達体制や設備を活用しつつ、CO_2排出削減につながるという利点がある。CCU技術にかかわる国際的な開発競争が加速している中、日本としては、「カーボンリサイクル技術ロードマップ」を踏まえ、競争優位性を確保しつつコスト低減や用途開発のための技術開発・社会実装、そして国際展開を推進していくことが求められる。(60)

アメリカ政府はカーボンニュートラルに向けて、ネットゼロ経済への移行を達成する手段の一つとしてCCUS技術の開発、導入拡大を図ろうとしている。CCUS技術の利活用に取り組むために大統領府直属の環境諮問委員会(Council on Environmental Quality、CEQ)は二〇二二年二月、CCUSに関する新たなガイダンス「CCUS Guidance」を発行し、CCUS技術の開発や導入を進めようとしている。同ガイダンスは二〇二〇年一一月に成立した「革新的技術による大量排出の活用法(Utilizing Significant Emissions with Innovative Technologies Act、USE IT Act)」の下、二〇二一年六月にCEQが発表したCCUS報告書12の内容をベースとして次の

ような課題を示している。

①健全で透明性のあるCCUSプロジェクトの環境評価を実施すること、②直接的、間接的、累積的な過大な負担を強いられているコミュニティを保護するため、環境正義と公平性に配慮しながらプロジェクトを推進すること、③CCUSプロジェクトの実施過程の初期段階から有意義な市民参加と先住民との協議を行うこと、④高賃金の雇用創出と研修プログラムを提供すること、⑤炭素回収活用（Carbon Capture and Utilization）やCO_2除去（Carbon Dioxide Removal）技術のライフサイクル分析を行うことである。

また、CCUS技術の利用促進の一環としてアメリカ環境保護庁（EPA）もCCUS事業の透明性を改善するため、既存の温室効果ガス排出報告プログラムの改訂を提案している。同プログラムは大規模な産業汚染源からの年間排出量の収集と情報公開を目的としており、今回の改訂を通じて報告義務の対象範囲をCO_2除去技術や炭素貯留の分野へと拡大する。

米エネルギー省（DOE）は二〇二〇年九月から、二酸化炭素回収・有効利用・貯留CCUSの研究開発に合計七二〇〇万ドルを拠出し、CCUSの技術開発や研究者の育成をサポートしている。

†EUおよびイギリスの政策

EUでは脱炭素社会へのシフトの一環として、産業界のCO_2排出を削減するべく脱炭素技術を域内全体で推進している。そのためCCS技術による排出量の削減、再生可能エネルギーによるクリーンエネルギーや電力生産・供給などに積極的に取り組んでいる。EUは二〇一九年にイノベーションファンドを設立し、CCS技術や再エネによる排出削減の実現に取り組んでいる。

EUは二〇五〇年までにCO_2など温室効果ガスの排出量を正味ゼロにすることを目指している。この目標を達成する上で、EUはCCSに大きな期待を寄せている。

EUは二〇二〇年七月、CCSや再生可能エネルギー拡大など脱炭素化の新しいテクノロジーを開発するため一兆ユーロを投入している。この資金はテクノロジーの研究開発を目的として設置された「イノベーション基金（一〇〇億ユーロ）」により、二〇二〇年から一〇年間にわたって調達される。財源は、EUが実施しているCO_2排出権取引（EU‐ETS）による収入から拠出される。

二〇二〇年の時点で稼働している商業CCUSプロジェクトはアイルランド一、オランダ一、ノルウェー四、英国七の計一三件で、さらに二〇三〇年までに一一ほどのプロジェクトが稼働する予定である。欧州の主な商業用CCUS施設は北海周辺に集中しているが、大陸でのCCUSプロジェクトは制度的コストや国民の受け入れなどさまざまな要因から、よりゆっくりと進行している。米国と異なり、欧州のCCUSプロジェクトによるCO_2排出削減の価値は主にEU-ETSとEORに代表され、欧州炭素市場でのCO_2価格が低いため、二〇二〇年までのCCUSプロジェクトに対する支援は限定的である。

パリ協定に沿い、産業革命以前と比較して平均気温上昇を一・五℃以内に抑えるという目標を達成するには、CO_2の排出削減量が二〇三〇年に二〇〇〇万tから六億四〇〇〇万t、二〇四〇年に一億四〇〇〇万tから一五億七〇〇〇万t、二〇五〇年に四億三〇〇〇万tから二二億三〇〇〇万tとする必要がある。二〇一八年にEUが公式に発表した一・五LIFE（持続可能な生活シナリオ）と一・五TECH（技術シナリオ）のシナリオでは、二〇五〇年のCCUS排出削減量は三億七〇〇〇万tから六億tに達する。

イギリス政府は積極的にCCUSを支援している。英国ビジネス・エネルギー・産業戦略省（BEIS）が二〇一九年に発表した意見募集用の「Business Models for Carbon Capture, Usage and Storage（CCUSに関するビジネスモデル）」について、二〇二〇年一二月に意見を反映した更新版が公開されている。その主要な支援策は次の通りである。[61]

政府はCCUSの普及を支援するために、CCS Infrastructure Fund（CIF）の創設を通じて最大一〇億ポンドを割り当てている。これらのプロジェクトを支援するため、新たなビジネスモデルを通じたIndustrial Carbon Capture（ICC）と水素への民間投資を誘致するための収益メカニズムの詳細を二〇二一年に発表することを約束している。

ビジネスモデルへの取り組みを通じて、投資家が必要とする持続可能な商業的枠組みを構築していく。たとえばイギリスの洋上風力発電に関して、政府の行動は新技術と市場を刺激し、これによりコストが低くなり、展開を促進した。

輸送・貯留ネットワークのための規制を確立することで、投資家が予測可能で安定した枠組みの下で公正なリターンを得ることを可能とする。

CCUSにおける固有のリスクの投資判断に及ぼす影響状況を認識した上で、CCUSの展開のための適切なリスク配分の枠組みの開発に取り組んでいる。

二〇二〇年代半ばからのCCUS導入を実現するため、Industrial Strategy Challenge Fund（ISCF）とIndustrial Decarbonisation Challenge Fund（IDCF）を通じて、計画、設計、プロジェクト実行準備等のフロントエンドのプロジェクト開発活動を支援するため、一億三〇〇〇万ポンドの資金を提供している。

またCCUSの目標として、次のように述べている。[62] 二〇三〇年までに年間一〇〇〇万tのCO_2を回収する運用能力を持つCCUSセクターを創出し、四つのCCUS産業クラスタ構築を支援するため、最大一〇億ポンドを投資する。CCUS産業クラスタとは北東部、ハンバー、北西部、スコットランド、ウェールズ等の地域にクリーン産業、電力、水素、輸送を集結させることである。二〇二〇年代半ばまでに二つのCCUS産業クラスタを構築し、さらに二〇三〇年までに二つのCCUS産業クラスタを構築することを目標とする。Value for Money（金額に見合った価値）を考慮した上で、消費者補助金を利用し、二〇三〇年までに少なくとも一つのCCUS発電所の建設を支援する。二〇二一年にはCCUS産業クラスタを展開するためのアプローチを発表する。これは、二〇三〇年までに五GWの水素を導入するというイギリスの野心を実現するのにも役立つ。

イギリスでは二〇五〇年ネットゼロに向けた取り組みが進んでおり、CO_2の回収・有効利用・貯留（CCUS）に注力している。政府は二〇二〇年一一月に発表した「グリーン産業革命のための一〇項目」で、二〇三〇年までに五GW規模の低炭素水素製造能力を開発することを定めており、水素と並行してCCUSの開発も推進する。二〇二五年までに最大一〇億ポンドを投入し、二〇二五年までに二カ所の産業クラスタにCCUSを導入する。二〇三〇年までに四カ所に増やし、年間一〇〇〇万tのCO_2を回収するとしている。

また二〇二〇年一二月、イギリス研究・イノベーション機構（UKRI）は産業の脱炭素化に向けて、「産業戦略チャレンジ基金」から一億七一〇〇万ポンドを、水素とCCUSに焦点を当てた九プロジェクトに割り当てたことを発表した（表3－4）。

No	プロジェクト名	場所	CCUS／水素（注）	提供資金（ポンド）	運開予定
1	ハイネット（洋上）－水素とCCUS－	イングランド北西部 マージーサイド	CCUS ブルー水素	約1,332万	2025年
2	ハイネット（陸上）－水素とCCUS－			約1,945万	
3	スコットランドのネット・ゼロ・インフラストラクチャ（洋上）	スコットランド北東部 セント・ファーガス アバディーンシャー	CCUS ブルー水素 グリーン水素	約1,135万	2020年代半ば
4	スコットランドのネット・ゼロ・インフラストラクチャ（陸上）			約1,996万	
5	ネット・ゼロ・ティーズサイド（NZT）（陸上）	イングランド北東部 ティーズサイド	CCUS	約2,805万	2026年
6	ノーザン・エンデュランス・パートナーシップ（NEP）	イングランド北東部 ティーズサイド、ハンバー	CCUS	約2,400万	2026年
7	ゼロ・カーボン・ハンバー（ZCH）	イングランド北東部 ハンバー	CCUS ブルー水素	約2,150万	2026年
8	ハンバー・ゼロ	イングランド北東部 ハンバー	CCS ブルー水素 グリーン水素	約1,269万	2020年代半ば
9	サウス・ウェールズ産業クラスター（SWIC）	サウス・ウェールズ	CCUS ブルー水素	約2,000万	2030年

表3-4　産業の脱炭素化向け「産業戦略チャレンジ基金（フェーズ2）」獲得プロジェクト

注：水素には製造過程により以下の分類がある。
- グリーン水素：再生可能エネルギーを利用して製造される水素。
- ブルー水素：化石燃料を原料とする水素。製造過程で発生するCO_2はCCSまたはCCUSを行い、有効利用または地中に貯留される。

出所：英国政府、英国研究・イノベーション機構（UKRI）などの資料を基にジェトロ作成。

†中国の政策

中国は二〇〇七年頃からCCSU（CO_2回収・貯留・利用）事業を実証的に行っており、二〇一一年には関連の技術ロードマップを策定している。その後、「第一二次五カ年国家CCSU技術発展特定計画」、「CUSTOM試験実証事業の推進に関する通達」等の政策文書を公布し、実用化に向けた技術開発を進めてきた。第一三次五カ年計画では、再生可能エネルギーの発電量に占める割合を二〇二〇年に全発電量の一五％とする目標が掲げられている。二〇二〇年の目標はすでに達成済みであるが、現在のペースで拡大を続けたとしても二〇三〇年時点ではその割合は二〇％程度にとどまる見込みであり、その後も引き続き、多くのエネルギー源を化石燃料由来に頼る必要がある。

また近年、石炭消費量は再び増加に転じており、火力発電所の新規建設の認可も続いている。中国では当面、化石エネルギーに依存したエネルギー構造が続くとみられ、火力発電所への設置に伴うCCS、CCSU技術の開発も急務となっている。

中国のCCSU技術発展ロードマップは、今後のCCS・CCSUの技術開発方針として表3－5に示したような内容を掲げている。

二〇二一年一月、国家能源集団国華錦界発電所において中国最大規模となる年間一五万tの

<table>
<tr><td></td><td>2025</td><td>2030</td><td>2035</td><td>2040</td><td>2050</td></tr>
<tr><td>CO_2利用・貯留量（万トン／年）</td><td>〜2000</td><td>〜5000</td><td>〜10000</td><td>〜30000</td><td>〜10000</td></tr>
<tr><td>施設当たりの規模（万トン／年）</td><td>100</td><td>100〜300</td><td>300〜500</td><td>300〜500</td><td>300〜500</td></tr>
<tr><td>方針</td><td>設計・建設の既存技術を掌握</td><td>既存技術を産業化、新技術の実施可能性を検証</td><td>新技術の産業化能力を掌握</td><td>CCSU 事業の産業化能力の掌握</td><td>CCSU 事業を広く手配</td></tr>
<tr><td colspan="6">目標</td></tr>
<tr><td>2025</td><td colspan="5">既存の CCSU 技術による工程モデル事業を複数完成。第 1 代の回収技術のコスト・エネ消費を現在より 10%以上削減。陸上配管の安全運行保障技術で技術的突破を図り、輸送能力 100 万トン級の陸上輸送配管を完成。一部の既存利用技術の利用効率を顕著に高め、大規模運行を実現。</td></tr>
<tr><td>2030</td><td colspan="5">既存技術が商業利用段階に入り、産業化能力を持つ。第 1 代の回収技術のコストが現時点（2019 年）より 15%〜20%下がり、第 2 代捕集技術のコスト・エネ消費が第 1 代技術より 10%〜15%減少。新型利用技術が産業化能力を備え、商業化運行を実現。地質貯留の安全性保障技術で突破を図り、大規模なモデル事業が完成、産業化能力を持つ。</td></tr>
<tr><td>2040</td><td colspan="5">CCSU システムの集積通りスク規制技術で突破を図り、CCSU 集積群が概ね完成、CCSU 全体コストが大幅に下がる。第 2 代捕集技術コスト及びエネ効率が第 1 代より 20%〜30%下がり、各産業で広い商業化利用を実現。</td></tr>
<tr><td>2050</td><td colspan="5">CCSU 技術を広く手配、複数の CCSU 産業集積区を作成。</td></tr>
</table>

表 3-5　中国 CCSU 技術発展の全体ロードマップ
出所：ジェトロ『中国の気候変動対策と産業・企業の対応』（表 27）に基づき、加筆作成。

CO_2回収・貯留モデルプロジェクトの準備が始まった。これにより同プロジェクトの建設が完成し、テスト調整ステップに入っている。同プロジェクトは国家電力の省エネ・脱炭素開発の実現につながり、二〇一八年に陝西省重点建設事業、中国国家エネルギーの主要科学技術革新事業に指定され、国家重点研究開発計画「CO_2回収の高性能吸収剤、吸着材料と技術」のサポートを受けている。

CCS実証プロジェクトが稼働した場合、CO_2回収率九〇％以上、CO_2濃度九九％以上を達成し、性能は国際的にもトップレベルに達し、石炭火力発電所における大規模なCO_2回収を技術的にサポートする。それと同時に、パリ協定の枠組みの下でのCO_2排出削減目標にも貢献する。CCSは環境・社会的利益が大きく、中国のCO_2排出のピークアウトやカーボンニュートラルに大きく寄与する。

二〇二二年四月一五日、気候変動に関する第四次国家評価報告書の特別報告書、中国における炭素回収利用・貯蔵技術に関する評価報告書が正式に発表された。同報告書で改めてCCUS技術を、カーボンニュートラル目標の達成やエネルギー安全保障上、必要な技術として位置づけている。

二〇六〇年までにCCUSは中国のCO_2排出量削減の累積一四％になると予測されている。同技術は化石エネルギーの大規模な低炭素利用を実現し、中国における化石エネルギーベースのエネルギー構造から低炭素の多様なエネルギー供給システムへの円滑な移行を促進し、排出削減ニーズを満たしながらエネルギー安全保障を確保することができる。CCUSを資源採掘、エネルギー生産・貯蔵・輸送、エネルギー利用プロセスと統合することは、従来のエネルギー産業の排出削減と持続可能な発展を達成する上で大きな意義を持つ。

†日本企業のCCUSへの取り組み

日本では佐賀市清掃工場が二つのテストプラントで実証を重ね、二〇一六年八月、工場の排ガスからCO_2を分離・回収するプラントが稼働した。同プラントは日本で唯一の清掃工場の排ガスを活用するための設備である。同プラントによる作業プロセスはCO_2を低温状態で吸収し、高温で放出するというアミン系吸収液の特性を利用し、工場の排ガスを吸収塔に送って冷却し、再生塔で加熱してCO_2を取り出すというものである。これにより排ガスで一二%であったCO_2濃度は九九・九%に濃縮され、その生産能力は一日一〇tとなる。取り出した高濃度のCO_2は、清掃工場の隣接地に進出したバイオマス企業「アルビータ」に売却している。

アルビータ社はCO_2を藻類「ヘマトコッカス」の培養に活かし、抗酸化作用が高いとされるアスタキサンチンを抽出した。それを活用して二〇一九年より製品化し、サプリメントや化粧品を生産・販売している。

また三菱重工は自社CCUSの技術資源を積極的に活用し、実用化している。同社HPによると、[63]三菱重工エンジニアリング（MHIENG）はCO_2回収技術における世界のリーディングカンパニーとして、関西電力と提携して燃焼排ガスから高効率でCO_2を回収する技術（KM CDR Process™）を開発し、商用化している。二〇一九年二月時点で独自開発のアミン吸収液KS－1™を用い、次のようなプロセスを用いたプラントは世界一三カ所で稼働中である。CO_2を含む排ガスは排ガス冷却塔で冷やされた後、吸収塔内でアルカリ性のKS－1™と接触し、排ガス中のCO_2が吸収される。CO_2を多く含む吸収液は再生塔に送られ、蒸気により加熱することでCO_2を放出し、再生される。

再生した吸収液は吸収塔に戻し、再利用される。このプロセスの特徴は、対象ガスに含まれるCO_2を九〇％以上回収（純度九九・九vol％以上）できることで、独自の省エネ再生システムにより蒸気消費量の低減を実現している。

同社が回収したCO_2の用途は化学用途（尿素、メタノール増産）、一般用途（冷却用ドライアイス等）、石油増進回収（EOR: Enhanced Oil Recovery）である。

二〇二二年三月下旬、MHIENG社は国内総合化学大手であるトクヤマ社と連携し、セメントプラント向けCO_2回収実証試験に乗り出した。稼働中のセメントプラントにおける実証試験は同社にとって初の試みで、二〇二二年六月から九カ月間行われる。同実験ではトクヤマが山口県で稼働中の既設セメントプラントにおいて、MHIENG独自のCO_2回収技術を活用し、排ガスからのCO_2を回収させる。同社は回収した不純物などのデータを分析し、セメントプラントにおける最適なCO_2回収技術の適用性を検証し、実用化に向けた分析や評価を行う。これによりセメント分野でのCO_2回収ビジネスの早期実現を図っている。

JX石油開発はCCUS技術を活かし、油田のEOR（石油増進回収）に力を入れている。二〇一四年七月よりアメリカの電力大手NRG Energy（NRGエナジー）社と五〇対五〇の合弁事業会社を通じ、二五％の権益を保有する油田に圧入することにより、米国テキサス州における老朽化油田での大幅な増産に加え、大気中へのCO_2排出を同時に削減するためのプロジェクトを進めている。同社は石炭火力発電所から排出されるCO_2を回収し、生産量が落ちた油田にCO_2を圧入し、EORを実施している。これにより同油田の生産量を現在の日量三〇〇バレルから日量一万二〇〇〇バレルに増加させるとともに、大気中に放出されるCO_2を年間で約一六〇万t削減しうる。

同社は二〇一六年一二月、持っているCCUS＋EOR（CO_2-EOR）技術を活用して油田での商業運転をスタートし、二〇一七年二月に原油増産やCO_2回収による生産を開始した。現在、CO_2回収能力は日量四七七六tで、燃焼排ガスからCO_2を回収するプラントとしては世界最大である。

また最近、INPEXは二酸化炭素（CO_2）を回収して地下に貯留する事業に乗り出し、CCUS事業を海外で展開している（図3‐11）。海外企業と連携し、二〇二六年にはオーストラリアの天然ガス開発事業に最大で一〇〇〇億円を投じる予定で、七〇〇万t強という世界最大級のCO_2の回収・貯留を図っている。

同社は豪州沖合で天然ガス開発事業「イクシスLNGプロジェクト」を手がけており、二〇二〇年代後半にCCSを導入する。第一フェーズとして年間二〇〇万t以上のCO_2を西豪州の沖合約二〇〇kmにあるイクシスガス・コンデンセート田に圧入するべく、CCS実施に向けた評価井戸の掘削や評価作業を行う。

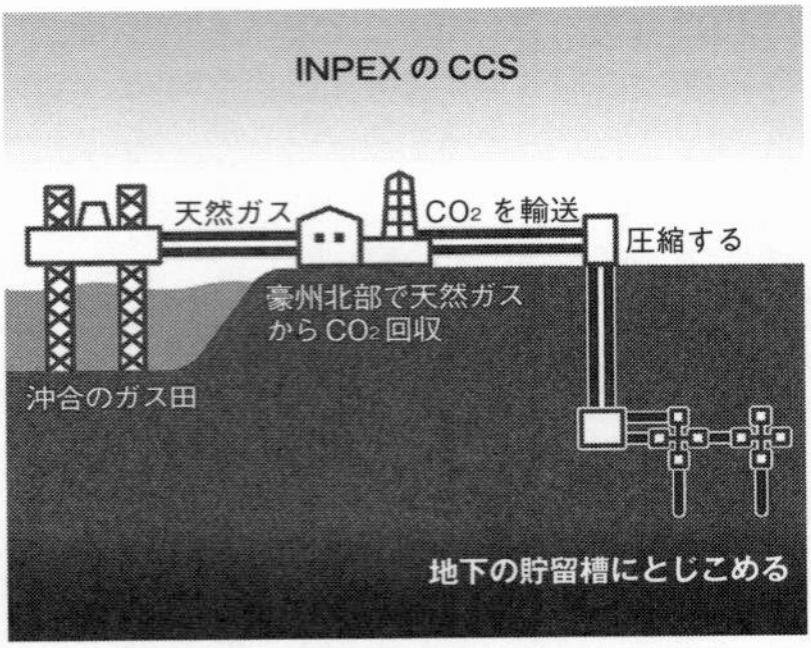

図3‐11　INPEXの海外でのCCS
出所：『日本経済新聞』2022年2月9日より。

†アメリカ・イギリス企業のCCUSへの取り組み

米国では、国際石油メジャーのエクソンモービルが二〇二二年三月一日、同社の操業や地域産業から排出される二酸化炭素（CO_2）を削減するため、テキサス州ベイタウンの複合施設での水素製造とCO_2回収・貯留（CCS）に乗り出した。一日当たり最大二八三〇万㎥のブルー水素を生成する計画である。また、CCSに取り組み新たに年間最大一〇〇〇万tのCO_2を輸送・貯留し、これを通して既存の輸送・貯留能力を現在の二倍以上に拡大しようとしている。

同社は二〇二一年に一〇〇〇億ドル以上を投じ、メキシコ湾の海底で二〇三〇年までに年間約五〇〇〇万t、二〇四〇年までに年間一億tのCO_2を回収・貯留する計画である。同社には三〇年以上にわたってCCS技術に取り組んだ経験・ノウハウがある。現在保有する操業施設のCCS設備能力は年間約九〇〇〇万tで、世界全体のCCS設備容量の約五分の一を占める。現在、一日当たり約一五億立方フィートの水素を製造している。

また同社は米国の油ガス田でCO_2を年約七〇〇万t貯留している。

アメリカにおける重工業の世界大手ハネウェルの石油精製子会社ハネウェルUOP社は、CCUS事業に乗り出した。同社とWabash Valley Resources社は二〇二一年四月一二日、米エネルギー省によりブルー水素生産のためのCCS（炭素回収・貯留）プロジェクトの開発事業者として選定された。CCSプロジェクトの規模は米国最大規模となる見込みである。ハネウェルUOP社はWabash Valley ResourcesへCCS技術を提供し、アメリカのインディアナ州ウェストテレオートのガス化プラントでブルー水素を製造する。CCUによりCO_2を年間一六五万t削減するという。

ハネウェルUOPが有しているガス改質技術「Ortloff CO2」は、合成ガスからCO_2を八〇%取り除いた後、圧力変動吸着法（PSA法）で残存合成ガスから純度の高い液体二酸化炭素を生成し、副生成物として水素を得る。回収したCO_2は地下に貯留させる。

イギリスではシェルがCCSを積極的に推進し、大規模プロジェクト開発や研究開発を推進している。シェルは二〇二一年七月、カナダのアルバータ州で新たな大規模CCSプロジェクト「Polaris CCSプロジェクト」を実施する計画を発表した。Polaris CCSプロジェクトの第一段階では、アルバータ州スコットフォードに位置するシェルの製油所の水素プラントから年間約七五万tのCO_2を燃焼後、回収した。その後、一二km先のアルバータ州ジョセフバーグ近くの圧入井までパイプラインを通して輸送し、地下二km以上のBasal Cambrian Sands貯留層に貯留する計画である。

初期段階のプロジェクトは、二〇二三年に予定されているシェルの最終投資決定を経て、今後五年後に稼働を開始する。シェルは約三億tのCO_2を貯留することが可能である。第二段階ではCO_2貯留ハブを設立し、CO_2貯留オペレーターとして第三者が排出したCO_2を貯留する予定となっている。州政府からの承認を条件として、年間一〇〇〇万t以上の貯留能力を有するCO_2貯留ハブとなる。(64)

CCUSは依然として公的支援を前提とする領域であることは否めないが、石油ガス生産の維持と脱炭素の両立の一つの解でもある。このように石油ガス業界はCCUSへの関心を高めてきている。

†中国企業のCCUSへの取り組み

中国では約四〇のCCUS実証プロジェクトが稼働中または建設中で、そのCCS能力は年三〇〇万tとなる。それは主に石油、石炭化学、電力業界における小規模な油回収・駆動の実証実験である。二〇一九年以降の主な取り組みには次のようなものがある。

まず、国家能源集団国華金堤発電所における新規燃焼後CO_2回収プロジェクトがある（一五万t／年）。中国海洋石油総公司麗水36－1ガス田におけるCO_2分離・液化・生産プロジェクトはCO_2分離・液化・ドライアイス製造プロジェクトで、捕捉規模は五万t／年、生産能力は二五万t／年である。国華金堤発電所では回収したCO_2を塩水層で貯留することを提案しており、その一部を地中での利用・貯留に充当しようとしている。また化学・生物学的利用として微細藻類固定化石炭化学は排ガスを年二〇万t回収する。CO_2バイオ利用プロジェクトは一万t／年、CO_2硬化コンクリート鉱化プロジェクトは三〇〇〇t／年で、炭酸化プロジェクトおよび炭化法による鉄鋼スラグの化学利用プロジェクトを行っている。

近年、中国企業は大規模なCO_2の回収・利用に取り組んでいる。今年一月、中国石油化工集団（Sinopec）は建設を進めていた中国最大規模の「CCUS」プラントを完成させた。同プラントは中国初の一〇〇万t級CCUS（炭素回収・利用・貯蔵）プロジェクトで、Sinopec傘下の斉魯石油化学‐勝利油田によるプロジェクトである。このプロジェクトは年間一〇〇万tのCO_2を削減し、今後一五年間で二九六万tの石油増産を達成する見込みである。[65]

CCSは将来のカーボンニュートラルに必要不可欠である。IEAの「Net Zero by 2050-A Roadmap for the Global Energy Sector」によると、二〇五〇年のネットゼロ排出量を達成するシナリオではCCUSでセメント製造業や発電施設から七六億tのCO_2を回収し、そのうちの九五％を貯留（CCS）すると想定している。

現在、商業規模で稼働している世界のCCS施設は図3‐12に示すように二七件で、それらによって回収貯留されるCO_2は合計約四〇〇〇万t、計画段階の施設も含めると約一・五億tである。現在を起点として二〇五〇年までにCCSの施設数、貯留量ともに一〇〇〜二〇〇倍に増加させなければならず、CCSの開発・展開を一層加速させる必要がある。[66]それゆえ、各国政府は積極的に融資・投資、技術支援などでCCSを推進している。特に企業側はエネルギー集約産業であるセメント、製鉄、化学部門における各産業プロセスでのCO_2の排出削減のためCCSの投資・技術開発を拡大している。

化石燃料とCCSの併用はブルー水素を製造するうえで最も費用効果の高い方法で、企業は

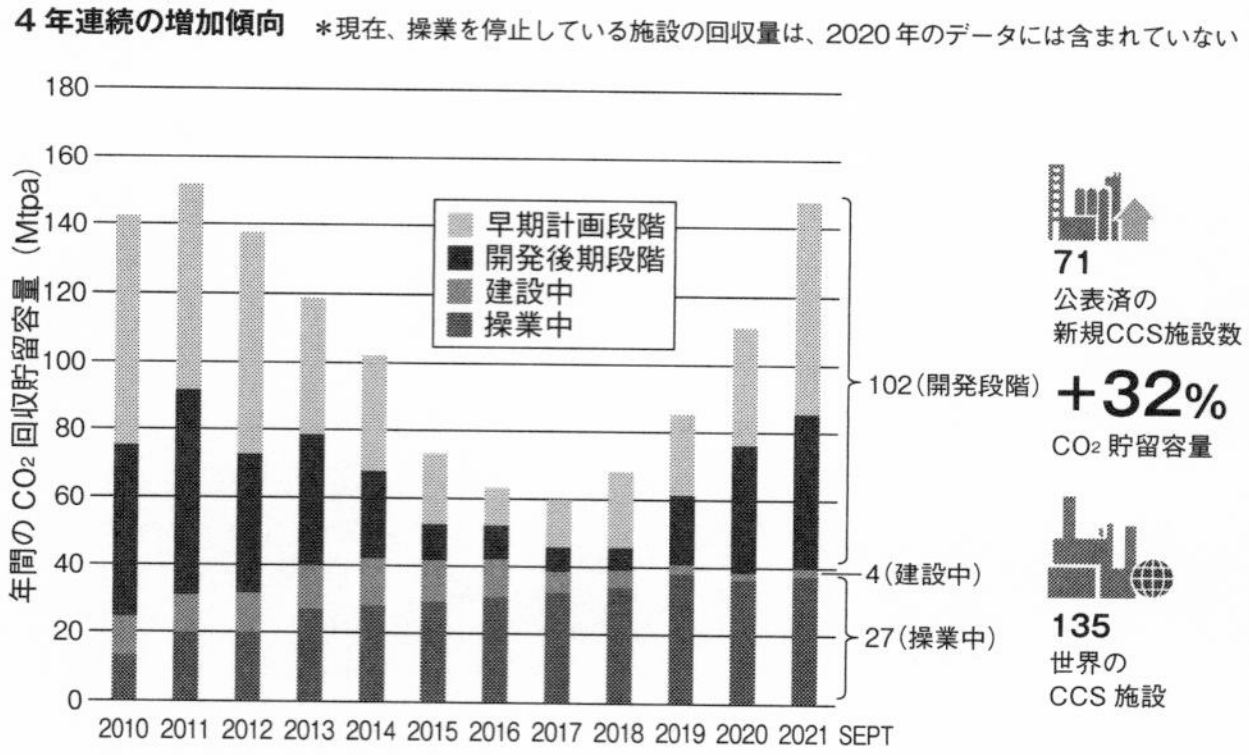

図3-12　CCS施設数と CO_2 回収貯留量の推移
出所：IEEIより。

水素の需要拡大に伴い、ＣＣＳを活用してブルー水素製造のための投資・技術開発を強化していく。また火力発電分野のＣＯ$_2$排出を抑え、ＣＣＳを活用するための投資や研究開発も強化していく。各国企業は国際競争で優位に立つため、ＣＣＳ・ＣＣＵＳ技術開発をより一層強化しており、今後はそれを巡って競争が激化するであろう。

6　主要国次世代原子炉の開発

†国際原子力機関の見解・見通し

ＩＡＥＡ（国際原子力機関）の分析によると各国が温暖化対策を拡充した場合、全世界でカーボンニュートラル目標を達成する二〇五〇年までに約四〇〇GWの原子炉の新規建設があり、設備容量は約八〇〇GWに倍増する見通しである。

IAEAが、二〇二一年九月一六日に発表した年次報告書(『二〇五〇年までのエネルギー、電力、原子力発電予測』(67))によると、IAEAは二〇一一年三月一一日の福島第一原子力発電所事故以降初めて、今後数十年間に世界で予想される原子力発電設備容量の伸びを前年版から上方修正したと表明した。地球温暖化防止の観点から世界的に脱化石燃料の方向に進んでおり、多くの国が信頼性の高いクリーンエネルギーの生産加速という観点から原子力の重要性を認識し、その導入を検討中であるとしている。

同機関は、野心的だが合理的で技術的に実現可能な政策シナリオである「高ケース」で、世界の原子力発電設備容量は二〇二〇年末時点の三九三GWから、二〇五〇年には七九二GWまで倍増すると予測している。前年版の予測では高ケースで七一五GWとしていたが、今回この数値を約一〇%上方修正した。ただしこの予測を実現するには、原子力発電技術の技術革新を加速させるなど重要施策を実行に移す必要がある。市場政策や利用技術、リソース等が現状のまま推移する「低ケース」の場合、原子力発電設備は二〇五〇年まで、現在の数値とほぼ同レベルの三九二GWに留まるとしている。

IAEAのラファエル・グロッシ事務局長は「低炭素なエネルギー生産で原子力が果たす必要不可欠な役割が明確に示された」とし、「CO_2排出量の実質ゼロ化という点で、非常に重要な電源である原子力への注目が高まったのは明るい兆候だ」と述べた。

二〇二一年の年次報告書によると、二〇二〇年末の時点で世界では四四二基、三九二・六GWの原子炉が稼働中で五二基、五四・四GWの原子炉が建設中であった。この年に五基、五・五二GWの原子炉が新たに送電網にリンクされた一方で、操業停止になった原子炉は六基、五・一六GWであった。このほか四基、四・四七GWの原子炉新規建設が始まっている。

IAEAは、世界の総発電量は今後三〇年間で二倍に増加すると予測しているが、世界中の原子炉は二〇二〇年に二兆五五三〇億kWh（約四%減）を発電し、総発電量の一〇・二%を供給している。高ケース予測では二〇五〇年までに原子力発電シェアは前年版予測の一一%から約一二%に増加するものの、これを達成するには各国政府や産業界、国際機関等の協調行動により、相当量増大する必要があるとした。

さらに、IAEAは二〇二二年九月、気候変動とエネルギー危機に対応するため（脱炭素のカギ・解決策である）原子力発電を活用する国が増加したことで、将来の原発の設備容量が拡大する予測を公表し、二年連続で上方修正している。[68] 今回公表された『二〇五〇年までのエネルギー、電力、原子力発電予測』二〇二二年度の年次報告書によると、目下、世界の三三カ国で四三〇基（約三八六GW）の原発が稼働し、電力構成の約一〇%、低炭素・グリーン電力の二五%を占めている。また、一八カ国で建設中の原子炉が五七基、その発電設備容量が五九GWとなっている。同報告書は年次予測を上方修正した二〇二一年の報告書と比べ、高位シナリオを一〇%増やした。世界の原子力発電設備容量は現在の約三九〇GWに対して、二〇五〇年までに二倍以上の八七三GWに増加すると予測している。報告書によれば、多くの加盟国がエネルギー政策を見直し、既存の原子炉の運転延長の決定や、先進的な原子炉の新規建設計画、小型モジュール炉(SMR)の開発・配備を進めている。

主要国はカーボンニュートラル目標に向け、小型かつ高効率で、安全確保面でも注目を集める小型モジュール原子炉(SMR)をはじめとする次世代の原子炉の開発を進めている。米国では民間企業を中心としてSMRの開発が進められており、政府が積極的にそれを支援している。SMR導入について、米国では出力三〇〇MWe以下の軽水炉をSMRとし、非軽水炉型の炉でも「新型炉」としている。

†新型炉実証プログラム(ARDP)

DOE(米エネルギー省)は二〇二〇年五月、ARDP(新型炉実証プログラム)を開始した。新型炉としては軽水炉、非軽水炉を問わないが、固有安全性、廃棄物低減、燃料高効率、高信頼性、核拡散抵抗性、高熱効率および非電力利用を重視している。ARDPは政府と企業による共同投資、費用負担により行われている。

具体的には、公募により選ばれた新型炉開発プロジェクトに対して資金援助が行われる。新型炉実証プロジェクトでは五〜七年以内に実証（運転）可能な新型炉に対し、政府は必要な資金の半分を支援する。DOEは二〇二〇年一〇月、テラパワー（TerraPower）社とX－エナジー社を選定し、支援している。前者はナトリウム冷却高速炉、Natrium の開発および建設を担当し、後者はペブルベッド型高温ガス炉、Xe－一〇〇の開発および建設を担当している。DOEの投資総額は約七年間で三二億ドルに上る。

また、政府は将来の実証に向けたリスク低減プロジェクトとして、一〇〜一四年後の新型炉実証に向けてリスク低減のための技術・運転・規制課題を克服すべく、プロジェクトの資金援助を提供する。そこでDOEは二〇二〇年一二月、次の五社を援助先として選定している。

Kairos Power 社は Hermes 縮小規模試験炉の設計、建設および運転による商用炉 Kairos Power フッ化物塩冷却高温炉（KP－FHR）の開発を行う。DOEは七年間で総額の四八・二％の三億三〇〇〇万ドルを支援している。

Westinghouse Electric Company 社はヒートパイプ冷却炉、eVinci 超小型炉の設計を担当している。DOEは七年間で総額の八〇％（七四〇〇万ドル）を支援している。

BWXT Advanced Technologies 社はTRISO燃料およびS·iCマトリックスを利用するBWXT新型原子炉（BANR）の開発を担当している。DOEは七年間で総額の八〇％の八五三〇万ドルを支援している。

Holtec Government Services社は軽水炉（Holtec SMR-160の初期設計、エンジニアリングおよび許認可活動）を担当している。DOEは七年間で総額の七九％の一億一六〇〇万ドルを支援している。

Southern Company Services社は溶融塩化物炉実験（MCRE）の設計、建設および運転による溶融塩化物冷却高速炉の開発を担当している。DOEは七年間で総額の八〇％の九〇四〇万ドルを支援している。

米国政府は積極的な官民連携により、資金面で小型・次世代原子炉の開発をサポートしている。バイデン政権は発足直後の二〇二一年四月、二〇三五年までに電力供給の一〇〇％クリーンエネルギー化の目標を掲げており、そのうち原子力発電は電源構成の二〇％を占めることにしている。電源構成目標を達成するため、原子力発電は極めて重要な役割を果たしている。またバイデン大統領は二〇二一年一一月、クリーンエネルギー促進のため、税制優遇などを含む超党派投資インフラ法案を議会に提出している。支援金は既存原発の維持支援のための六〇億ドルの拠出のみならず、次世代の革新炉への開発支援もある。

ニュースケール・パワー社は、短期で設置可能な唯一のSMR技術で、独自の革新的な先進的原子力ソリューションであるNuScale Power Module™（NPM）を開発し、これは七七メガワット電力（MWe）の発電能力を有している。同社のVOYGR™発電プラント設計は四、六、一二基のモジュール構成に対応可能で、一日当たり最大九二四メガワットの電力を供給しうる。同社はアメリカのSMR開発の主役として、PWR（加圧水型軽水炉）技術に基づく熱出力二〇〇MWt、電気出力五〇MWe（現在は設計の改良により七七MWe）のNPMを開発しており、DOEは二〇一三年にその開発のために二億二六〇〇万ドルを支援している。

NPMは二〇二〇年に米国原子力規制委員会（NRC）から標準設計承認を得た最初かつ唯一のSMRで、二〇二九年に同社初となるNPMの運転開始を予定している。その所有者となるユタ州公営共同電力事業体（UAMPS）は、NPMを一二基連結して発電することを計画しており、これは無炭素電力計画（CFPP）と呼ばれている。[69] DOEは二〇二〇年一〇月から、CFPPへ一〇年間にわたり一三・五五億ドルの資金を支援している。

なお、GEと日立との米合弁企業であるGE日立ニュークリア・エナジー（ノースカロライナ州ウィルミントン）は二〇二一年一二月三日、カナダのオンタリオ州政府系の電力会社から小型原子炉を受注したと発表し、これは二〇二八年に完成する見込みである。[70]

ここで指摘すべきは、最近、アメリカの次世代原子炉である核融合炉技術の研究開発が大きな成功を遂げたことである。二〇二二年一二月一三日、米国エネルギー省（DOE）とDOEの国家核安全保障局（NNSA）は、ローレンス・リバモア国立研究所（LLNL）で核融合点

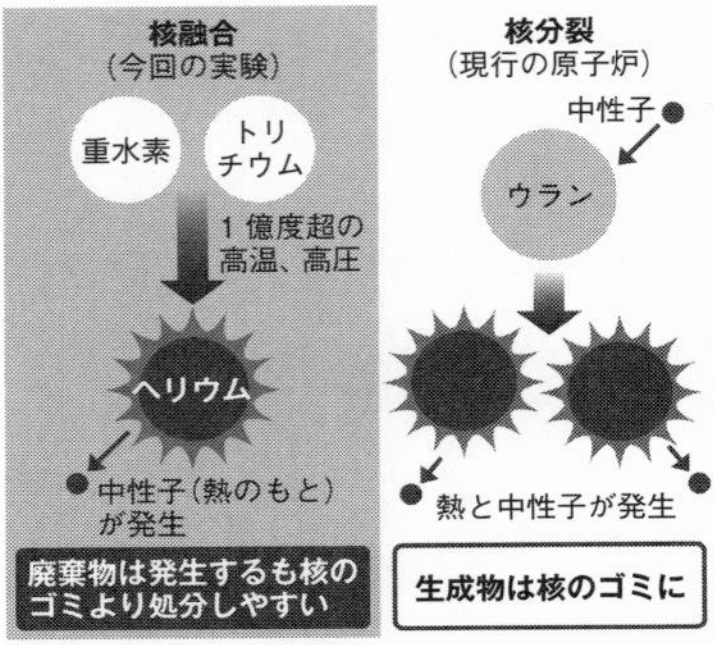

図3-13　核融合と核分裂の違い
出所：図3-6と同じ。

火に成功したことを発表した[71]。これは、クリーン電力の将来に道を開く、数十年来の大きな科学的突破口となっている。

ＬＬＮＬでの点火実験は、二・〇五メガジュール（MJ）のエネルギーをターゲットに供給して核融合の閾値を超え、一・五四倍の三・一五MJの核融合エネルギー出力を取得した。つまり生み出したエネルギーは、投入量を上回り増分を実現した。ＬＬＮＬ初めて慣性核融合（慣性閉じ込め方式による核融合）[72]エネルギー（ＩＥＦ：Inertial Fusion Energy）の最も基本的な科学基盤を実証できた。家庭や企業に電力を供給するシンプルで安価なＩＥＦを実現するには、まだ多くの先進的な科学技術開発が必要であり、ＤＯＥは、米国で幅広く連携したＩＥＦプログラムを再開し、五〇億ドルに近い民間の投資と相まって、核融合の実用・商業化に向けた急速な進展を推進しようとしている。図３－13に示したように、核融合の次世代原子炉は現行の核分裂原子炉に比べ大きなメリットがある。今後アメリカをはじめ、主要国の開発・導入が期待される。

†イギリス・フランス・カナダの動き

イギリスでは「二〇五〇年までのCO_2排出量の実質ゼロ化」を達成するには、再生可能エネルギーのさらなる開発と並行して、新規の原子力発電所の建設が重要だとしている。英国では運転中の一三基のうち一二基が今後一〇年程度で閉鎖する予定であり、新たな原発の戦略が必要不可欠である。政府のRABモデルという新たな資金調達モデルや革新炉支援のための一・二億ポンド（約一八〇億円）の追加支援を決定している。原子力発電は再生可能エネルギーを補完するという重要な役割を果たすとともに、脱炭素で重要な位置づけにある水素製造にも資する熱供給源である。

イギリスでは民間企業がSMRの開発に取り組んでおり、政府がそれをサポートしている。SMRは出力一〇〇〇MWe以下の小型軽水炉である。現在ロールス・ロイスSMR社が国産SMR（UK-SMR）の開発を推進しており、二〇三〇年代初めに初号機の完成を、二〇三五年までに一〇基の建設を目標としている。

AMRについては先進原子力基金を活用した「AMR研究開発・実証プログラム」が実施されており、二〇三〇年代初期までに高温ガス炉初号機の建設を目指している。同プログラムでは、実現可能時期と高温熱生産に着目して高温ガス炉を選定した。ヘリウムガス、ナトリウム、溶融塩等、軽水以外を冷却材として利用するものは新型モジュール炉（AMR）として分類している。

AMR開発プロジェクトは二つのフェーズに分けられる。第一フェーズではAMR設計に関するFS（実現可能性調査）を実施するため、全体で最大四〇〇万ポンドの資金提供を、公募によって選定されたAMR開発ベンダーに対して行う。二〇一八年八月には八つのベンダーと各々のAMR開発プロジェクト（高温ガス炉三件、高速炉三件、溶融塩炉一件、核融合炉一件）が選定されている。第二フェーズでは第一フェーズから選定されたプロジェクトの開発活動に対して、全体で最大四〇〇〇万ポンドの資金を提供する。二〇二〇年七月、Tokamak Energy社（核融合炉）、Westinghouse Electric Company UK社（鉛冷却高速炉）、U-Battery Developments社（高温ガス炉）の三社が選定されている。

またイギリス政府は二〇二〇年一一月、グリーン産業革命に向けた一〇ポイント計画およびそれに基づくエネルギー白書「ネットゼロ未来の原動力」を発表している。同計画には先進原子力基金（最大三億八五〇〇万ポンド）の創設が含まれ、国内のSMR設計開発に二億一五〇〇万ポンド、AMRの研究開発に一億七〇〇〇万ポンドを投じる。また、二〇三〇年代初期までにSMR初号機およびAMR実証炉の導入を行う。(73)

フランス政府は二〇二一年一〇月、技術革新の促進や脱炭素・エコロジー社会を目指すディスラプティブイノベーションへの大規模投資計画として「France 2030」を公表した。強靱なフランスをつくるため、産業脱炭素や革新原子炉などエネルギー・分野に八〇億ユーロを投じ、二〇三〇年までにSMR開発へ一〇億ユーロを投入する。同計画では二〇三五年までにSMRを普及する目標を打ち出しており、脱炭素水素製造の視点からも原子力発電の役割を評価している。

二〇二二年二月、マクロン大統領は演説し、国産SMR（NUWARD）の原型炉を二〇三〇年までに建設する方針を打ち出している。NUWARDの開発・導入はフランス電力（EDF）と原子力・代替エネルギー庁（CEA）により官民連携で行われている。溶融塩を用いる原子炉は現在主流の軽水炉に代わるものとして注目されている。マイクロ炉（溶融塩炉）の開発について、Naarea 社が二〇二一年一一月に設立され、二〇三〇年までに初号機生産を目指している。

カナダでは政府、州、事業者が一体となり、SMR開発を積極的に進めている。カナダ天然資源省（NRCan）は二〇一八年一一月、SMRに関する戦略ロードマップであるカナダSMRロードマップ報告書を公表し、四つの柱（実証と展開、政策・法整備と規制、住民の関与と信頼、国際協力と市場）に基づいた行動を提言した。さらに同省は二〇二〇年一二月、カナダ国民に信頼性の高い電力を供給する可能性を持つとともに、二〇五〇年までに同国がカーボンニュートラル目標を達成する一助ともなる小SMRの開発・導入に向け、カナダSMRロードマップ報告書に基づくカナダSMR行動計画を公表した。政府は国内で様々なSMR技術の開発と建設をサポートし、二〇二〇年代後半にも最初のSMRで運転を開始するため、連邦政府と各州の州政府および地方自治体、先住民、市町村、電気事業者、市民社会、教育団体、学術・研究機関、原子力関係団体およびSMRベンダーを含む産業界など一〇〇以上の関係組織が一丸となって「チーム・カナダ」を結成した。次に示すSMR関連活動は、SMR行動計画に沿ったものと位置づけられている。国際標準化にも影響を与え、カナダ国内における将来的な投資を促進する考えである。(74)

オンタリオ(ON)州、ニューブランズウィック(NB)州、サスカチュワン(SK)州の首相は二〇一九年一二月、協力覚書に署名している。州の要請により、オンタリオ・パワー・ジェネレーション(OPG)、ブルースパワー(BP)、ニューブランズウィック・パワー(NBP)、サスカパワー(SKP)の州営電力会社四社がSMRの実現可能性調査(FS)を実施している。二〇二一年四月、FS結果を公表し、アルバータ(AB)州も協力覚書に参加した。二〇二一年四月、三州政府の要請を受けたFS結果が公表された。三つのプロジェクト(表3-6)はいずれも経済的・技術的に実現することが可能である。

三つのプロジェクトの目的は系統接続地域におけるSMRを展開すること(二〇二一年一二月

	プロジェクト1	プロジェクト2	プロジェクト3
目標	① ON 州で初号機 ② SK 州で同炉型 MAX4 基	(2種類の)第4世代炉	遠隔地への電力供給(電力以外の活用)
関係州	①オンタリオ(ON)州 ②サスカチュワン(SK)州	ニューブランズウィック(NB)州	オンタリオ(ON)州
関係電力	① OPG、BP、② SKP	NBP	① OPG、② BP
立地場所	①ダーリントン NPP ② SK 州内	ポイントプロー NPP	カナダ国立研究所(CNL)
炉型	BWRX-300、IMSR、Xe-100 から選定	① ARC-100、 ② SSR-W(WATSS 併設)	① MMR ② eVinci
スケジュール	① 2021 年までに炉型選定 2028 年までに運転 ② 2032 年までに1基、その後3年ごと1基建設	① 2030 年までに運転 ② 2030 年代初頭までに運転	① 2026 年までに運転 ② 2026 年までに運転

表 3-6　カナダにおける次世代原発の3つのプロジェクト
出所:JEPIC

に採用炉型が決定された)、第四世代炉の開発(使用済燃料の再利用)を行うこと、系統未接続地域・遠隔地へ電力を供給することである[75]。

カナダは先進諸国の中で最も早くSMRを商業化すると見られている。同国はSMR開発で世界的リーダーになることを目指している。

†ロシア・中国の動き

一方、欧米先進国より一足先にロシアは「海上浮体式」の小型モジュール原子炉(SMR)導入を進めている。ロシアでは国営の原子力総合企業ロスアトム(Rosatom)社が二〇二〇年五月下旬、世界初の浮体式原子力発電所(FNPP)である「アカデミック・ロモノーソフ号」の商業運転を極東チュクチ地区でスタートした。同発電所は電気出力三・五万kWの軽水炉式小型炉「KLT-40S」を二基搭載するバージ型原子力発電所（タグボートで曳航・係留）で合計出力は七万kWとなっており、極東チュクチ地区のエネルギー需要の五〇%をカバーする。同原発船は全長一四〇m、幅三〇m、総重量二万一五〇〇tで耐用年数は四〇年間である。燃料資源が乏しく輸送も難しい場所での利用に適しているほか、大型河川の川床にも係留可能なため、ロシア極東地域のみならずアジア太平洋地域の島嶼部などでも利用することができる。(76)

さらにロスアトムは二〇二七年以降、出力五万kWの新型SMRを搭載した海上浮体式原発船四隻を順次稼働する予定であり、陸上での建設・運営も視野に入れる。二〇二〇年一二月、ロシア極東のサハ共和国と出力五・五万kWのSMRを北部地域に建設することで合意し、二〇二四年にも着工し、二〇二八年に運転を開始する見込みである。(77)

中国の動きも非常に速い。国有原発大手の中国核工業集団は二〇二一年七月、海南省でSMR「玲龍一号」の実証炉を着工した（図3-14）。出力は一二・五万kWで、国際原子力機関（IAEA）の安全性評価も通過した。玲龍一号は発電に加え、暖房や海水淡水化にも使える設計だという。

世界の原発市場で中ロの存在感は大きく、軍事的な援助や融資を絡めてアジアや中東、東欧などへの輸出を進めてきた。国際エネルギー機関（ＩＥＡ）の六月の報告によると、二〇一七年以降に世界で着工した三一基の原発のうち、ロシア製と中国製が二七基を占めた。中ロはＳＭＲの市場でも主導権を握る可能性がある。

二〇二三年一月末現在、中国の原発ユニットは運転中が五五基（五五三三〇MWe）、建設中が二一基（二二五三二MWe）、合計七六基（七六八六一MWe）となっている。[78] 建設中の原発ユニットは世界第一位、運転中のユニットはアメリカ（九二基、九四七一八MWe）、フランス（五六基、六一三七〇MWe）に次ぎ、世界第三位となっている。二〇二四年に三基が完工・稼働して原発基地はフランスを超え、世界第二位になる。

中国核工業集団
（中国）
（注）画像は同社のサイトより
• 出力 12.5 万キロワットの「玲龍一号」建設中
• 国際原子力機関の安全性評価を通過
• 52 万 6000 世帯のエネルギー需要満たす

図 3-14　玲龍一号 SMR 原子炉
出所：『日本経済新聞』2022 年 8月23 日より。

中国の次世代原子炉の導入も速く、着々と進んでいる。中国では二〇二一年三月、全人代で通過された「第一四次五カ年計画」（二〇二一〜二五年）で高温ガス炉実証炉の建設およびＳＭＲ、六〇万kW級商用高温ガス炉、浮揚式原発プラント等の先進的な炉型を実証することを掲げている。

中国は国家能源局の主導の国家開発体制の下、原発会社など様々な機関が高速炉、高温ガス炉、超臨界圧水冷却炉、SMRなど幅広い炉型で開発に取り組んでいる。SMRの開発状況は主に次の通りである。

まず高温ガス炉の開発において、中国清華大学（INET）を主として中国核工業集団公司（CNNC）、華能集団と共同でペブルベッド型高温ガス炉実用炉の開発を行っており、実証炉HTR-PM（熱出力二五〇MWt×二基、電気出力二一〇MWe、原子炉出口冷却材温度七五〇℃）を山東省石島湾に建設した。HTR-PMは二〇二一年九月一二日に臨界を達成し、同年一二月二〇日に系統連系に成功し、発電を開始した。その他、商用炉HTR-PM六〇〇（熱出力二五〇MWt×六基×二ユニット、電気出力六五〇MWe×二、原子炉出口冷却材温度七五〇℃）を設計中である。

中国核工業集団公司（CNNC）は二〇二一年七月一三日、海南省にある昌江原子力発電所で国産のPWR型SMR「玲瓏一号（ACP一〇〇）」の建設を開始した。同年一二月には二基のモジュールで構成される高温ガス炉実証炉が一基のモジュールで発電をスタートし、二〇二二年二月二六日に炉格納容器の下部シリンダーを所定の位置に据え付けることに成功した（図3-15）。同炉は統合原子炉技術、高効率DC蒸気発生器技術、シールドメインポンプ技術、固有の安全性・非能動的安全性技術、モジュラー技術などの特徴を備えている。

CNNCは二〇一〇年から一〇年以上にわたり「玲龍一号」の研究開発を行ってきている。

「玲龍一号」の出力は一二・五万kWで、発電のほか都市の冷暖房、工業用蒸気供給、海水淡水化、重油抽出などの多目的用に設計されている。「玲龍一号」が完成すれば、世界初の陸上商用SMRになる。(79)

図3-15 玲龍一号据え付け現場
出所：中国核工業集団公司（CNNC）

先に述べたように、欧米など主要国はカーボンニュートラルに向けて従来の大型原子炉で電源を供給しつつ、SMRの実用化や次世代原子炉の開発に積極的に取り組んでいる。SMRの成熟度が高まり、課題が逐次克服されていけばOECD／NEAが想定する高成長シナリオ「二〇三五年までに二一〇〇万kW」（世界の原子力設備容量の約三%に相当）の実現も可能である。

ただし今後は小型化原子炉の特性を踏まえた合理的な安全基準や規制を整備したうえで、コスト削減に取り組むべきである。一〇万kW台のSMRはどうしても単価が高くなり、一〇〇万kW台の大型炉の方が経済的に優位である。今後は小型炉・革新炉の実用化に向けていかにコストを抑えていくかが大きなポイントとなる。

†日本の動き

日本では三菱重工業が二〇二〇年一二月、出力三〇万kW以下のSMRの設計を完了したと発表した。同社は蒸気発生器や加圧器など、主要機器を原子炉容器に内蔵して小型化を図り、二〇三〇年以降の実用化を目指している。技術開発と規制策定が進む欧米などと比べると出遅れていることは否めないが、小型モジュール原子炉（SMR）や高速炉などの開発計画が活発化するにつれ、日本企業の海外SMR事業に参入する動きが広がっている。(80) 日本のエネルギー基本計画では欧米の取り組みも踏まえ、長期的な開発ビジョンを掲げていくとし、二〇三〇年までに国際連携によるSMR技術の実証、高温ガス炉における水素生産の技術確立を推進しようとしている。

また、日本政府は「二〇五〇年カーボンニュートラルに伴うグリーン成長戦略」の下、海外のSMR実証プロジェクトと連携した日本企業の取り組みや、SMRの炉型の一つである高温ガス炉を用いたカーボンフリー水素製造に必要な技術開発を支援している。文部科学省と経済産業省は原子力イノベーション促進（NEXIP）イニシアチブ事業を行っており、小型高速炉、小型軽水炉や高温ガス炉といった革新的な原子力技術を開発する民間企業をサポートしている。

また、原子力機構においても二〇二一年七月に再稼働した試験研究炉HTTRを中心とした高温ガス炉の安全性の実証や熱利用（水素製造やガスタービン発電）の技術開発、小型高速炉の技術開発を進めている。[81]

ここで指摘すべきは、日本政府がまだ次世代原子炉導入・建設の工程表を立てていないことである。二〇二二年七月一日、経済産業省は安全性が高いとされる高温ガス炉（ＨＴＧＲ）など次世代の原発の開発に関する工程表を作成する検討に入った。同年八月二四日、岸田首相は次世代型の原子力発電所について開発・建設を検討するよう指示した（表３－７）。東日本大震災以来、日本政府は原発の新設や建て替えを想定しないという方針であったがこれを転換し、二〇二三年末に既存の原発の建て替えや運転延長などの具体的な政策を取りまとめて発表した。今後は次世代原子炉（ＳＭＲ）を開発・建設するほか、二〇二三年夏以後に再稼働する原発を最大一七基まで増やす見込みである。

種類	特長など	運転開始
軽水炉（改良型）	炉心の冷却に水（軽水）を使用。安全対策を従来の延長線上でとれる	商用炉を2030年代に
小型モジュール炉	発電出力が100万キロワットの軽水炉より低く、事故の際も冷却しやすい	実証炉を40年代
高速炉	使用済み核燃料を再処理した燃料で発電。核のごみを減らせる	実証炉を40年代
高温ガス炉	ヘリウムガスを利用し、冷却機能を失っても燃料が溶けない。900度超の高温で水素製造も可能	実証炉を30年代
核融合炉	水素原子が核融合する際のエネルギーを活用。事故時に熱の発生が速やかに止まる	実証・商用炉とも50年以降

表3-7　日本における次世代原発稼働への工程表のポイント
出所：図3-14と同じ。

日本は脱炭素への取り組みを強化し、ウクライ

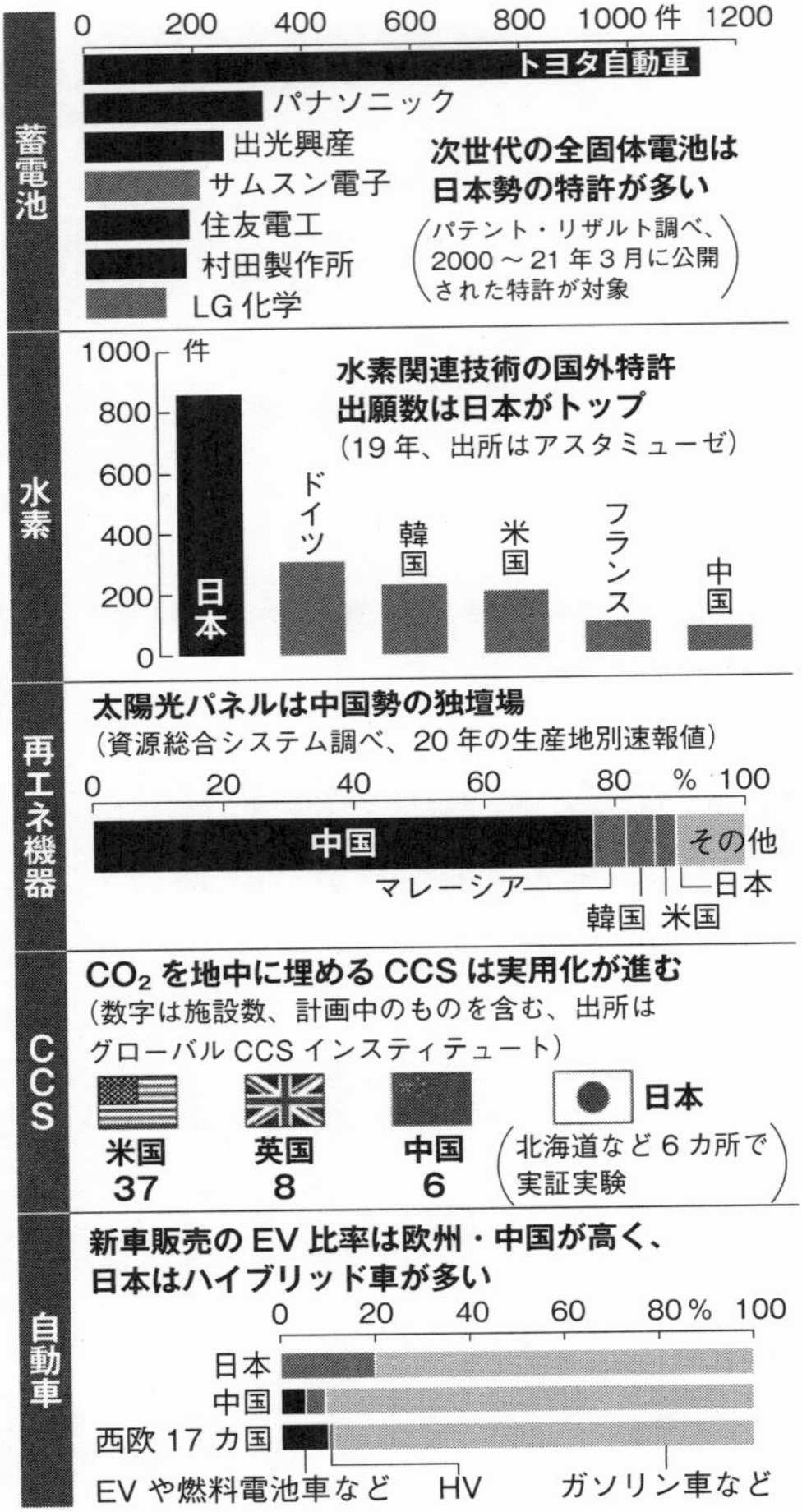

図3-16　脱炭素に関わる技術は競争が激化
出所：図3-14と同じ。

ナ危機によるエネルギー安全保障を取り巻く地政学的リスクに備え、中長期的なエネルギー・電力安定的供給を目指している。さらに昨年一二月二二日に日本政府はGX（グリーントランスメーション）実現に向けた基本方針を発表した。政府はエネルギー安定供給確保のためのGXに向けた脱炭素の取り組みの重要な一環である原子力が安全最優先で稼働を進める加え、新たな安全メカニズムを組み込んだ次世代原子炉・革新炉の開発・導入を積極的に取り組もうとしている。

このように主要国政府と企業は、カーボンニュートラルに向けて脱炭素戦略・技術革新を繰り広げてきた。各国は政府の支援の下、積極的に水素、全固体電池、再生エネルギー発電の技術開発に取り組み、国際競争で優位に立とうとしている。日本は現在、国内の原発事情により遅れているSMR以外では、脱炭素化技術の主な分野での開発・応用において特許数が世界首位で、競争優位性を有している。しかしながら中国など新興国の猛追で厳しい競争に直面しつつあり、日本政府と企業の対応や行動戦略が問われている。今後、脱炭素産業革命が展開するにつれて、技術革新や脱炭素市場をめぐる主要国の競争がさらに激化すると考えられる。

欧米先進国より一足先にSMRの導入を進めている中国・ロシアは、欧米先進国の手ごわいライバルとなっている。特に中国ではカーボンニュートラル目標に向けて世界の脱炭素化が加速する中で「一帯一路」エリアの地政学的な優位性を利用し、SMRを含む原発の輸出を増やし、海外原発市場シェアを拡大すると考えられる。

(1) Ministry of Power "Ministry of Power notifies Green Hydrogen/ Green Ammonia Policy A Major Policy Enabler by Government for production of Green Hydrogen/ Green Ammonia using Renewable sources of energy-A step forward towards National Hydrogen Mission" 17 FEB 2022 (https://pib.gov.in/PressReleasePage.aspx?PRID=1799067)
(2) 二〇二五年六月三〇日以前に開始されたプロジェクトに適用。
(3) 経済産業省産業技術環境局環境経済室「地球温暖化対策と産業界の自主的取組に関する動向」二〇二一年一二月、資料3、一頁。
(4) https://www.nedo.go.jp/activities/green-innovation.html
(5) https://www.nedo.go.jp/content/100639757.pdf
(6) European Commission "Innovation Fund: EU invests €1.8 billion in clean tech projects" 12 July 2022。
(7) UK Hydrogen Strategy, August 2021, p2 (https://assets.publishing.service.gov.uk/government/uploads/system/uploads/attachment_data/file/1011283/UK-Hydrogen-Strategy_web.pdf)
(8) GOV UK *British energy security strategy* 7 April 2022 (British energy security strategy - GOV.UK (www.gov.uk))
(9) 北極星氢能網「煤製氢＋CCUS技術応用的現状、成本和発展空間」二〇二一年一一月一五日。
(10) 一nm^3は〇・〇八九九kgに相当する。
(11) 本発電所は発電出力三二〇kW（二七〇nm^3／h：水素量）の発電を行うものであり、Hydrogen Technology株式会社が水素の供給を、イーレックス株式会社が発電所運営を行う。本実証運転では、Hydrogen Technol-

ogy株式会社がこれまで研究してきた火成岩と水を反応させて水素を製造・供給、イーレックス株式会社は発電所運営の経験を活かし、連続的で安定したCO_2を排出しない電力を供給している（https://eh-tech.co.jp/press_release/ht004/）

(12) 三菱重工HOMEニュース「高砂製作所に水素発電実証設備「高砂水素パーク」を整備へ自社で〝水素製造から発電までの技術を一貫して検証〟できる体制を構築」二〇二二年二月一四日（https://www.mhi.com/jp/news/220214.html）

(13) 水素は燃えやすく、温度上昇により点火プラグによる着火の前に自己点火してしまい出力低下の原因となる「プレイグニッション」が起きやすい。この異常燃焼をいかに抑えるかが性能向上のポイントだ（「トヨタが加速する水素エンジン開発、スピード向上の秘訣」『ニュースイッチ』二〇二一年九月二七日）。

(14) 同上。

(15) NIPPON STEEL「革新的技術開発によるCO_2削減」（https://www.nipponsteel.com/csr/env/warming/future.html）

(16)『日本経済新聞』二〇二二年七月一三日付。

(17) ジェトロ『ドイツの気候変動政策と産業・企業の対応』二〇二一年四月、三八～三九頁。

(18) https://www.bp.com/en/global/corporate/news-and-insights/press-releases/bp-plans-major-green-hydrogen-project-in-teesside.html

(19) 山下幸恵「英国のガス大手五社、生き残りをかけて水素ネットワーク構築。Britain's Hydrogen Network Planとは」『Energy Shift』二〇二一年三月四日。

(20) ジェトロ「米石油大手シェブロン、カミンズと水素関連事業で提携」『ビジネス短信』二〇二一年七月一六日。

(21) https://special.nikkeibp.co.jp/atclh/NXT/22/0carbon_ge/
(22) https://www.gereports.jp/an-h2-future-ge-and-new-york-power-authority-advancing-green-hydrogen-initiative/
(23) 「未来を見据えて：米国政府、ガスタービンの熱効率向上と水素利用の推進に向けてからGEへ助成金」『GE Reports Japan』二〇二二年八月九日
(https://www.gereports.jp/advanced-thinking-federal-funding-aims-to-boost-gas-turbine-efficiency-and-bring-more/)
(24) https://www.gereports.jp/an-h2-future-ge-and-new-york-power-authority-advancing-green-hydrogen-initiative/
(25) 宝豊能源は二〇〇五年一一月に中国寧夏回族自治区で設立した民間会社で、主業務は石炭を原料にした化成品製造・販売であり、カーボンニュートラルに向けた企業の脱炭素による成長と製品のアップグレードに取り組んでおり、CO_2排出量を一〇年間で五〇%削減し、化石エネルギー代替の新エネルギーの開発や利用によって二〇四〇年に「カーボンニュートラル」を実現する中国初の生産企業となることを目指している。
(26) https://www.businesswire.com/news/home/20220629005132/ja/
(27) 経済産業省「蓄電池産業戦略」（中間とりまとめ（案））二〇二二年四月二二日。
(28) https://news.bjx.com.cn/html/20200713/1088505.shtml
(29) https://www.jetro.go.jp/biznews/2021/04/9eb8011f0c7e88dc.html
(30) https://monoist.itmedia.co.jp/mn/articles/2205/24/news072.html
(31) https://response.jp/article/2021/04/22/345233.html
(32) The Faraday Institution ,*UK-BASED CONSORTIUM ESTABLISHED TO DEVELOP PROTO-*

TYPE SOLID-STATE BATTERIES August 19, 2021.
(33) https://www.netdenjd.com/articles/-/265869?page=2
(34)「中国EV電池業界、全固体へ移行の節目は二〇二五年　リサイクル技術開発が急務」(https://36kr.jp/181128/)。
(35) https://www.nna.jp/news/show/2346938
(36) https://www.meti.go.jp/policy/mono_info_service/joho/conference/battery_strategy/0004/03.pdf
(37) 二〇三〇年の国際市場が三〇〇〇GWhまで拡大した場合もシェア二〇%を確保する試算。経済産業省「蓄電池産業戦略中間とりまとめ（案）」二〇二二年四月二二日、一一頁。
(38) https://www.alterna.co.jp/43266/
(39) 野元政宏「次世代EV市場の「ゲームチェンジャー」全固体電池　日本再浮上の鍵を握る技術力」『日韓自動車新聞』二〇二二年四月一八日付。
(40)『日本経済新聞』二〇二一年七月七日付。
(41) 同上。
(42) 同上。
(43)「日本がリードする「全固体電池」の開発競争。迫る中国・欧州勢を突き放すカギは?」『ニュースイッチ』二〇二一年六月三〇日。
(44)「「SiC」「GaN」次世代パワー半導体勃興　脱炭素のカギ」『日本経済新聞』二〇二一年一〇月三一日。
(45)「SiCパワー半導体　日本企業、覇権を視野にいざ増産」前掲紙二〇二三年一月四日。
(46) 三菱電機は一九五九年に日本で初めて電力用半導体（パワー半導体デバイス）の製品化に成功し、交直流電気機関車や交直流電車に採用された。これを機に、本格的な電力用半導体時代がスタートし、電子機器の発展に貢献した（三菱電機の伝記 https://www.mitsubishielectric.co.jp/100th/content/snapshots/0530_01.html）

(47) https://newswitch.jp/p/31153

(48) https://eetimes.itmedia.co.jp/ee/articles/220209/news065_3.html

(49) https://monoist.itmedia.co.jp/mn/articles/2201/11/news054_2.html

(50) https://eetimes.itmedia.co.jp/ee/articles/220209/news065.html

(51) https://eetimes.itmedia.co.jp/ee/articles/2201/28/news069.html

(52) ＦＬＯＳＦＩＡのＨＰより。

(53)『日本経済新聞』二〇二二年八月二五日付。

(54)『日本経済新聞』二〇二二年一月二六日。

(55) 同上。

(56)「ＳＴマイクロ、次世代パワー半導体の試作開発用に２００㎜ ＳｉＣウェハを製造したことを発表」『日本経済新聞』二〇二一年八月三日付。

(57) 大河原楓「ボッシュ、半導体工場へ二億五〇〇〇万ユーロの追加投資を発表」ジェトロ『ビジネス短信』二〇二二年三月四日。

(58) https://www.sohu.com/a/453595221_166680

(59) 経済産業省『第六次エネルギー基本計画』二〇二一年一〇月、二七頁。

(60) 同上。

(61) 公益財団法人地球環境産業技術研究機構『令和二年度　地球温暖化・資源循環対策等に資する調査委託費（我が国におけるＣＣＳ事業化に向けた制度設計や事業環境整備に関する調査事業）調査報告書』二〇二一年

三月、二七～二九頁。

（62）同前掲書、二八頁。

（63）https://www.mhi.com/jp/products/engineering/CO2plants.html

（64）https://www.shell.ca/en_ca/media/news-and-media-releases/news-releases-2021/shell-proposes-large-scale-ccs-facility-in-alberta.html（SHELL PROPOSES LARGE-SCALE CCS FACILITY IN ALBERTA）

（65）刘杨「中国石化首个百万吨级ＣＣＵＳ项目全面建成」『中国证券报・中证网』二〇二二年一月二九日。

（66）南坊博司「世界のＣＣＳの現状と今後の展望――Accelerating CCS to Net Zero」『ＩＥＥＩ』二〇二一年一一月一六日。

（67）IAEA Increases Projections for Nuclear Power Use in 2050, 16 September 2021（https://www.iaea.org/newscenter/pressreleases/iaea-increases-projections-for-nuclear-power-use-in-2050）

（68）IAEA Projections for Nuclear Power Growth Increase for Second Year Amid Climate, Energy Security Concerns. 26 September 2022.（https://www.iaea.org/newscenter/pressreleases/iaea-projections-for-nuclear-power-growth-increase-for-second-year-amid-climate-energy-security-concerns）

（69）https://www.jaea.go.jp/04/sefard/ordinary/2021/20211014.html

（70）「核融合は太陽と同じ核融合反応を地上で再現することから「地上の太陽」と呼ばれる。核融合の燃料は重水素とトリチウムを使う。２つをバラバラにしてヘリウムに変わる過程で発生するエネルギーなどを発電に利用する。

理論上は1グラムの燃料から石油8トン分のエネルギーが出る。核融合の燃料となる重水素は、海中に豊富に含まれている。トリチウムは核融合炉の中で中性子を使って作るとされる。大きなエネルギーを生むが、燃料の供給をやめれば反応が止まる。現在の原子力発電所などでは核分裂を採用する。核分裂の連鎖反応は制御がうまくいかなければ東京電力福島第1原発事故のように大きな事故につながる。核融合も放射性廃棄物が出るものの、現在の軽水炉型の原発よりは少なくなる見通しだ」（『日本経済新聞』二〇二二年一二月一四日）。

(71) Department of Energy, DOE National Laboratory Makes History by Achieving Fusion Ignition, December 13, 2022 (https://www.energy.gov/articles/doe-national-laboratory-makes-history-achieving-fusion-ignition)

(72)「慣性閉じ込め方式による核融合（慣性核融合）は、重水素及び三重水素から成る核融合燃料を直径1〜2㎜程度の小さな球状ペレット容器に封入し、そのペレットを強力な尖頭出力をもつパルスレーザーあるいは荷電粒子ビームなどのエネルギー・ドライバーで極めて短時間（ナノ秒＝10億分の1秒以下）集中的に照射し、瞬時のうちに超高温・高密度の燃料プラズマを作り、それが高温で膨張し、周辺に散逸する前に爆発的に核融合反応を点火させようとする方式である」
(https://atomica.jaea.go.jp/dic/detail/dic_detail_1963.html)

(73) https://www.jaea.go.jp/04/sefard/ordinary/2021/20211014.html

(74)「カナダ政府、SMR開発で国家行動計画を公表」『原子力産業新聞』二〇二〇年一二月二一日付。

(75)「世界の革新炉 開発動向」（一般社団法人）海外電力調査会、二〇二二年三月二八日。
(https://www.meti.go.jp/shingikai/enecho/denryoku_gas/genshiryoku/pdf/025_04_00.pdf)

(76)「ロシアの海上浮揚式原子力発電所が営業運転開始」『原子力産業新聞』二〇二〇年五月二五日付。

(77)『日本経済新聞』二〇二三年八月二三日。
(78) World Nuclear Association "Nuclear Power in China (Updated January 2023)" (https://world-nuclear.org/information-library/country-profiles/countries-a-f/china-nuclear-power.aspx)
(79) 国立研究法人日本原子力研究開発機構「海外におけるSMRの開発・導入動向」二〇二一年一〇月一四日。
(80) たとえば、日揮ホールディングスは、海外におけるSMRプラントのEPC(設計・調達・建設)事業への進出を目指し、二〇二一年四月六日に小型モジュール原子炉(SMR)の開発を行っている米国NuScale Power, LLC(ニュースケール社)への出資を決定した(https://www.jgc.com/jp/news/2021/20210406.html)
(81) 国立研究法人日本原子力研究開発機構「海外におけるSMRの開発・導入動向」二〇二一年一〇月一四日。

第4章

レアメタル確保競争

1 背景

脱炭素化のための産業高度化、新・再生エネルギーへの転換、EVモビリティー、パワー半導体製造などに不可欠なのが希少金属、つまりレアメタルである。産出量が少なく、採掘・精錬することが難しいレアメタルは三十数種類存在しており、物理的・化学的特性や市場規模・価格・主要産出国・地域などはさまざまである。レアメタルはxEV(電動車)やAI、IoT、新・再生エネルギーなどの脱炭素技術を支えている。

世界の脱炭素化の加速に伴い、レアメタルの需要が高まっており、安定的調達や供給セキュリティの問題が顕在化しつつある。コバルトはアフリカのコンゴ民主共和国に生産量の七割、タンタルはコンゴ・ルワンダに生産量の五割、白金・パラジウム・ロジウムといった白金族金属はロシアに生産量の四二%、マンガンは南アフリカに生産量の三割近く、リチウムは豪州に生産量の五五%があり、レアアースの生産量の六割以上は中国に集中している(表4-1)。

レアメタルは産地が少数の国・地域に偏っているうえに産出量が少なく、調達・取引量が限られているため価格が変動しやすい。レアメタルの安定した供給確保は喫緊の課題である。

	資源の上位産出国（2019年）						上位三カ国の合計シェア
ニオブ	①ブラジル	88%	②カナダ	10%			【98%】
レアアース	①中国	63%	②アメリカ	12%	③ミャンマー	10%	【86%】
タングステン	①中国	82%	②ベトナム	6%	③モンゴル	2%	【90%】
アンチモン	①中国	63%	②ロシア	19%	③タジキスタン	10%	【91%】
白金	①南アフリカ	72%	②ロシア	12%	③ジンバブエ	8%	【93%】
リチウム	①豪州	55%	②チリ	23%	③中国	10%	【88%】
コバルト	①コンゴ民	71%	②ロシア	4%	③豪州	4%	【79%】
タンタル	①コンゴ民	41%	②ルワンダ	21%	③ブラジル	14%	【76%】
マンガン	①南アフリカ	29%	②豪州	17%	③ガボン	13%	【58%】

表4-1　世界におけるレアメタル産出の偏在性
出所：資源エネルギー庁「日本の新たな国際資源戦略　③レアメタルを戦略的に確保するために」2020年7月31日。

元素記号	元素名	原子番号	主な用途
Li	リチウム	3	リチウムイオン電池（LIB）、潤滑グリース、航空機材料、治療薬、花火等
Be	ベリリウム	4	中性子の減速材、X線源、高音域スピーカー、合金材等
B	ホウ素	5	耐熱性ガラス、ガラス繊維原料、殺虫剤のホウ酸団子等
Ti	チタン	22	航空機機体、形状記憶合金、スポーツ用品、光触媒、印刷インク、白色顔料、化粧品等
V	バナジウム	23	製鋼添加材、超伝導磁石、触媒、染・顔料等
Cr	クロム	24	ステンレス鋼、ニクロム、クロムメッキ、酸化剤等
Mn	マンガン	25	マンガン電池、鋼材、酸化剤等
Co	コバルト	27	合金材、γ線、LIB電極材、磁石、絵具等
Ni	ニッケル	28	ステンレス鋼材、形状記憶合金、ニクロム線、ニッカド電池、形状記憶合金材等
Ga	ガリウム	31	青色発光ダイオード材、各種電子機器、化合物半導体等
Ge	ゲルマニウム	32	ダイオード、赤外線レンズ、光検出器等
Se	セレン	34	感光ドラム、カメラの露出計、ガラス着色剤・脱色剤、整流器等
Rb	ルビジウム	37	ルビジウム発振器、原子時計、年代測定等
Mo	モリブデン	42	オイルの添加剤、モリブデン鋼、電子基盤等

表4-2　主要レアメタルの用途
出所：住化分析センター

元素記号	元素名	原子番号	主な用途
Sc	スカンジウム	21	スポーツや映画撮影用の照明、自転車の軽量フレーム、メタルハライドランプ、触媒等
Y	イットリウム	39	蛍光体、光学ガラス、コンデンサー誘電体、レーザー材料、永久磁石、酸化物超伝導体等
La	ランタン	57	特殊ガラス原料、自動車排ガス還元触媒、水素吸蔵合金等
Ce	セリウム	58	自動車排ガス浄化用触媒、研磨剤、紫外線吸収材、酸化剤等
Pr	プラセオジム	59	磁性材料、溶接作業用ゴーグル、釉薬、光ファイバー等
Nd	ネオジム	60	磁性材料、レーザー材料、着色剤等
Pm	プロメチウム	61	夜光塗料、蛍光灯グロー放電管、β線厚さ計、原子力電池等
Sm	サマリウム	62	磁性材料、レーザー材料、年代測定、自動車排ガス還元触媒等
Eu	ユウロピウム	63	蛍光体、磁性半導体、光インク、NMR シフト試薬　等
Gd	ガドリニウム	64	光磁気ディスク、光ファイバー、造影剤、蛍光化剤、磁気冷凍材料等
Tb	テルビウム	65	光磁気ディスク、磁性材料、レーザー、印字ヘッド等
Dy	ジスプロシウム	66	磁性材料、蛍光塗料、光磁気ディスク材料等
Ho	ホルミウム	67	レーザーメス、ガラス着色、ホルミウムレーザー、分光光度計の調整等
Er	エルビウム	68	光ファイバーの添加剤、レーザー、ガラス着色等
Tm	ツリウム	69	光ファイバー、レーザー、蛍光体、X 線源放射線量計等
Yb	イッテルビウム	70	ガラス着色、レーザー材料、放射線源、コンデンサ、ルイス酸触媒等
Lu	ルテチウム	71	陽電子検出器（PET 診断）、年代測定等

表 4-3　レアアースの主な用途

出所：　表 4-2 と同じ。

部門	システム・要素技術		必要な鉱物資源
再生可能エネルギー部門	発電・蓄電池	風力発電	銅、アルミ、レアアース
		太陽光発電	インジウム、ガリウム、セレン、銅
		地熱発電	チタン
		大容量蓄電池	バナジウム、リチウム、コバルト、ニッケル、マンガン、銅
電気自動車部門	蓄電池・モーター等	リチウムイオン電池	リチウム、コバルト、ニッケル、マンガン、銅
		全固体電池	リチウム、ニッケル、マンガン、銅
		高性能磁石	レアアース
		燃料電池（電極、触媒）	プラチナ、ニッケル、レアアース
		水素タンク	チタン、ニオブ、亜鉛、マグネシウム、バナジウム
パワーエレクトロニクス	モーター、バッテリー等	太陽光・風力発電などのインバータ	レアアース、ガリウム
		パワー半導体デバイス	
		電力制御用IC、パワーMOSFSET（金属酸化膜半導体電界効果トランジスタ）	

表 4-4　脱炭素技術に必要なレアメタルなどの鉱物資源
出所：経済産業省「2050 年カーボンニュートラル社会実現に向けた鉱物資源政策」などにより作成。

2　脱炭素技術に必要なレアメタル

表4－2、表4－3、表4－4に示したようにレアメタルは脱炭素化技術に不可欠で、その性質・機能は再生可能エネルギーや電気自動車、パワー半導体など脱炭素技術に活かされている。

たとえば風力発電では発電機用モーター、変圧器、送電用電線等に銅、レアアース（ネオジム等）が使われている。洋上風力発電の場合、一〇GWの洋上風力発電機の製造には銅が現在の日本の年間国内需要量（約九七・四万t）の約一〇%、レアアースが国内需要量・一万八一〇〇REOt（Rare Earth Oxide 酸化物換算トン）の約二〇%必要となる。

太陽光発電パネルの製造に必要なインジウム（In）は発電設備容量（MW）当たり約四四kg程度必要とされている。二〇四〇年には、二〇一五年のインジウムの世界生産量約七五〇tを上回る九万t以上が太陽光パネル用として必要となる。

EVの製造に不可欠なワイヤーハーネス、バッテリー、駆動モーターには銅、リチウム、ニッケル、コバルト、レアアース（ネオジウム等）が使用される。EV一〇〇万台を製造するためにはネオジウムが七七五t、リチウムが七一五〇t、ニッケルが二八〇t、コバルトが二・八

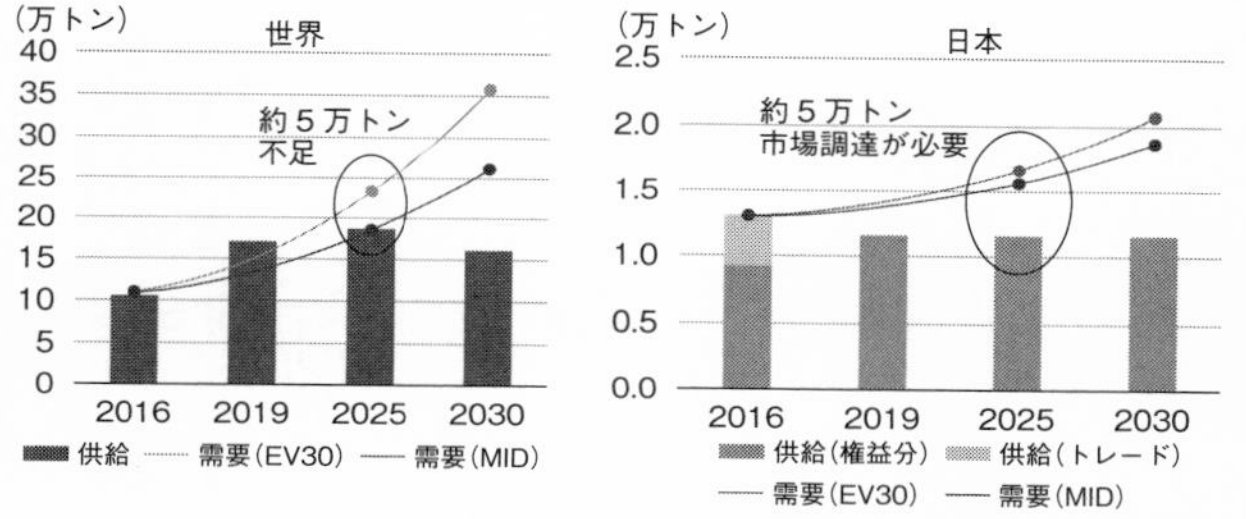

※需要量の試算は、国内生産・国内販売に必要となる量のみ

EV30	IEA の政策目標を基に計算した見通し。2030 年時点で、中国で EV 比率が約 30%、日米欧で 20%程度。日本の 2030 年 EV・PHV 普及目標 20 ～ 30%も加味されたもの。
MID	2030 年時点で、中国で EV 比率が約 20%、日米欧で 12%程度。EV30 よりも各国での普及割合を下げて予測したもの。

※一台当たりのコバルト使用量：12 kg(2017 年)⇒6.5 kg(2030 年)(60kWh(≒400～500 km)を前提)

図 4-1　レアメタルの需給ギャップ（コバルト需給の将来見通し）
出所：Wood Mackenzie、IEA 資料より資源エネルギー庁作成。

万t、銅が八・三万t必要である。

3　レアメタル生産基地偏在と需給ギャップ

†需給ギャップの拡大への懸念

すでに述べたようにレアメタルの生産・供給量は需要の拡大スピードに追い付かず、需給ギャップが拡大している（図4‐1）。産出地が偏在しているため、資源国との政治・外交や軍事などの対立・摩擦で供給が途絶されるリスクがあり、価格も変動しやすい。今後、主要国はレアメタルを安定的かつ合理的コストで調達・確保することが喫緊の課題となる。

まず図4‐2を通して主要レアメタルの需給状況を見てみよう。リチウムは二〇一九年時点で

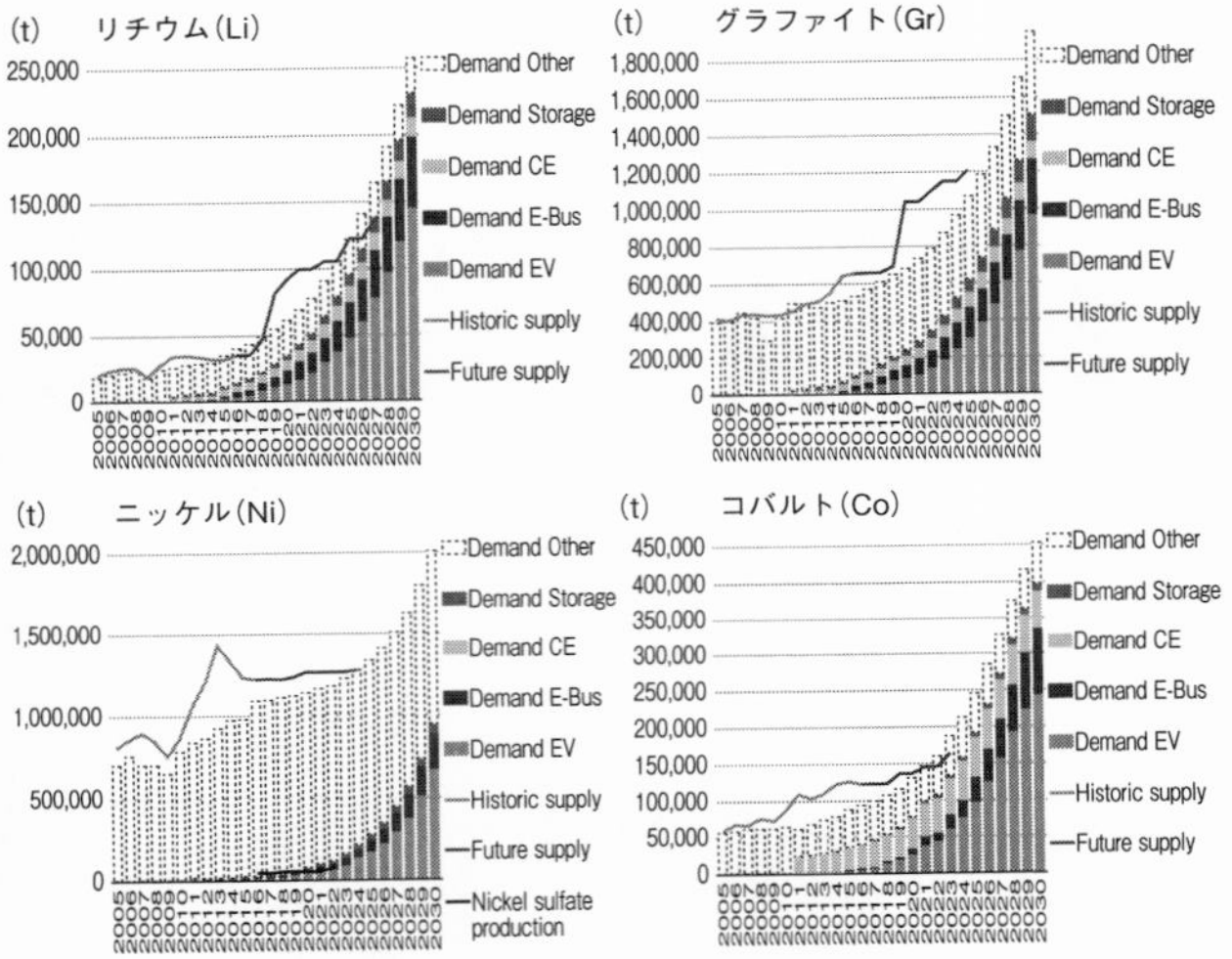

図 4-2　世界の鉱物資源の需給の見通し
出所：資源エネルギー庁（https://www.enecho.meti.go.jp/about/special/johoteikyo/cobalt.html）

七・七万tで、二〇二〇年以後、需要量の増大に伴い供給量が増加している。二〇四〇年までは世界のニーズをまかなえるが、EVなどの普及に伴い需要が大幅に増加しており、新たな産出地・鉱山が見つからない限り、二〇四〇年以降は需給ギャップが生じると見込まれている。

　ニッケルは二〇一九年時点で生産量が二六〇万、需要が二五〇万t前後で需給バランスが取れているが、今後、供給が伸び悩むようであれば二〇三〇年以後には需給ギャップが深刻化する。

　また、二〇二〇年時点で世界コバルト鉱山の生産量が前年比六%減少し、一四・五万tになっている。近年、コバルトの世界消費量は著しく増加しており、二〇一三年以降、市場は年率五％以上で成長している。携帯電話やEVに使用されるリチウムイオン電池の普及に伴い、コバルトの需要は急増している。

リチウムイオン電池の電極材料、コバルト酸リチウムとして使われるコバルトの需要は、二〇一三年から二〇二〇年にかけて年率一〇％で増加している。(1) そのためリチウム電池は、二〇二〇年のコバルト消費量全体の五七％を占めている。

一方、需要量が〇・六％微増の一三万六〇〇〇万t(2)となっている。生産量はひとまず需要を満たしたが、余剰供給量はわずか九〇〇〇tに過ぎない。図4-1に示したように（EV30のケースで）コバルトの需給ギャップが表れ、約五万tが不足している。さらに二〇二五年以後、二〇四〇年にその需給ギャップはさらに拡大し、二〇万t前後まで開く見込みである。

レアメタルの需給ギャップは主要国の脱炭素化に大きな懸念をもたらしている。今後、欧米、中国や新興国との間でレアメタル資源獲得競争はさらに激化し、安定供給の確保が一層重要な課題となるであろう。

†レアメタルをめぐる世界的な状況とアメリカの確保戦略

レアメタルは太陽光や風力など再生可能エネルギーで発電した電力を蓄える蓄電池にも欠か

せない材料で、脱炭素化の鍵を握るものとして存在感が高まっている。二〇二一年末時点でリチウム、コバルト、ニッケル鉱山プロジェクトのM&A件数は三二一件で前年比一五四・八%と大幅に増加しており、取引額は六七億四〇〇〇万ドルで前年比八九六・五%と急増している。

そのうちリチウム鉱山プロジェクトのM&A件数は一六八件で前年同期比二九〇・七〇%増、取引金額は四六・八億米ドルで前年同期比約一六倍と大幅に増加している。コバルト鉱山プロジェクトのM&A件数は一五件前年同期比八八%増、取引額は二億四〇〇〇万ドルで前年同期比の四倍以上と急増した。ニッケル鉱山プロジェクトのM&A件数は一三八件で前年同期比八四%増、取引額は一八・二億米ドルで前年同期比四倍以上と大幅に増加した。

国際エネルギー機関(IEA)の推計によると、二〇四〇年の世界におけるレアメタルの需要はリチウムとニッケルがそれぞれ二〇二〇年比で一三倍の約二八万t、ニッケルが約六・五倍の一三〇万tと大幅に増加する。主要国にとってはレアメタルへの投資・開発に加え、リサイクルや都市鉱山の再開発、低コストでの調達・確保が極めて重要である。

先進主要国や中国など新興国は、レアメタル資源確保のためさまざまな政策戦略を打ち出している。

アメリカはトランプ政権時、二〇二〇年九月三〇日にレアメタル資源依存による国内サプライチェーンへの脅威に対処するための大統領令が出されている。米中対立の高まりを背景として、レアアース、バリウム、ガリウム、グラファイトなど中国への依存度の高いレアメタルに関する調査や報告を内務長官、国務長官、関係省庁に対して義務づけた。

内務長官には重要鉱物の依存、関税、数量制限等の措置の提言や報告書の提出を義務づけ、国務長官には重要鉱物のサプライチェーンによるアメリカの脆弱性の低減、信頼性のあるサプライチェーンの構築支援について、現在の取り組みや今後の政策オプションを報告することを義務づけている。また関係省庁には重要鉱物の国内サプライチェーンの拡大と保護、および安全な重要レアメタル鉱物資源のサプライチェーンの構築のため、各機関が使用できるすべての法的権限・予算を特定し、大統領に報告することを義務づけた。

また二〇二一年一月一五日、バイデン政権の発足後はDOEの下で重要鉱物のサプライチェーンを構築するため、鉱物持続可能課（Minerals Sustainability Division）を新設した。これを通じて安全保障およびクリーンという文脈で重要鉱物資源についての技術開発を行い、アメリカ国内の機関および国際間での連携を推進している。同年二月二四日、バイデン大統領は重要部材のサプライチェーン（供給網）を見直す大統領令に署名した。レアアース、半導体や電池など重要な戦略物質で安定した調達体制を整備し、有力企業を抱える同盟国・友好国などと連携し、中国依存からの脱却を目指している。

たとえば、レアアースでは有力企業をもつオーストラリアなどアジア各国・地域との協力を視野に入れる。(3)なお、アメリカのレアメタル安全保障の二〇二二年以後の動きについては後述する。

†EUの確保戦略

EUは域内での調達に加え、カナダやアフリカなど第三国と重要鉱物の循環型サプライチェーンを構築しようとしている。二〇二〇年九月三日、欧州委員会は重要鉱物(Critical Raw Material)に関する行動計画を発表した。「グリーンおよびデジタル経済への移行、および欧州の戦略的自立性確立のため、重要鉱物について多角化され、持続可能で社会的責任を果たすことができた。循環性とイノベーションが確保されたサプライチェーンの構築が必要である」との認識の下、次のような取り組みを行っている。

①強靱なサプライチェーンの構築(主にEU域内)、②資源の循環利用、持続可能な製品とイノベーション、③欧州域内からの供給(重要鉱物分野の産業アライアンスを組成し、域内に企業を誘致する)④第三国(カナダやアフリカ等)からの資源調達の多角化に取り組むことである。

またEUは同年九月二九日、先に述べたような行動計画に合わせて、重要な鉱物・原材料の戦略的な確保を目指す官民協働共同体である欧州原材料アライアンス・ERMA(European Raw Materials Alliance)を発足させた。ERMAには大企業からスタートアップ企業に至るまでのさまざまな企業や加盟国、地方自治体、欧州投資銀行（EIB）、投資家、社会的パートナー、市民社会などが参加し、重要な鉱物資源・原材料の長期的な確保という課題に基づき、二〇二五年までに実施可能な投資計画をまとめる予定である。

ERMAが最も懸念しているのはレアアースの安全保障の問題である。レアアースはEV・ハイブリッド自動車、太陽光発電および風力発電などに欠かせない重要な素材であり、今後、EUにおける消費量は最大一〇倍まで増えると見込まれているが、そのほとんどは中国からの調達に頼っている。中国への依存度を引き下げるため、EUは域内でのレアアース開発を強化しようとしている。また、需要サイドでのレアアースのリサイクルなどにも取り組み、レアアースの安全保障・戦略的な自立性を目指そうとしている。

†日本の確保戦略

日本では二〇二〇年三月、政府が「新国際資源戦略」(4)を策定し、とりわけレアメタルなど金属鉱物のセキュリティ強化策を打ち出している。その強化策・取り組みのポイントは次の通りである。

第一は鉱種ごとの戦略的な資源確保策を策定することである。レアメタル資源の偏在性、カントリーリスクや地政学的リスクを視野に入れたうえで、レアメタル需要の見通しなどの観点から鉱種ごとのリスクを定量的に把握し、類型化する。それと同時にそれぞれの特性を踏まえて重点を置くべき政策ツール（上流権益確保のサポート、適確な備蓄、リサイクル推進等）を整理し、戦略的な資源確保策を推進する。

第二は調達・供給ソースの多角化・分散化を促進することである。近年の情勢変化を踏まえ、上流権益を確保するため、金属鉱物の採掘事業と切り離された製錬所単独の案件、探鉱案件から移行した開発案件などに関して日本企業の参画を支援する。また、個別プロジェクトの審査や管理を厳格に行うことを前提としつつ、債務保証案件の採択審査の合理化を行う。

第三は備蓄制度の見直し等によりセキュリティを強化させることである。レアメタル三四鉱種のうち、産出国の政情や依存度、需要等を考慮して鉱種を選定し、短期的な供給途絶への備えとして日本国内基準消費量の六〇日分（一部鉱種は三〇日）を備蓄目標日数とする。国内産業構造の変化やレアメタルの需要増大、中国による寡占化など情勢の変化を踏まえ、備蓄目標日数等の見直しやその決定における国とＪＯＧＭＥＣ（独立行政法人石油天然ガス・金属鉱物資源機構）の役割分担を明確化する。機動性・利便性やサプライチェーンにおける代替可能性など、レアメタル備蓄制度の抜本的見直しが必要である。

第四はサプライチェーン強化に向けた国際協力を推進することである。資源の確保については下流産業も含めたサプライチェーンがグローバルに広がっており、昨今の国際情勢の変化を受けてレアメタルの安定供給がリスクにさらされている。よって鉱山開発や製錬、製品製造などサプライチェーンの各段階に関係する各国とJOGMECで、国際協力を強化すべきである。

たとえば資源国への国際協力の強化、重要鉱物のサプライチェーン強化に向けた関係国との協力体制を構築する。政府はJOGMECの相手国に対するプレゼンスを高め、日本企業が参画するプロジェクトの円滑な進捗を後押しすべく、相手国側のニーズに応じた取り組みを行う（鉱害防止等の技術協力やセミナー開催等）。

第五は産業基盤を強化することである。レアメタルは鉄・銅・亜鉛・錫・アルミニウムなどベースメタルの副産物として生産されるものも多く、安定供給のためには産学連携による課題解決に向けた取り組みを活性化しつつ、産業基盤や技術基盤の強化を図ることが重要である。また、金属鉱物のリサイクルやレアメタル等の使用量削減に向けた技術開発、デジタル技術の活用、海外での資源確保を支える人材の確保も必要であり、国際協力も念頭に置きつつ次のような取り組みを進めていく。

まず、鉱石の不純物増加などに対応していく。鉱石中のヒ素等の不純物対策のため、JOGMECが企業や大学等と共同して技術の開発および普及を進める。次に、リサイクルを促進していく。製錬所のリサイクル効率を高めるため、JOGMEC等で技術の開発・普及を進める。製錬技術の効率性を高め、廃製品等からのレアアースリサイクルの経済性を向上させるための研究開発プロジェクトを着実に進めていく。さらに、産学官連携による人材育成を促進していく。産業界、学会、大学等の連携による人材育成プログラムを創出し、非鉄製錬分野の社会的認知度を向上させるべく普及啓発活動を促進し、産学官による検討会を開催する。

また、二〇二一年経済産業省など各省庁が打ち出した「二〇五〇年カーボンニュートラルに伴うグリーン成長戦略」の中では蓄電池製造の上流材料・鉱物資源の確保が強調されている。蓄電池の製造にはニッケル、コバルト、リチウム等の鉱物資源が必要不可欠であり、カーボンニュートラル実現に向けて鉱物資源の需要が拡大する見通しである。こうした状況を踏まえ、日本はJOGMECによる資源探査、海外権益確保のためのリスクマネー供給、レアメタル備蓄制度の整備などを通じて日本企業の鉱物資源の安定的な供給を目指す。

二〇二二年五月一一日、岸田政権が掲げる経済安全保障推進法が参院本会議で可決され、成立した。同法は重要な鉱物資源などの戦略物資供給網の強化を国家戦略として位置づけている。政府は今後、レアメタルなど戦略的に重要性が増す物資でサプライチェーンを強化し、基幹インフラの安全確保に取り組もうとしている。

日本政府がレアメタルなど金属鉱物のセキュリティ強化策を打ち出したことには次のような背景がある。

世界の脱炭素化の拡大に伴い、レアメタルの重要度が増す中で寡占化が進み、需給ギャップ

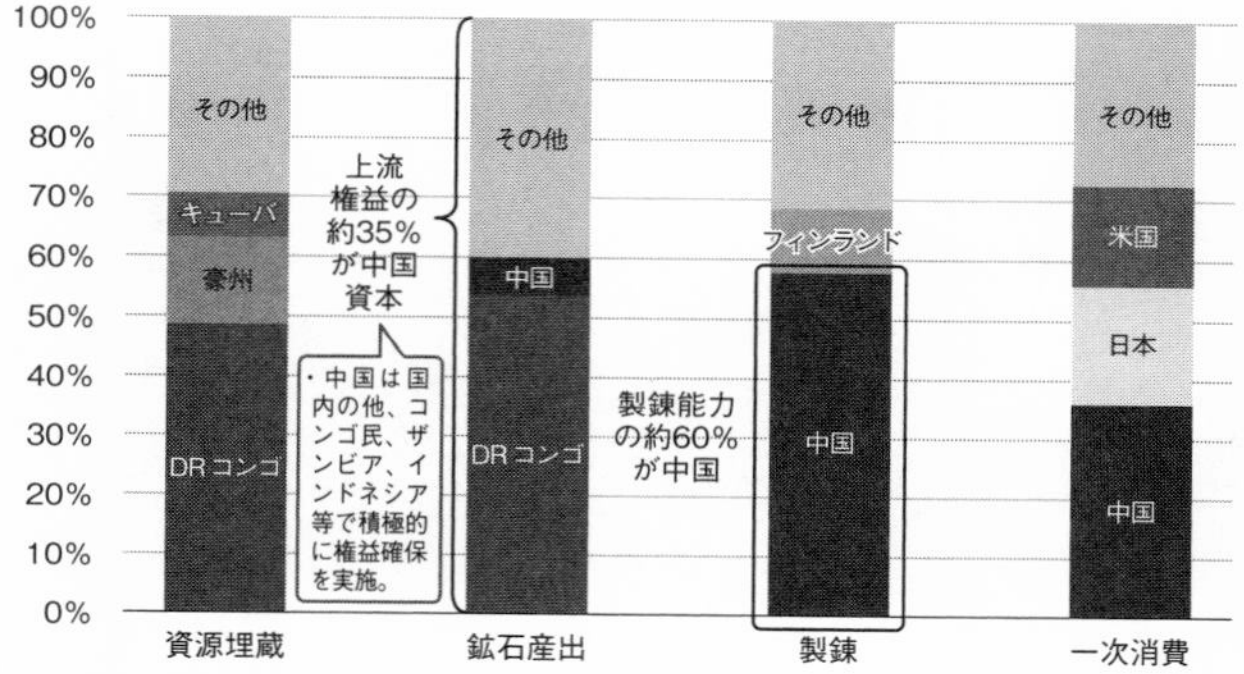

図4-3　中国による製錬工程の寡占化（コバルトの例）
出所：平成29年度 資源エネルギー庁委託事業（鉱物資源開発の推進のための探査等事業）報告書

への懸念が高まっている。日本の産業活動に重要な一部のレアメタルについては、xEVや再エネ機器等の普及、脱炭素化社会の実現に伴い、今後も需要が増える見通しである。たとえば、その代表的鉱種として挙げられるコバルトは図4-1、同4-2に示したように、日本の資源開発企業の鉱山からのコバルト供給量が現状にとどまる場合、その確保が極めて難しくなる恐れがある。

†レアメタル確保に向けた日本企業の国際的な連携

先に述べたようにレアメタルの生産は一部の国・地域に偏在し、地政学的リスクの上昇により懸念が高まっている。コバルト鉱石生産の五四%はコンゴ民主共和国に偏在しており、中流の製錬工程では中国が約六割を占めるなど（図4-3）、寡占化が進んでいる。また図4-4に示したようにタングステ

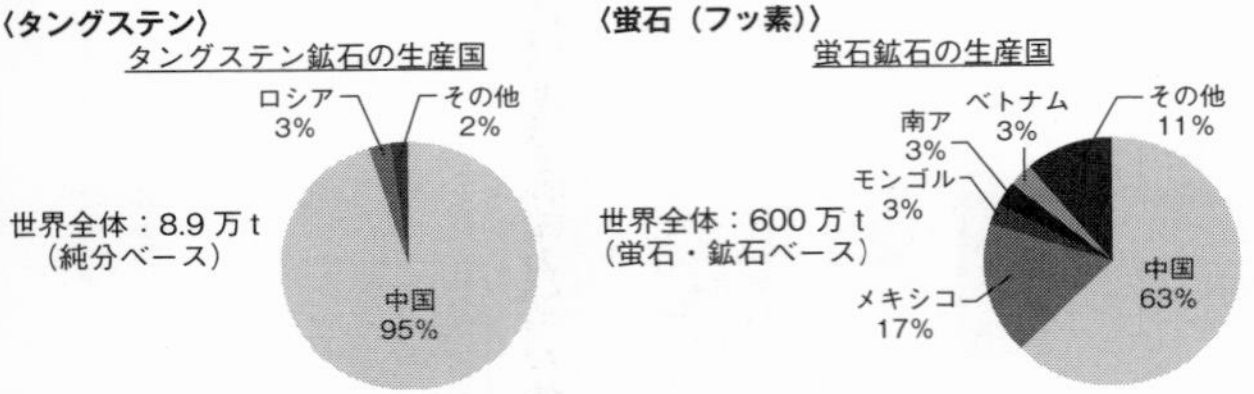

図4-4　タングステンと蛍石鉱石の主要生産国
出所：USGS, World Metal Yearbook 2018、財務省「貿易統計」、JOGMEC鉱物資源マテリアルフロー2018より資源エネルギー庁作成。

ン鉱石は九割以上、蛍石鉱石は六割以上が中国で生産されており、日本もその大半を中国からの輸入に頼っている。さらに、特殊鋼などの生産に必要なタングステンは九割以上、リチウムイオン電池や半導体の加工などに利用される蛍石は六割以上が中国で生産されている。

日本では今後、EV等の普及によりレアアース需要が大幅に増えることが予測され、輸入の約六割を中国に依存することのリスクが顕在化している。また、レアメタルについては資源国における感染症等の発生、地政学的リスクによる供給障害が生じる恐れがある。

さらに銅についても、日本への鉱石資源の最大輸出国であり、他の南米諸国よりもカントリーリスクが低いとされてきたチリで政治的な混乱が発生しており、先行きは不透明である。このようにレアメタルに加え、銅などベースメタルについても安定供給が危ぶまれている。記憶にまだ新しい二〇一〇年から二〇一一年にかけてのレアアースショックの経験も踏まえ、日本のサプライチ

ェーンへの影響を加味した対応策・取り組みを講じるべきである。(5)

加えて二〇二二年二月二四日のロシアによるウクライナへの侵攻により、国際政治経済秩序が大きく混乱し、レアメタルなど鉱物資源を取り巻く地政学的リスクも増幅している。これを踏まえ、日本政府は同年五月一一日、戦略物質の供給網強化を国家安保戦略の柱の一つとする「経済安全保障推進法」を成立させた。政府は経済安全保障を法制化し、重要物資のサプライチェーン強化をはじめとする基幹インフラの安全確保に取り組む体制を整えている。

脱炭素の取り組みが拡大するなか、日本は海外資源開発・供給確保に力を入れている。豊田通商と豪リチウム資源開発会社Orocobre Ltd.は二〇一四年末より、両社およびJEMSEとともにアルゼンチン・オラロス塩湖で炭酸リチウム生産事業を行っている。二〇一八年一一月にはその生産能力を一万七五〇〇t／年から四万二五〇〇t／年まで拡張する計画であり、二〇二〇年の開始を予定している。豊田通商はリチウムを増産し、自動車の電動化シフトに伴うリチウム需要の拡大に備えている。

豊田通商の貸谷《かしたに》伊知郎社長は、アルゼンチンで増強している車載電池の材料・炭酸リチウムの生産体制について、需要に応じ、さらなる拡張も視野に入れていることを明らかにした。二〇二二年中には炭酸リチウムの生産能力を現在に比べ、二・四倍の年約四・三万tに引き上げるとしているが、トヨタ自動車が二〇三〇年に電気自動車（EV）を三五〇万台に増やす方針

を示したことを受けて一段の需要増に対応する。(6)

また、住友鉱山は海外資源確保と精錬、およびリサイクルに積極的に取り組んでおり、二〇一八年一二月、チリの銅鉱山開発プロジェクトに参入することを決定した。同社と住友商事(出資率五%)は二五%の出資率で約一一・八億ドルを投じ、年に二四万t生産する。二〇一三年七月の時点で住友鉱山は日本の海外レアメタル開発の主役として、ペルー、チリ、フィリピン、アメリカ、中国などに一一カ所の拠点を持つ。二〇一三年に開始したフィリピンでのニッケル生産には一一七〇億円を投じ、二〇一九年度の生産量は前年度約五%増の五万一四〇〇tに達した。

今後もレアメタルの安定供給を確保していくためには、自主開発など採掘権益を取得することが極めて重要である。さらにレアメタルの精錬工程に参画し、精錬工程の権益も獲得すべきである。二〇二一年四月、トヨタ自動車グループや住友金属鉱山など五五社は車載用リチウムイオン電池の国内供給網の整備で連携する新団体「電池サプライチェーン協議会(BASC)」の設立総会を開いた。電気自動車(EV)の普及に伴い電気需要が増大していることを受けて、BASCには川上から川下まで主要企業が集まり、レアメタル原料確保から再利用までの一貫した体制づくりを目指している。なお、JX金属の発表によると、二〇二三年一月より、JX金属はオランダ系AMG Brasil SA社と合弁で、AMG社が運営するMibra鉱山で産出される鉱石から、半導体材料やコンデンサータンタル、原子炉など電子部品・材料などに使われるタンタル精鉱の生産に乗り出している。同社は海外合弁事業により、タンタルの調達量の二割を確保し、今後引き続き先端素材の原料の安定調達を図ろうとしている。

今後、日本は関係国、同盟・友好国と連携し、レアメタルの調達ソースの多様化も視野に入れ、強靱なサプライチェーンを構築すべきである。また、日本の省資源化の技術・ノウハウを活用し、国内でのレアメタルの再利用・リサイクルを強化する必要がある。

†中国政府のレアメタル安全保障政策

レアメタル資源安全保障はエネルギー安全保障と並び、中国の国家安全保障において重要な要素として位置づけられている。二〇二一年一一月に開催された中央政治局会議では「産業の弾力性と耐衝撃性を強化し、システム金融リスクを防止するための安全底辺を構築し、食糧安全保障、エネルギー・鉱物資源安全保障、重要インフラの安全を確保し、海外利益の安全保護を強化すべきである」と強調された。(7) 鉱物の安全保障とエネルギーの安全保障を並べて打ち出したのはこれが初めてであり、鉱物の安全保障が国家戦略のレベルにまで高められたことを意味する。この変化の背景には、世界的なクリーンエネルギーへの移行を契機として、戦略的鉱物の需給ギャップが表面化してきたことがある。レアメタル資源の安全保障戦略については、次のようないくつかのポイントが挙げられる。

第一に、自主管理能力を高めることを重視しなければならない。資源供給と産業チェーンの安全性を確保するため、中央政府と地方政府は財政公益と基本調査計画に戦略的鉱物資源を組み入れている。具体的にはニッケル、リチウム、タングステン、スズ、アンチモン、銅などの鉱種の探査に的を絞って投資を増やし、自主管理能力を高めようとしている。

第二に供給リスクを低減するため、輸入ソースを多様化・分散化する。二〇二一年時点での中国のバルク金属原料の輸入先はボーキサイトの約五一％がギニア、銅精鉱の六〇％がチリとペルー、ニッケルとコバルト資源の八〇％がインドネシア（ニッケル）、フィリピン（ニッケル）、コンゴ（コバルト）からと特定の国に集中している。したがって中国の一部の戦略的鉱物の産業チェーンと技術的優位性を十分に活用し、資源産出国に協力し、現地の産業チェーンを拡大することが推奨される。

それと同時に近隣諸国の地質探査に協力し、鉱業分野における二国間の長期的な協力メカニズムを確立する。産業チェーンとサプライチェーンでウィンウィンの利益共同体を構築し、輸入ソースの多様化を実現する。

第三に国内資源の循環利用を強化し、そのレベルを向上させることである。非鉄金属バルク原料に比べ、ニッケル、コバルト、リチウム、タングステン、スズなどの再資源化・利用の度合いは中国と先進国との間でまだ差がある。今後は生態環境保全を前提として、電子廃棄物の分解・再生・リサイクルのレベルを向上させる。

第四に準備金の規模や種類を適切に拡大し、国家の準備制度を一体的に構築することである。これにより産業チェーンとサプライチェーンの安全性をさらに確保する。

第五に資源外交を活用し、投資保護メカニズムを確立することである。海外資源開発投資は通常、多くの不確実性とリスクに直面する。国家戦略レベルでは、世界の鉱物資源開発に参画することを政治・経済外交の重要な任務とする。

最後に戦略的レアメタル産業のキーテクノロジーの研究開発を強化・応用し、技術革新におけるリーダーシップを目指す。

中国はレアアースの資源の世界生産シェアの約六割を占めているが、ニッケル、リチウム、コバルト、銅、アルミニウムなど鉱物資源の埋蔵量は世界シェアの五％以下に過ぎず、アルミニウム以外では依存度が七〇％に達している。これを克服するためには海外レアメタル資源の獲得が急務である。

政府は積極的に海外資源開発を支援している。金融面での融資と低金利（商業銀行の利息より二ポイント低い）という優遇措置、輸出関税（資源開発設備輸出）の免税措置を講じることに加え、「一帯一路」沿線国を中心として首脳・要人の資源外交を展開している。ＥＶ自動車・電池、再生エネルギー産業の拡大に伴い、鉱物資源企業とEV自動車企業は、政府サポートの下で、海外のレアメタル資源開発権益を獲得するために積極的に投資・買収を行っている。

†中国企業による海外レアメタル資源への投資・買収の動き

中国のリチウム大手である贛峰鋰業は二〇二一年五月七日、英国の鉱山会社バカノラ・リチウムの権益を一億九〇〇〇万ポンドで取得すると発表した。これにより贛峰鋰業はバカノラの株式を一〇〇％取得し、リチウム粘土プロジェクトを完全にコントロールすることになる。メキシコ・ソノラ州のリチウム・クレイリチウムプロジェクトは現在、世界でも数少ない大規模なリチウム資源プロジェクトであり、総資源量は最大約八八〇万tの炭酸リチウムに相当する。そのほかにもオーストラリア、アルゼンチン、アイルランドにある計五つのリチウム鉱山の採掘権と引受権を保有している。

中国のコバルト鉱山は他国のコバルト資源と比べて規模が小さく、品位も低い。昨年初めから多くの鉱山会社を操業停止・閉鎖に追い込んだ新型コロナ蔓延は、中国の鉱山業者の海外買収のチャンスをもたらした。中国のレアメタル大手の洛陽欒川モリブデングループは二〇二一年一二月、米国のフリーポート・マクモラン社からコンゴ民主共和国のKisanfuコバルト鉱山を五・五億ドルで買収した。同鉱山は世界最大の未開発コバルト鉱山で、これにより洛陽モリブデンのコバルト資源量は二四八万tから五五八万tに大幅に増加し、スイスのカンコ社を抜いて世界最大のコバルト資源会社となった。

同じく中国厦門《アモイ》の盛頓鉱業集団は二〇二一年一二月、オーストラリアのNzuri Copper Limitedを一〇〇%買収し、コンゴ民主共和国にある同社のカロングウェ鉱山の権益を手に入れた。同鉱山の現在の確認資源量は一三四六万t、平均品位は銅鉱石二・七%、コバルト鉱石〇・六二%、金属量は銅三〇・二万t、コバルト四二・七tとなっている。盛頓鉱業集団はこの買収により銅・コバルト資源の埋蔵量を増加する一方で、コンゴ民主共和国における既存事業とのシナジー効果も創出しようとしている。

同社は二〇一六年からコンゴ民主共和国で銅・コバルト鉱山事業を開始し、現地の鉱山開発・製錬の操業における多くのノウハウを蓄積している。Nzuri社の買収により銅・コバルトの鉱山資源の権益を拡大し、銅・コバルトの一貫製錬体制を構築している。

また二〇一八年以降、中信金属と紫金鉱業は相次いでカナダIvanhoe Miningの株式一九・七%と一三・八八%の権益を取得し、第一・第二の株主となった。

Ivanhoe社はコンゴ民主共和国のカモア・カクラ銅鉱山（権益比率三九・六%）、キプシ亜鉛・銅鉱山（同六八%）、プラトリーフ白金族ポリメタル鉱山（同六四%）という世界有数の資源を有する優良鉱山資産を建設中である。銅鉱山資源規模は世界第四位で未開発の銅鉱山としては最

図4-5　紫金鉱業が開発権を買収する「3Q塩湖プロジェクト」
注：紫金鉱業が買収する「3Q塩湖プロジェクト」は、開発に向けたフィージビリティースタディーの段階にある。
出所：https://toyokeizai.net/articles/-/463419より。

大かつ最高品位であり、資源量は四二四九万t、平均品位は二・五六%、鉱山寿命中の年間平均銅金属生産量は三二万六〇〇〇t、最高生産量は年間五・四万tである。

　七月一九日、レアメタルの採掘・精錬を手がける中国大手の中鉱資源集団は一・八億ドルでジンバブエのマスンゴ州にあるBikitaリチウムプロジェクトの七四%の権益を取得した。同集団は今後、年産一二〇万tの拡張プロジェクトに着手する計画である。同プロジェクトの完了により、同社の化学グレードの浸透性リチウム長石精鉱の生産能力は年間一八万tに拡大される。

　その他、同集団はBikitaリチウム鉱山で年産二〇〇万tのリチウム鉱山の建設を開始する予定である。このプロジェクトが完結すれば年平均で約三〇万tのリチウム輝石精鉱、約九万tのリチウム雲母精鉱、約〇・〇三万tのタンタル精鉱が生産される。同社は中国の電池・新エネ材料に欠かせないリチウム安定供給に貢献している。

　また、中国資源大手である紫金鉱業は二〇二一年一〇月、アルゼンチンの「3Q塩湖プロジェクト」の独占開発権を持つカナダの資源企業ネオ・リチウム（Neo Lithium）の全株式を約九・六億カナダドルで買収した（図4-5）。開発権の対象面積は約三五三㎢で、炭酸リチウムの埋蔵量は約七六三万tで世界五位の規模である。その中核資産はアルゼンチンの3Qリチウムソルトレイクプロジェクトで資源量は七六三万t、埋蔵量は一六七万tである。二〇二二年一月には3Qソルトレイクの買収が完了し、四月初旬から建設がスタートした。第二期プロジェクトは二〇二三年に開始され、炭酸リチウムの年間生産能力を四万〜六万tに拡大する。

なお四川省に本社を置く化学メーカー・雅化集団は二〇二一年一二月、オーストラリアEVリソーシス社の九・五％の権益を取得し、EVリソーシス社と共同で既存のリチウム資源を開発している。また二〇二二年二月、オーストラリアCore社の一〇〇％子会社であるLithium Developments（Grants NT）Pty Ltdとリチウム精鉱契約を結んでいる。Lithium Developments社から年間三〇万t以上、約六％の酸化リチウム精鉱を購入し、リチウム精鉱の生産開始後は年間七五万t以上（一〇％の変動を伴う）の酸化リチウム精鉱を購入することになっている。

そして同じく二月、オーストラリアABY社に三・四％出資し、リチウム精鉱の引取・販売契約も締結した。ABY社とのリチウム精鉱引取契約を二〇二五年まで更新し、ABY社から年間一二万t以上のリチウム精鉱、さらに生産開始後は年間七五万t以上（一〇％の変動を伴う）

の酸化リチウム精鉱を購入する。

さらに今年四月一八日、一〇〇%子会社の雅化国際を通してカナダのウルトラリチウム社の一三・二三%の権益を五〇〇万カナダドルで取得した。ウルトラリチウム社の一〇〇%子会社の株式の六〇%を現金出資で手に入れ、これにより福根湖硬質リチウム輝石型リチウムプロジェクト、ジョージア湖硬質リチウム輝石型リチウムプロジェクトを保有した。福根湖プロジェクトの推定資源量は地表露頭面積ベースで六四〇万t、平均酸化リチウム品位は二・二%となる。ジョージア湖プロジェクトは地表の露頭に基づく推定資源量が五四〇万t、平均酸化リチウム品位が一・二%、予備評価で酸化リチウム換算約六・五万tとなる。

今回、同集団が参画する福根湖硬質リチウム輝石型プロジェクトおよびジョージア湖硬質リチウム輝石型プロジェクトの最初の探鉱結果に基づき、第一フェーズでは年間二〇万tの酸化リチウム六%濃縮リチウム抽出プラントを建設し、一〇年以上の持続的な操業ができるようにする。その後、さらなる詳細探鉱に基づき、第二フェーズでは年間四〇万tまで能力を拡張する第二フェーズを建設する予定である。

雅化集団は積極的に海外資源会社に出資する一方で中長期な契約を結び、自社に必要なリチウム資源の安定的な調達を確保しようとしている。

浙江省に拠点を置き、新エネルギー用リチウム材料とコバルト材料の研究、開発、製造に従事するハイテク企業・華友鈷業は二〇二一年一二月二三日、ジンバブエのProspect Lithium Zimbabwe（Pvt）Ltd（Prospect Lithium Mining Company）の一〇〇%の権益を総額四・二二億ドルで買収すると発表した。

Prospect Lithiumはジンバブエのアルカディアリチウム鉱山の一〇〇%権益を保有している。華友鈷業はこの買収により同鉱山の標準資源量七二七〇万t、酸化リチウム一・〇六%、五酸化タンタル一二一ppm、酸化リチウム金属量七七万t（炭酸リチウムに換算すると一九〇万t）、五酸化タンタル金属量八八〇〇tを手にいれた。こうして同社のリチウム資源の優位性が強化された。

中国のEV大手・寧徳時代新能源科技股份有限公司（CATL、以下、寧徳時代）も近年、上流リチウム資源の供給を確保するため積極的に海外買収投資を行い、電池材料の確保に乗り出している。二〇一九年九月、同社はオーストラリアのリチウム・タンタル生産会社Pilbara Minerals Limited（以下、Pilbara社）に五〇〇〇万豪ドルを出資し、八・五%の権益を取得した。Pilbara社の主要な鉱山プロジェクトは西オーストラリア州にあるリチウム輝石プロジェクトであり、二〇二一年六月末時点の同社鉱物資源量合計は酸化リチウム三五〇・九万tで、平均品位は一・一四%である。(8) 同社のPilbara社への投資は産業チェーンの上流レイアウトをさらに向上させるもので、上流のリチウム資源の安定供給のための一環である。

寧徳時代の傘下の蘇州天華時代新能源産業有限責任公司は二〇二一年九月、アフリカのコンゴリチウム鉱山の開発プロジェクトに二億四〇〇〇万ドル（約二六六億円）を投資する。九月二七日、オーストラリアの鉱床探査会社であるAVZミネラルズは保有するコンゴ民主共和国のマノノ鉱山の開発権益（七五％）の二四％を取得した。マノノ鉱山はこれまでに発見された硬質岩石リチウム鉱床の中でも最大かつ最高品位のもので、酸化リチウム一・六五％の高品位で、二億六九〇〇万tの確認資源と四億tの推定リチウム鉱床を有している。AVZが二〇二〇年四月に発表したフィージビリティレポートによると、マノノプロジェクトは年間七〇万tの酸化リチウムを生産し、採掘年間は二〇年とされている。寧徳時代グループがマノノ鉱山の権益取得に動いた背景には、車載電池の生産に欠かせないリチウムの価格高騰がある。

紫金鉱業が二〇二一年一〇月、アルゼンチンの「3Q塩湖プロジェクト」の独占開発権を持つカナダの資源企業ネオ・リチウム（Neo Lithium）を買収した後、世界第二位の鉱山大手である英リオ・ティント・グループ（Rio Tinto Group）は同年一二月、約八・三億ドルを投じて豪Rincon Mining Pty社を買収してアルゼンチンのリチウムトライアングルプロジェクトに参入し、電池材料分野に乗り出した。リオ・ティントによると、このリチウムプロジェクトは南米の有名な「リチウムトライアングル」に位置し、電池グレードの炭酸リチウムを生産する。塩湖の総資源量は一一七七万t、総埋蔵量は一九八万t、耐用年数炭酸リチウムプラントは年間五万tと推計されており、四〇年にわたり生産する。

このように主要国企業は南米のリチウム資源権益の確保をめぐり、競争を展開している。二〇二一年七月に贛豊鋰業がカナダMillennial Lithium社を三・五三億カナダドルで買収すると発表すると、九月初旬には寧徳時代も参入し、総額三・七七億カナダドルを提示したため九月末にはMillennial Lithiumが寧徳時代の買収を受け入れると発表した。すると約一カ月後の一一月一日、カナダのLithium Americas CorpがMillennial Lithiumに総額四億米ドルのオファーを出し、一一月一七日にMillennial Lithiumはこの申し出を正式に受け入れたため、贛豊鋰業と寧徳時代は買収に失敗した。ここからも、中国勢と他国企業との間で海外レアメタル開発権益をめぐる競争が激化していることがうかがえる。

二〇二二年七月一一日、贛豊鋰業（ガンフォンリチウム）は九・六二億ドルでアルゼンチンのLithea社の全株を買収すると発表した。Lithea社の主要資産であるPPGプロジェクトはアルゼンチン・サルタ州に位置するリチウム塩鉱区で、PozuelosとPastosGrandesという二つのリチウム塩鉱区から成る。二つのリチウム塩湖はいずれもアルゼンチンのパストス・グランデス塩湖地区にあり、炭酸リチウム換算の資源量は合計一一〇六万tに上る。[9] PPGプロジェクトは第一フェーズで年間三万tの炭酸リチウムを生産する計画であるが、プロジェクトサイトの天然資源状況に応じて年間五万tまで拡張される。同社は二〇一〇年代初期からいち早く海外リチウム資源開発権益の確保に乗り出し、その権益量は三〇〇〇万（炭酸リチウム換算）tを超えている。これは中国企業が持つリチウム資源量としては最大である。

このようにリチウムなどレアメタル価格の世界的な高騰により、中国の鉱物企業のみならずEV大手などでも自社でリチウム資源を獲得するメーカーが増え、中国企業が海外のリチウム資源を争奪しつつある。その進出・投資先は南米のアルゼンチン、メキシコ、アフリカのコンゴ、マリ、欧州アイルランド、オーストラリアなど世界各地に広がっている。加えて中国は脱炭素に欠かせないレアメタル資源の確保に乗り出し、EVや再生可能エネルギー産業のサプライチェーンの主導権を狙っている。また、米中の対立による新冷戦が現実味を帯びつつある中、米国など民主主義体制諸国が半導体・レアメタルなどのサプライチェーンから中国を排除することへの懸念から、中国は積極的に買収を行い、海外のリチウムなどレアメタル開発権益の確保に動いている。

4　バイデン政権の重要な戦略物資に関する確保戦略

アメリカは中国を念頭に入れつつ、二〇二二年に入ってからはさらにレアアースなど重要鉱物の安定供給を強化しようとしている。

二〇二二年二月二二日、バイデン政権はレアアースなどの主要鉱物のサプライチェーンを強化するとして、連邦政府と民間企業による行動を発表した。これは中国への依存度を下げるための措置であり、米国の国家安全保障を守り、重要な産業での合理的な自給自足を目指すとしている。

バイデン大統領は同日、ホワイトハウスのビデオ会議で、鉱物サプライチェーンやクリーンエネルギー業界の企業幹部、地域社会の代表者、労働界のリーダー、カリフォルニア州知事のギャビン・ニューサム、エネルギー省長官のジェニファー・グランホルムらとともに主要鉱物および材料の国内生産への大規模な投資を発表した、バイデン大統領は「中国はこれらの鉱物の世界市場の多くを支配しており、今日と明日の製品の動力を自ら中国に頼っていては、メイド・イン・アメリカの未来を築くことはできない」と発言し、鉱物資源の中国支配を警戒し、アメリカのレアアースなど鉱物資源の安全保障の必要性を強調した。会議に先立ち発表されたホワイトハウスのファクトシートによると、連邦政府はムンティン・パスの鉱山を所有するレアアース鉱山会社MPマテリアルに三五〇〇万ドルを投資してレアアースを分離・加工し、完全なエンドツーエンドの国内永久磁石サプライチェーンを確立するとのことである。

なお、MPマテリアル社は今年七億ドルを投じてレアアース類磁石材料の米国での供給を実現し、二〇二四年までに永久磁石のサプライチェーンを構築する計画である。

今回、バイデン政権がレアアースなど重要な鉱物資源のサプライチェーンを強化することの背景には中国政府が二月二一日、台湾のミサイル防衛システムの保守サービスを提供する米ロッキード・マーチン社とレイセオン社に対して、希土類鉱物の入手制限を目的とした制裁措置を発表したことがあり、これにより中国のレアアースに依存することに対する懸念・警戒が高まっている。

一月一四日、共和党のトム・コットン上院議員と民主党のマーク・ケリー上院議員は、米国防総省の請負業者による中国産レアアースの購入を禁止する超党派の法案を提出した。同法案は二〇二六年まで防衛関連企業が中国からレアアースを購入することを禁止し、二〇二五年までに国防総省にこれらの鉱物の戦略的備蓄を義務づけるものである。

二〇二一年二月二四日、発足間もないバイデン大統領は供給網の国家戦略をつくるよう命じる大統領令に署名し、中国を念頭に置いたうえで半導体、電気自動車（用の電池、レアアース（希土類）、医療品を中心とした供給網の強化策に取り組み始めた。大統領令では「同盟国との協力が強靱《きょうじん》な供給網につながる」と強調しており、レアアースでは有力企業を持つオーストラリアなどアジア各国・地域との協力を視野に入れる。(10) アメリカは中国依存を減らし、戦略物資を調達するためのサプライチェーン（供給網）を強化する重要な鍵として日本とオーストラリア、インドが協力する日米豪印戦略対話（QUAD）や主要七カ国（G7）で連携し、安定した調達を目指している。

中国の活発なレアメタルの海外権益獲得の動き、クリーンエネルギー産業・レアメタルサプライチェーンにおけるプレゼンスの拡大に伴い、アメリカ政府は同盟国と連携し、レアメタルなど戦略的物資のサプライチェーンを構築しようとしている。たとえば二〇二〇年七月、オーストラリアのレアアース（希土類）企業ライナスの米国内への建設事業を推奨し、国防総省から一四二万～二一三万ドルの資金援助（二〇〇万～三〇〇万豪ドル）を提供した。さらに二〇二一年二月一日、同社によるテキサス州での軽レアアース分離精製施設の建設に三〇四〇万ドルの資金を援助した。アメリカ政府は同盟国企業の重希土類分離・精製および軽レアアース分離精製施設の建設を支援することにより米国国内での安定供給を目指し、中国への過度な依存によるリスクを回避しようとしている。

二〇二二年五月一一日、米国防総省はイギリスとオーストラリアの戦略資源処理施設に対する資金提供を可能にするため、国防生産法（DPA）を見直すよう議会に要請している。現在は米国とカナダの施設のみがDPA資金の対象となっており、同省は、英豪も対象とすればアメリカの製造業や産業の能力を強化し、世界競争で優位性を高めることが可能になると指摘した。(11)

電池分野ではDOE（エネルギー省）が持つ一七〇億ドルの融資枠を使う。同年五月、DOE

はＥＶやエネルギー貯蔵に欠かせない先進電池のサプライチェーンの強化に向け、関連プロジェクトに対し約三〇億ドルを投資している。七月下旬、米フォード・モーター、韓国ＳＫグループ、電池の正極材を手掛ける韓国大手エコプロビーエムの三社は北米での正極材工場建設へ共同投資し、二三年上半期に着工すると発表した。国際市場の電池分野では中国の寧徳時代新能源科技（ＣＡＬ）が約四分の一のシェアでリードしているが、アメリカは同盟国企業と連携し、これを巻き返そうとしている。

またＤＯＥは先述の大統領令に基づき、二〇二一年から二〇三一年にかけての重要鉱物・材料戦略を独自に策定した。ＤＯＥの二〇二二年会計年度予算では重要鉱物・材料クロスカットを作成し、活動を強化・調整・補強している。ＤＯＥ化石エネルギー・炭素管理局（ＦＥＣＭ）は石炭廃棄物・産業副産物からの希土類元素、重要物質の回収に関連する活動を調整するため、新たな鉱物持続性サブプログラムを創設した。ＤＯＥは重要な鉱物や材料の供給の多様化、代替品の開発、リサイクルと再利用を推進するため、重要材料研究所（ＣＭＩ）に資金三〇〇〇万ドルを支援している。(12)

アメリカ政府は中国の「一帯一路」広域の対外戦略構想を念頭に置き、二〇一九年に設立した米国際開発金融公社（ＤＦＣ）を通して海外鉱物資源開発に積極的に投資を行っており、二〇二一年六月時点で鉱物と精鉱分野に二六億ドルを投じている。(13)

ここまで主要国のレアメタル確保戦略、中国などの海外レアメタルの開発権益獲得のための買収活動について述べてきた。

レアメタルの需給ギャップの拡大に伴い、今後は中国など諸外国の海外レアメタル権益をめぐる競争、産業サプライチェーンの主導権をめぐる中国とアメリカなど先進国との競争がますます激化するであろう。新冷戦に入りつつある中、中国は自ら必要な鉱物資源の産業サプライチェーンを確立し、官民挙げて安定供給に力を入れている。一方、アメリカは同盟国・友好国と連携し、中国依存のリスクを回避すべくサプライチェーンの構築に努め、安全保障を実現しようとしている。新冷戦はレアメタル安全保障に大きな影響を与えている。

また、レアメタルの需給ギャップが顕著となる中、主要国の海外レアメタル代替技術の必要性が高まっている。レアメタルの需要をほとんど輸入に頼っている日本は、レアメタルの使用量を削減できる技術やその機能を代替する技術[14]・ノウハウを持っている。今後、各国はレアメタル安全保障を強化するため、海外レアメタルの探鉱・開発に取り組むのみならず、レアメタルの代替技術の開発や、使用の効率化・省資源化にも力を入れるであろう。

（1）COBALT INSTITUTE, *State of the Cobalt market' report* May 2021,p.5.
（2）https://www.statista.com/statistics/1142907/global-cobalt-consumption/

(3)『日本経済新聞』二〇二一年二月二四日付。
(4) 経済産業省『新国際資源戦略』二〇二〇年三月
(5) 同上。
(6)「豊田通商　アルゼンチンの電池材　さらなる生産拡張視野　トヨタEV拡大に対応」(https://www.chukei-news.co.jp/news/2022/03/28/OK0002203280101_01/)
(7)『中国有色金属報』二〇二二年四月一八日。
(8)『五鉱証券』(有色金属) 二〇二二年三月八日、一一頁。
(9) https://toyokeizai.net/articles/-/605835
(10)『日本経済新聞』二〇二一年二月二四日付。
(11) https://jp.reuters.com/article/usa-mining-pentagon-idJPKCN2MY0AL
(12) U.S. Department of Energy *America's Strategy to Secure the Supply Chain for a Robust Clean Energy Transition,* February 24, 2022, p. 21.
(13) DFC, *U.S. International Development Finance Corporation: Overview and Issues,* January 10, 2022 P. 19.
(14) レアメタルの代替技術の開発について、「化学品メーカーである東ソーは、液晶ディスプレイ(LCD)の導電膜に使用されるインジウム(In)の代わりに亜鉛を使用する代替技術の開発を進めているという。また、高性能モーターのネオジム磁石に使われるジスプロシウム(Dy)などの希土類の添加物を削減する技術を開発しているベンチャー企業もある」(https://www.sc-abeam.com/sc/?p=605)

第5章

地政学的インパクト

カーボンニュートラルに向けて脱炭素化への取り組みが活発化するなか、それを取り巻く地政学的ファクターが激変している。二〇二二年二月二四日に始まるロシアのウクライナ侵攻により、エネルギー安全保障の事情やレアメタルの供給環境は大きく変わった。地政学的なインパクトによる影響を克服し、有事に備えることが喫緊の課題となる。

1　供給構造変化による脱炭素化への影響とエネルギー安全保障

†脱石炭に向けての世界の動向

エネルギー転換・電力部門におけるCO_2排出量は全体の四割以上で、他の産業部門（三割）、輸送部門（二割）よりもはるかに大きな割合を占めている。CO_2は産業活動・生活活動に必要な石炭、石油、ガスといった化石エネルギーから排出され、これは地球温暖化の大きな原因となっている。二〇二一年の世界の二酸化炭素（CO_2）排出量は前年比五％（一五億t）増の三三〇億tで、そのほとんどが化石エネルギー消費によるものである。石炭、原油、天然ガス（LNG）のCO_2排出比（排出係数の比）はそれぞれ一〇対七・五対五である。

主要国ではカーボンニュートラルに向け、CO_2温暖化ガスの元凶である石炭から脱却する動きを活発化させている。とりわけEUは先行しており、地球温暖化対策として温室効果ガスの排出量の大幅な削減に取り組み、主要な排出源となる石炭の利用を停止する脱石炭への取り組みが加速している。

EU二七カ国で稼働していた二六六基の石炭火力発電所のうち、二〇三〇年までに閉鎖が決まっている発電所は一五一基と全体の六割近くに達している。なかでもドイツでエネルギー賦存が高い石炭は主要エネルギー源であり、二〇一八年時点で石炭比率は石炭火力発電容量ベースで約二一%となっている。ドイツは段階的に廃止し、二〇三八年までに全廃する計画である。

ドイツでは二〇二〇年七月に脱石炭法が可決され、二〇三八年までに石炭火力発電所を全廃することを表明し、石炭火力発電所の段階的な廃止に向けたロードマップを策定した。ドイツ連邦政府は脱石炭法施行に当たり、東部の炭鉱閉鎖による収益喪失、炭鉱従事者への職業訓練等に対し最大四〇〇億ユーロの資金支援を行うほか、早期閉鎖する発電所事業者への最大四三億五〇〇〇万ユーロの賠償を確約している。

イギリスではガス火力の導入が促進され、石炭由来の電源供給は二〇一三年以降減少している。二〇一九年時点での石炭比率は容量ベースで約八%となり、二〇二五年までに全廃する方針を打ち出している。

日本では二〇二一年一〇月二二日に閣議決定された「第六次エネルギー基本計画」において、

二〇三〇年度時点で石炭をはじめとする火力を現行の七六％程度から四一％程度まで減少させることにしており、海外での石炭火力投資を停止させている。

中国政府は二〇三〇年までのCO_2排出ピークアウトに向けて、電力部門と産業部門などの低炭素化に向けて二〇二五年から石炭の消費を減少させ、二〇三〇年から石油消費量を減少させるという計画を掲げている。

世界、とりわけ欧州は火力発電などで石炭をはじめとする化石燃料を削減、石炭脱却を加速している。しかしながらロシアのウクライナへの侵攻により、世界の脱炭素にかかわる地政学ファクターは大きく変わり、主要国・地域は厳しい状況に直面している。

†エネルギーをめぐるロシアとEU諸国の対立

ロシアは世界屈指のエネルギー大国として強い影響力を持つ。石油と天然ガスの生産量はそれぞれ世界の第三位（日量一〇六七万バレル）、第二位（六三八五億㎥）で世界全体の一二・一％、一七％を占めている。特にEU主要国は天然ガス、石油の対ロシアの依存度が高い（図5－1）。

ロシアのウクライナ侵攻により、EUの自立したエネルギー安全保障の必要性が増している。EUは三月八日、これまでロシアの天然ガスに依存してきた状況から脱却する計画を発表した。EUのロシアからのエネルギー輸入は二〇二一年に天然ガスが全輸入量の四五％、原油が同二七%、無煙炭が同四六%を占めている。こうした中でEUは国際銀行間通信協会（SWIFT）システムからロシアの一部銀行を排除するなど大規模制裁に踏み切り、エネルギー危機は深刻化している。

EUは西アフリカ、中東、アメリカなど調達先を多様化し、バイオメタン生産を拡大するほか、省エネ、ルーフトップ太陽光発電設備設置の前倒し、ヒートポンプ設置、風力・太陽光発電利用の加速化などでロシアからの天然ガス輸入量を年内に六割減少させようとしている。LNGは二〇二二年末までにカタール、米国、エジプト、西アフリカ等から五〇〇億㎥（約三六八〇万t）輸入し、天然ガスはアゼルバイジャン、アルジェリア、ノルウェーからのパイプラインを通して一〇〇億㎥（約七四〇万t）輸入する。加えてバイオメタンの生産を三五億㎥（約二六〇万t）まで増加させる。こうした取り組みにより、二〇二二年には脱ロシアガス依存に向けて三分の一の効果が期待できる。

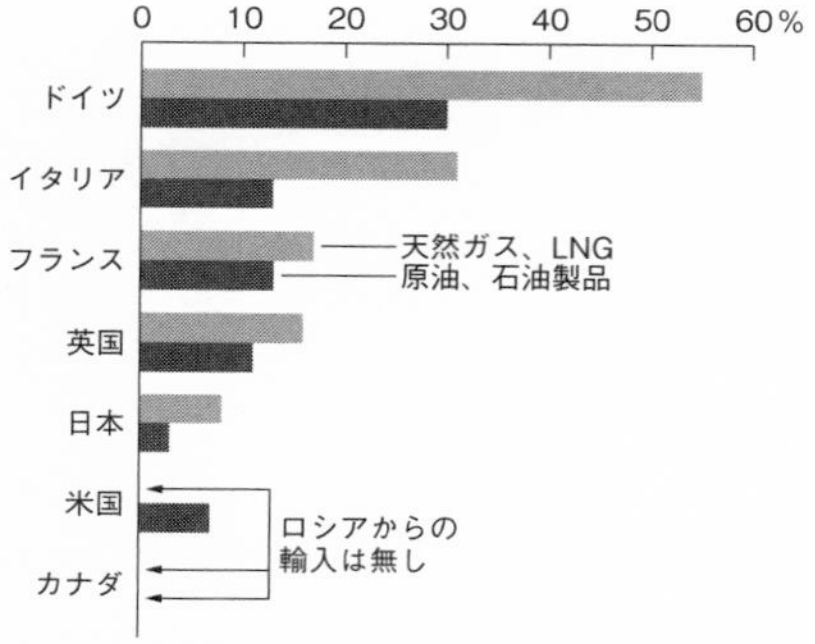

図5-1　資源輸入量に占めるロシア比率
（注）原油は2021年11月、天然ガスは20年国際エネルギー機関とBPの資料より作成
出所：日本経済新聞2022年3月11日。

またEUは三月、再生可能エネルギー・新エネの開発・導入の推進・支援などにより二〇三〇年までに化石燃料やロシア産エネルギーからの脱却を目指す「リパワーEU」計画（概要）を打ち出した。さらに四月五日、EUは年間四〇億ユーロ（五四〇〇億円）相当のロシア産石炭の輸入を禁止するなど、ロシアに対する追加制裁を発表している。五月末、EUはロシアへの追加制裁としてロシア産石油のEUへの輸入を禁止することで合意した。発動後、ただちに三分の二の輸入がストップし、年内に約九〇％が停止される。

一方、ロシアはEU先進国の制裁に対して報復措置を取ってきた。三月末に天然ガスの輸入代金をルーブルで支払うことを非友好国EUに要求し、それを実施しなければガス供給をストップすると脅している。EUはこれまで、決済通貨の変更は脅迫と等しいとして断ってきたが、ロシア政府系大手のガスプロムは四月下旬、ルーブル支払いを拒否したポーランドとブルガリアへの天然ガスの供給を停止させたほか、七月末にはラトヴィアがガス供給に関する条件に違反したとして同国への供給をストップした。

ロシアはガス供給を停止させるほか、供給量の削減などでEUに揺さぶりをかけようとしている。たとえばガスプロムは六月一五日、メンテナンスという口実でバルト海を経由するロシアードイツ間の海底パイプライン・ノルドストリーム1（図5－2）の一日当たりのガス輸送量を通常の輸送量（一億六七〇〇万㎥）に比べて四〇％減少させた。その翌日には通常の量よりも六〇％少ない六七〇〇万㎥まで減らし、ドイツのほか、フランスやイタリアへのガスの供給を大幅に削減した。

　さらに七月一一〜二一日には設備の定期点検という名目で、ドイツへのガス供給を完全にストップした。二二日に再開されたものの六割削減されたままで、全面再開されてはいない。ドイツは引き続きロシア側の供給の出方を警戒しているが、ガスプロムは八月一九日、「ノルドストリーム１」によるガス供給を八月三一日から三日間停止すると発表した。

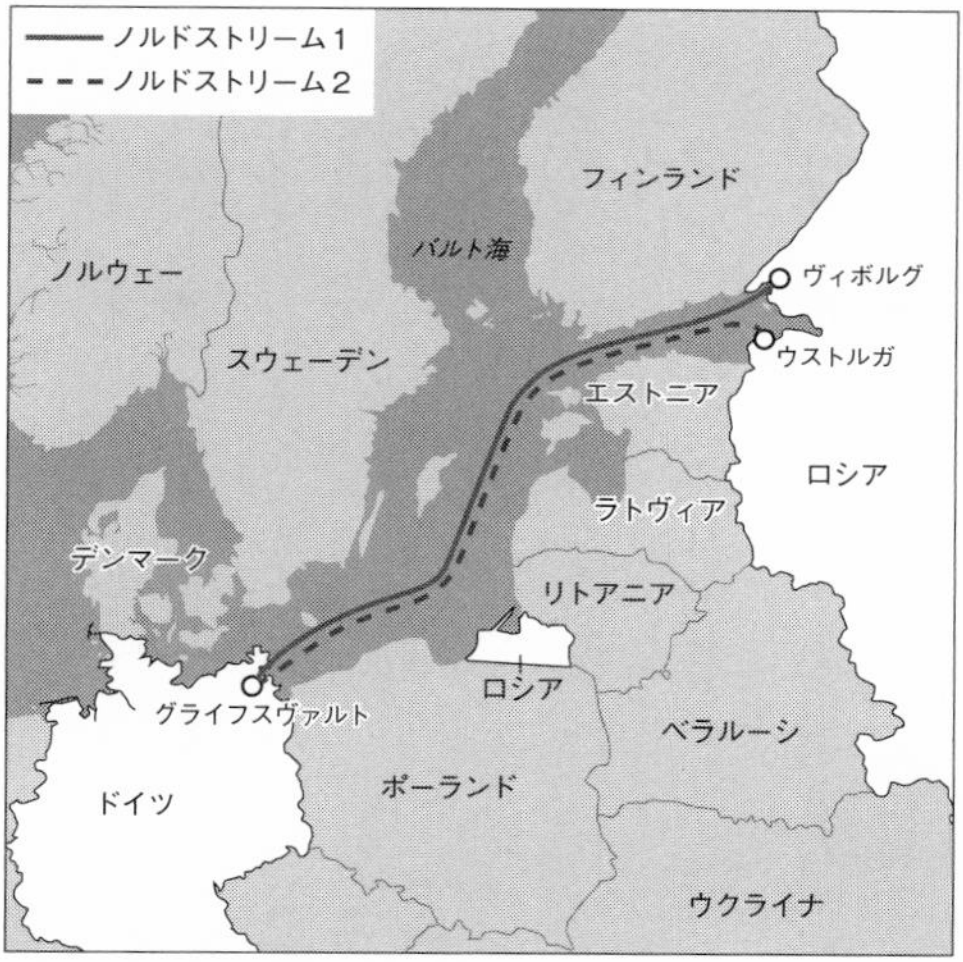

図5-2　ロシアと欧州を結ぶガスパイプライン「ノルドストリーム」
出典：ガスプロム
出所：BBC

　ロシアがメンテナンスを理由にガス供給量を減少したり、パイプラインの供給稼働を停止したりしていることは、ウクライナ侵攻に対する経済制裁を続けるドイツなど欧州諸国に揺さぶりをかけ、戦争により高騰したエネルギー価格をさらに増幅させようとする目的を持つ。

今回のウクライナ危機によりロシア産ガス供給量の減少のみならず、石油と天然ガス価格も大幅に上昇している。二〇二二年七月時点の欧州天然ガスは五一・三三ドル／一〇〇万BTU（英国熱量単位）に達し、昨年同月比で三一〇％と大幅に上昇した。原油価格（WTI）もロシアのウクライナ侵攻直後の三月、昨年同期比で七割以上という大幅増で一〇八・五ドルに達した。二〇二二年一～七月の平均価格は昨年に比べ、約五割も高騰しており、とりわけ欧州は深刻なエネルギー危機に見舞われている。

†脱ロシアエネルギーに向けた各国の動き

ロシアのウクライナ侵攻により地政学的リスクが増幅する中、欧州ではエネルギー安全保障の確保が急務となっている。欧州は短期的にロシア依存から脱し、天然ガスの供給先の多角化、原子力の有効活用などで対応しようとしているが、再生可能エネルギーや新エネルギーの開発・利用拡大には時間がかかる。エネルギーの安定的供給・セキュリティは脱炭素化の大前提であり、既存のエネルギーソースを利活用するため、EUは石炭火力発電所の閉鎖を遅らせ、再開させている。

ドイツは二〇三〇年までに石炭火力発電所を閉鎖する計画を棚上げすることを検討しており、電力大手のRWEは停止した発電所の再稼働、停止が決まっている発電所の運転延長を検討している[1]。同社はこれまで稼働を停止したノルトライン・ヴェストファーレン州のハム、一部が非常用予備容量として待機中のノイラートなど複数の石炭火力発電所で再開を検討するなど、脱ロシアガスに対応しようとしている。

ドイツでは二〇二二年六月八日、政府がガスの安定供給に対する脅威を認めた場合に石炭火力を稼働させ、安定供給のため待機中の石炭火力等を期間限定で電力市場に復帰させられるよう法改正された。これを受けて八月一日、リザーブ電源となっていたドイツ北部ニーダーザクセン州のMehrum石炭火力発電所三号機（設備容量六九万kW、運開一九七九年）について二〇二三年四月末までを期限とした運転許可が交付され、商業運転が再開された[2]。

フランスでは二〇二二年三月三一日に運転が停止され、同年中に廃止される予定であった石炭火力発電所（設備容量六一万八〇〇〇kW）について、政府が六月二六日、二〇二二〜二三年冬季の再稼働に向けて準備を開始する方針を固めた。

オーストリア政府と電力大手Verbundは六月一九日、Mellach火力発電所（ガス燃焼二四万六〇〇〇kW、熱電併給）を石炭燃焼に改造し、ロシアからのガス供給制限など緊急時に再稼働することで合意した。

ギリシャ政府は二〇二三年時点での脱石炭を当初の予定としていたが、発電用燃料構成に占める褐炭の割合を増やし、高価な天然ガスの使用を制限するため、石炭の最大活用計画を推進している。四月六日にキリアコス・ミツォタキス首相は今後二年間の時限措置として、今後二年間、石炭鉱山の生産量を五〇％増やすことを決めた。その直後、コスタス・スクレカス環境・エネルギー相は電力公社に、発電量に占める褐炭の割合を昨年の五％から一七〜二〇％に引き上げるよう指示した。(3) 七月に入ってからの一二日間で、石炭火力のシェアは電源構成の一六・三％に達した。

ルーマニアの環境・水・森林大臣、タンツォシ・バルナは「石炭火力発電所を再稼働させなければならないでしょう」とフェイスブックに投稿している。(4) ルーマニアの地元メディアは、二〇二一年に閉鎖された同国のミンティア石炭発電所を再稼働させる可能性があると報じている。またイタリアでも、マリオ・ドラギ首相（当時）が石炭火力発電所の再開を検討すると発言している。

イギリスは五月二七日、二〇二二〜二三年冬季の電力安定供給に向けて、二〇二二年中に廃止予定であった石炭火力二カ所（設備容量計三三〇万kW）の運転を延長する方針を決定した。

中国は国内でも脱石炭を進めていたが、世界エネルギー価格の高騰や国内の電力不足を受けて石炭を増産し、新規火力発電の容量を拡大している。国家統計局によると、二〇二二年一〜

六月全国の石炭生産量は前年同期比一一%増の二一・九億tに達している。新規火力発電容量は一三二〇万kWで特に石炭火力発電容量が増設されており、それぞれ前年同期比で約三%、二%増加した。

アメリカでも石油・ガス価格の急騰や異常気候・猛暑による電力供給の逼迫を背景として、石炭の増産や閉鎖予定だった石炭火力発電所の継続利用の動きがある。EIA(米国エネルギー情報省)によると、アメリカの石炭生産量は二〇二二年一〜六月に前年同期比二・八%増の二・九一億ショートトンとなっている。

アメリカ・ミズーリ州にあるアメレン社の老朽化したラッシュアイランド石炭発電所は二〇二二年で閉鎖予定であったが、地域の送電網管理者は停電のリスクを減らすため、同発電所の電力を必要としている。そのため、今後数年は運転を継続する可能性が高まっている。

EUなど諸外国はこれまで石炭火力からの脱却をCO_2対策の柱に据えてきたが、脱ロシア依存を進めていく中でエネルギー危機にさらされている。脱炭素化よりもエネルギー・電力セキュリティを優先することにより、石炭火力発電所の操業延長・閉鎖の先送りを余儀なくされている。

先進諸国は時限措置として延長・再稼働を決定したが、石炭火力発電所を計画通り閉鎖せず長期的に稼働させた場合、CO_2の削減、ひいてはカーボンニュートラルに向けた目標に影響しかねない。環境優等生であるEUでCO_2排出削減や石炭火力発電削減への対応が遅れると、アジアなど他の国・地域の脱炭素化とエネルギー安全保障対策にもマイナスの影響を及ぼすことになる。

今回のロシアのウクライナ侵攻に対し、日本政府は主要七カ国（G7）の対ロ制裁の首脳声明に足並みを揃えて対応し、まずは石炭や石油の禁輸を段階的に進めている。二〇二二年四月八日、日本政府はロシア産石炭の輸入禁止などロシアへの追加制裁を発表し（石炭輸入を段階的に削減し、最終的には禁止）、五月八日にはロシア産の石油輸入の原則禁止[5]の方針を表明した。こうして脱ロシアが動き出している。

二〇二一年の日本の石炭輸入量のうち、ロシアから輸入した一般炭は一三％で原料炭の八％を占めており、対ロシア依存度は一一％となっている。そして石油と天然ガスの対ロシア依存度はそれぞれ四％、九％となっている。日本政府は電力の安定供給のため、石炭などの輸入元として代替国を見つけて対応するとともに、再生エネルギーや水素など新エネの開発を推進しようとしている。

2　脱炭素化に欠かせないレアメタルの安全保障問題

レアメタルは現在、価格の高騰や万が一の供給途絶などのリスクにさらされており、早急に対処すべき課題となっている。パラジウムなどのレアメタルはロシアのシェアが高い（図5-3）。また、脱炭素化に向けた自動車触媒コンバーター（排ガス浄化装置）であるパラジウム、電池材料のニッケルはそれぞれ世界の四三％[6]、一三・六％を占めている。

	素材	主な用途	依存度
金属	パラジウム	排ガスの触媒	**生産の4割**（ロシア）
金属	ニッケル	ステンレス鋼や電池の材料	**生産の1割**（ロシア）
ガス	ネオン	半導体製造のレーザー光源	**生産の7割**（ウクライナ）
ガス	クリプトン	半導体製造のレーザー光源	**8割**（ロシア、ウクライナ計）
ガス	ヘリウム	精密機器や半導体製造	**約3%**（ロシア）

図5-3　ロシア・ウクライナの依存度が高い希少資源
（注）出所は独鉱物資源庁、英ジョンソン・マッセイなどで一部推計
出所：図表5-1と同じ。

ロシアのウクライナ侵攻によりレアメタル価格は急騰しており、たとえばニッケルの価格は二〇二二年二月時点で一t当たり約二万四〇〇〇ドルで、二年前と比べ二倍となっている。ニッケルは世界でのEV需要拡大を受けて価格が上昇傾向にあったが、ロシアのウクライナ侵略による供給懸念が強まり、価格が急騰した。投機的な要因もあり、三月八日にはLMEニッケル取引全体が一時停止された。三月一六日以降に再開後、LMEは値幅に制限を設定し、三月下旬以降の値動きは落ち着きを取り戻したものの、依然として高止

まりしている。

パラジウムについては二〇二一年二月、ロシアNorilsk Nickelの鉱山事故の影響で高値が続いた。二〇二二年三月には一時的に史上最高値三一七七アメリカドル／ozを記録しており、二〇二一年末の倍以上と高騰している。

さらに二〇二二年六月時点でのバッテリーメタルの価格は前年同期比で大幅に高騰している。リチウムイオン電池の正極材に欠かせないニッケルは約一・三倍、コバルト約二倍、リチウム約五倍とレアメタルの価格は軒並み上昇し、EVのモーター磁石に使うネオジム（レアアースの一種）も前年比約二倍と高騰している（図5－4）。

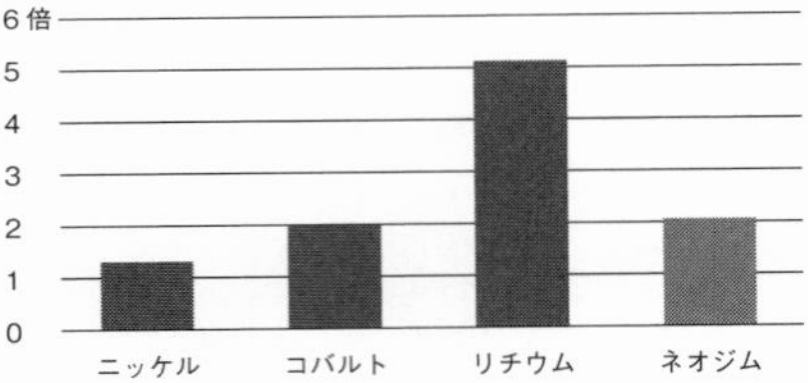

図5-4　最近のバッテリーメタルの価格動向
（注）22年6月ベースで前年同月の価格水準と比較
出所：https://www.eri.eneos.co.jp/report/research/pdf/20220822_01_write.pdf

ロシアのウクライナ侵攻を受け、レアメタルの価格高騰が世界規模の問題となっており、主要国の脱炭素化・脱炭素技術に欠かせないレアメタルの安全保障がリスクにさらされている。

加えてパワー半導体を含む半導体製造に欠かせないレアメタルの七割はウクライナに依存しているため、物流で供給が止まるなどすでにサプライチェーンが逼迫しており、二〇二一年から続く半導体不足の懸念が高まっている。

3 対応すべき課題

ロシアのウクライナへの侵攻により主要国・地域は次のような課題に直面している。

第一は、脱炭素化の大前提であるエネルギー安全保障の問題である。エネルギー安全保障についてIEAは三月三日、EU加盟国が確実かつ廉価な方法で脱炭素化・クリーンエネルギーに取り組みつつ、脱ロシア（ロシア産ガス輸入量を一年以内に三分の一以上削減する）のための一〇方策を提言した。それは次の通りである。

①天然ガスの供給ソース・調達先を多様化する（ロシア以外に切り替える）、②非ロシア産天然ガスの購入量を一年以内に約300億㎥増加する、③最小限の天然ガス貯蔵を義務づけ、供給システムのレジリエンスを強化する、④風力と太陽光で新たな発電設備の建設を加速し、一年以内に天然ガス消費量を六〇億㎥削減する、⑤バイオエネルギーと原子力の発電量を最大化し、一年以内に天然ガス消費量を一三〇億㎥削減する、⑥（ガス価格上昇による電力需要の高まりを背景とした）高電力価格から脆弱な電力消費者を守るため、（電力供給者の）想定外利益に対する短期的な課税措置を実施する、⑦天然ガスボイラーのヒートポンプへの切り替えを加速する（一年以内に天然ガスの使用量を二〇億㎥削減することが可能）、⑧建物や産業部門におけるエネルギー

の効率化を加速する（一年以内に天然ガスの使用量を二〇億㎥近く削減可能）、⑨家庭内などで温度を一℃下げるよう促す（一年以内に天然ガスの使用量を約一〇〇億㎥削減可能）、⑩柔軟な対応が可能な電力システムの多様化・脱炭素化への取り組みを強化する。

これまで、ＥＵの年間（二〇二一年）のロシア産ガスの輸入量は一五五〇億㎥で、ＥＵのガス輸入量の四五％、消費量の四〇％にのぼる。ＩＥＡによれば、ＥＵは上述の方策を行うことによりロシアからの天然ガス輸入量を五〇〇億㎥以上（輸入量三分の一強）減少させることが可能である。また、ＥＵの追加制裁によるロシア産石炭の輸入停止で脱ロシア石炭の動きが加速しており、すでに二〇二〇年三月から石炭の調達先を変え、インドネシア産・オーストラリア産石炭の輸入に取り組んでいる。

アメリカの政治学者、イアン・ブレマーによると三月のロシア産石炭輸入はウクライナ戦争前の水準であったが、石炭調達・輸入ソースに変化が出始めているという。同月、ＥＵのアメリカからの一般炭の輸入量は前年同期比で三〇・三％増の八一万ｔ、コロンビアからのそれは前年同期比で四七・三％と大幅増の一三〇万ｔとなっている。また、二〇二一年には輸入量ゼロであった南アフリカからも約二九万ｔ輸入されている。

このようにＥＵは供給サイドで脱ロシアエネルギー依存に取り組むほか、需要サイドでも脱ロシア依存を目指している。七月二六日、ＥＵはブリュッセルエネルギー総理事会を開催し、八月から二〇二三年三月までの域内の天然ガスの消費量を過去五年の平均と比べて一五％減少させることで合意した。天然ガス消費量の一五％とは、二〇二一年にロシアから輸入した天然ガス量一五五〇億㎥中の四五〇億㎥に相当し、これはガス在庫枯渇への懸念を和らげるであろう。

石油天然ガス・金属鉱物資源機構（JOGMEC）の白川裕氏の推計によると、ノルドストリーム1の供給量が八割減ったままの場合、高水準のLNG輸入を続けても欧州のガス在庫は二〇二三年二月中には枯渇するという。EUが一五％削減を実行できれば、こうした枯渇リスクも下がる見通しである。(7)

IEAなど国際機関は、EUは脱ロシアエネルギー依存と脱炭素を実現できる可能性があるとしているが、ロシア以外の供給先からの調達を定着するまでには時間がかかり、輸送のコストも嵩む。また、電力の安定供給のための石炭火力の供給増がCO_2排出増をもたらすと想定され、国民経済への影響は避けられないであろう。

先進国は中長期的に地政学的リスクを軽減させるため、再生可能エネルギーや水素など新エネ、脱炭素化技術の開発強化や応用を行うべきである。今回のロシアのウクライナ侵攻によるエネルギー危機を受け、EU、日本などでは脱炭素・低炭素に資するグリーン燃料・素材の開発を加速させている。たとえばEUはLNGに加え、バイオガスやEU水素市場の開発、再生可能エネルギーとその主要装置・部品の開発をスピードアップしている。(8) また二〇二〇年七月に定めた水素戦略の下、欧州域内で四五〇〇億ユーロ以上を投資して計四〇GWの水電解装置を設置し、グリーン水素調達供給網を構築しようとしている。

日本では二〇二一年の石炭輸入量のうち、ロシア産は一般炭の一三%、原料炭の八%となっているが、今後はオーストラリア、インドネシアなどからの輸入量を拡大し、再生可能エネルギーや水素・アンモニアなどのグリーン燃料の開発を強化しようとしている。

第二は脱炭素化に欠かせないレアメタルの安定的調達という問題である。主要国のパラジウムの供給は大いにロシアに依存しており、EUのロシア産パラジウムの輸入量は年間で四割以上に達している。アメリカと日本はそれぞれパラジウムの三五%、四三%をロシアに依存している。二〇二〇年時点でのパラジウムの世界生産シェアはロシアが四四%、南アフリカが三一%、北米が一五%、ジンバブエなどが九%で、EUはロシアへの依存度を軽減しようとしている。

日本は当面、企業在庫などで対応し、中長期的な対策としては政府系のJOGMECと企業の連携により、供給源の多角化に取り組むとしている。日本政府は国内のパラジウム製造事業者に対して、必要に応じて増産要請・政策支援を検討している。政府は二〇二二〜二七年度、パラジウム技術の開発つまりグリーンイノベーション基金による排ガス処理触媒関連技術開発支援を実施する。ＪＯＧＭＥＣと企業がパラジウム等の鉱山開発に向けた南アフリカの探査事業に参画し、海外上流開発等への支援を行う。今後、政府と関連企業は二〇二一年七月に打ち出した「レアメタル確保戦略」の下で、国内の都市鉱山に眠るパラジウム、ニッケルなどレアメタルの再利用を進めていくべきである。

これらの二つの課題を克服することには困難が伴うが、主要国・地域は国際情勢の変化を注視し、脱炭素化が直面する地政学的リスクに長期的に対応していかねばならない。

（1）「独電力大手、石炭に回帰　ＲＷＥ、停止発電所の稼働検討、ロシア産ガスを代替」『日本経済新聞』二〇二二年三月二九日付。
（2）「[ドイツ]　リザーブ電源の石炭火力発電所が市場復帰」電気事業連合会（一般社団法人海外電力調査会）二〇二二年八月二三日。
（3）Chryssa Liaggou "Plan B on energy: Back to lignite Government has signaled to PPC it should raise share of coal in fuel mix up to 17-20%" *ECONOMY ENERGY* July 13, 2022（https://www.ekathimerini.com/economy/1188894/plan-b-on-energy-back-to-lignite/）
（4）「ロシアへのエネルギー依存から脱却すべく、欧州で石炭火力発電が〝復活〟しようとしている」『WIRED』二〇二二年三月三〇日。
（5）禁輸時期については政府は実態を踏まえ今後検討する。
（6）なお、ロシアNorilsk Nickel社（ニッケル・パラジウム生産世界最大手、プラチナ・コバルト・銅・ロジウム生産世界大手）の二〇二一年のパラジウム生産量は二六一万六〇〇〇 ozであり、同社は世界のパラジウム生産量の四〇%を占める（JOGMEC『金属資源情報』二〇二二年三月九日）。
（7）『日本経済新聞』二〇二二年七月二七日付。
（8）Helen Farrell "Russia-Ukraine and Europe's energy strategy : a snapshot of a fast-moving crisis" *Energy Post.EU*, March 22, 2022.

第6章 資本主義への影響

1　これまでの産業革命の資本主義へのかかわり

†第一次産業革命における環境汚染

第一次産業革命は大工場生産方式・自由競争資本主義方式をもたらした。手工業工場から機械制大工場生産へ移行しながら、かなりの度合いで手工業の技術と熟練度に依存していたが、イギリスでは一七三〇年代に綿工業での技術革新が始まり、一七八〇年代には産業の機械化という本来的な意味での産業革命に達した。

近代資本主義が最も順調に成長したイギリスでは一八世紀後半から技術・経営および社会的な変革が行われた。モノづくりにおける作業過程が手作業から機械作業に移行し、工業の経営生産形態がマニュファクチュアから機械制工場制度へと変化した。これによりモノづくり・製造業生産が飛躍的に拡大し、自由競争と資本主義が発展した。一八世紀から一九世紀にかけての近代市民革命を経て、機械製大工場制度を中心とする生産様式の確立や工業の機械化・蒸気機関の動力化が進み、産業資本主義を中心とする自由資本主義経済が発展した。

これはアダム・スミスが『諸国民の富』（『国富論』）で説いたように「自由主義に基づく生産

の重要性」を原理とし、個人・企業の利潤追求に国家がほとんど介入しない自由市場経済であった。この自由市場経済は、スミスが言うところの「見えざる手」に委ねられた自由な利潤競争による市場メカニズムに基づいている。

それまでの木材・自然エネルギー供給構造に代わり、蒸気機関を中心とする石炭エネルギーはエネルギー効率を大幅に向上し、資本主義初期の大工場生産や経済の発展を促進した。しかし一方で工業化・産業革命の展開に伴い、石炭をメインとする化石エネルギーの消費拡大は莫大な環境汚染をもたらし、一九世紀後半以降、ロンドンの大気汚染は深刻化していた（図6-1）。大気汚染は深刻な経済的代償をもたらしたのみならず、人々の健康にも大きな影響を与えた。この時期、大気汚染による死亡者が急増し、ロンドンでは気管支炎による死亡が一八四〇年の人口一〇万人当たり二五人から一八九〇年には一〇万人当たり三〇〇人に増加した。ピーク時には、三五〇人に一人が気管支炎で死亡していたのである。(1)

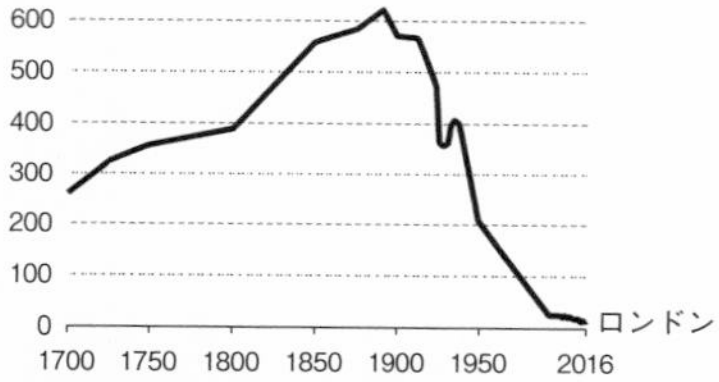

図6-1　ロンドンの大気汚染（1700〜2016年）
浮遊粒子状物質の平均濃度（単位：マイクログラム/m^3）。
出所：What the history of London's air pollution can tell us about the future of today's growing megacities - Our World in Data (https://ourworldindata.org/london-air-pollution)

この時期、ロンドンなど都市・地域の生活環境は石

図6-2　19世紀後半のウィドネスの大気汚染
出所：What the history of London's air pollution can tell us about the future of today's growing megacities - Our World in Data（https://ourworldindata.org/london-air-pollution

炭消費の拡大により著しく悪化していた。ロンドンは間違いなく最も大気汚染が深刻な都市の一つであったが（しばしば「ビッグ・スモーク」と呼ばれる）、イギリスの他の多くの工業都市でも（工業化が進んだ他の国々でも）同様の大気汚染問題が発生した。[2] 図6-2は一九世紀後半、リバプール近郊の工業都市ウィドネスの大気汚染の様子である。

一八七〇年代からアメリカ・ドイツを中心として始まった第二次産業革命は重化学工業を中心とした工業化で資本主義は大きく発展し、一九世紀末には独占資本主義段階に入った。そこでは紡績工業など軽工業を中心とした第一次産業革命の自由競争資本主義段階とは比べものにならないほど大規模な資本投資が必要とされ、企業規模の拡大や資本調達の手段として株式会社制度が活用された。

そこで株式発行を担った銀行と企業が接近・結合した独占的金融資本、いわゆるコンツェルンが出現した。このような状況を独占資本主義と呼ぶ。一九世紀前半の小中規模な多数の企業による自由な市場競争という自由資本主義段階から、一九世紀末・二〇世紀初頭には少数の巨大な重化学企業による独占資本主義段階に発展した。

独占資本主義段階において、資本主義に内在する矛盾はむしろ拡大した。原料・市場と製品販売の場所確保のための植民地分割をめぐる帝国主義的抗争と衝突は、国家暴力の行使たる世界戦争にまで発展し、生産過剰により一九二九年の世界大恐慌を引き起こした。大不況は一九三〇年代以降も続き、資本主義体制の矛盾を露わにした。

†第三次産業革命がもたらした大きな変化

第二次世界大戦後はこうした危機に対処するため、国が全面的に関与・支援し補強する国家独占資本主義へと転換し、危機管理を行うとともに経済・産業活動に関与してきた。

第二次産業革命により世界のヘゲモニーを握った資本主義大国アメリカの主導により、戦後の世界経済の枠組みであるIMF(国際通貨基金)体制とGATT(関税と貿易に関する一般協定)が形成された。こうした枠組みのもとで自由貿易体制が維持され、世界貿易は一九四八年から一九七三年にかけて六倍に増大し、対外直接投資は拡大した。

一方、内燃機関や石油の探鉱・開発技術の成功および電力・モーターの誕生はエネルギー需給構造を大きく変え、それまでの石炭のみのエネルギー需給構造は石油・電力を含む構造へと

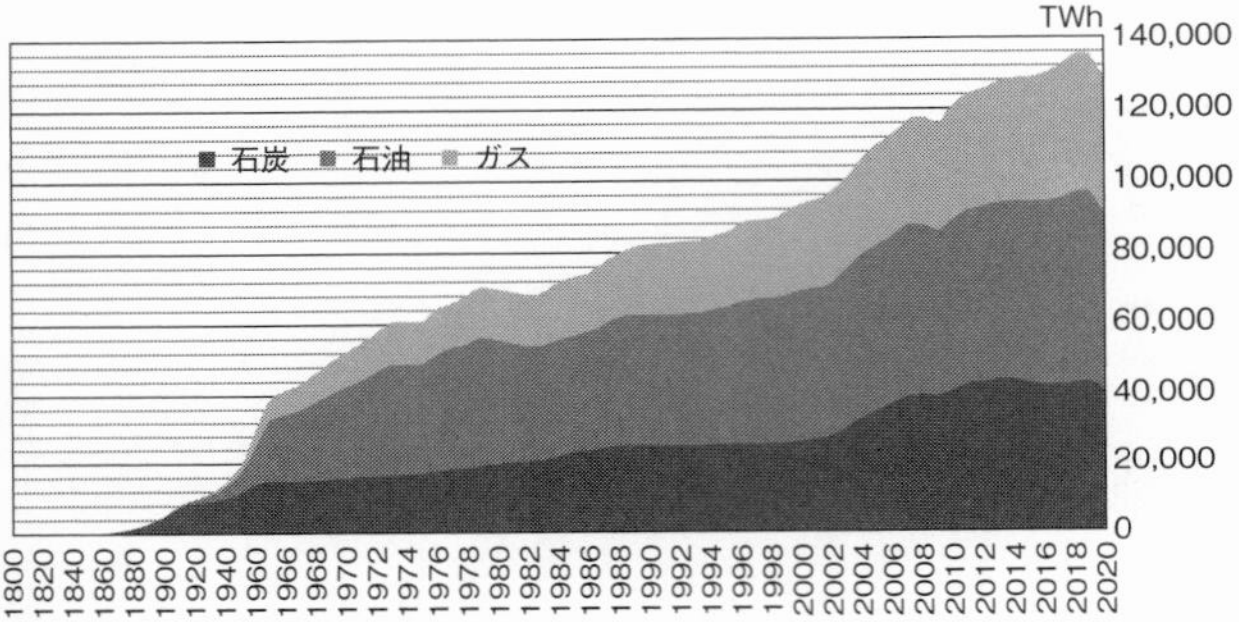

図6-3　世界の化石燃料消費量の推移（1800〜2020年）
出所：Our World In Data "Global fossil fuel consumption" と BP Statistical Review of World Energy2021 より作成。

転換した。こうしたエネルギー供給はエネルギー・資源消費型の重化学工業を大いに支えていた。

他方、第二次産業革命に伴う大量生産方式はオートメーションを中心とする生産工程の簡素化・合理化によりコストダウンを実現し、生産物の質の改善や生産性の向上をもたらしている。こうした大量生産方式が発展したのは、大衆の所得水準の向上に伴う大量消費により、注文生産から市場生産へと市場構造が変化したことによる。経済の発展段階が生産財中心であった時代には自動車やプラント設備、重電機、造船など注文生産的市場の比重が高かったが、大量消費時代の到来とともに消費財を中心として大量生産方式が発達していった。

エネルギー・資源多消費型の重化学工業と大量生産方式・大量消費は莫大なエネルギーを消費すると同時に、深刻な環境汚染と大量のCO_2排出をもたらした。

一八九〇年代末から一九七〇年にかけて石炭・石油・天然ガスなど化石エネルギーの消費量は大幅に増加していた。図6‐3に示しているように一八九〇年代末に比べ約九倍も拡大し、五万三八八一TWhに達していた。[3] それに伴い、エネルギー起源のCO_2排出量は一八九〇年代末からの一八・五億tから一九七〇年には一四八九億t[4]と大幅に増え、八〇倍以上も増大していた（図6‐4から算出）。

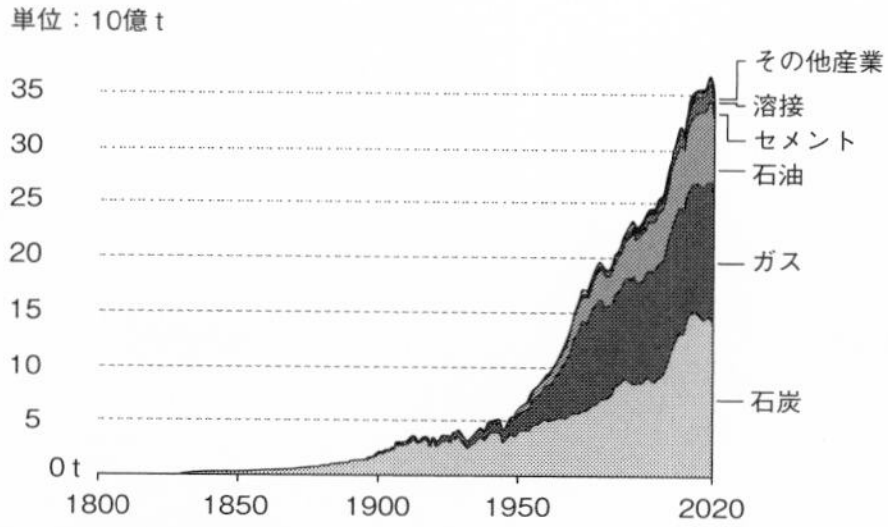

図6‐4　世界の化石エネルギー起源のCO_2排出量の推移（1880〜2020年）
出所：Our World In Data "CO_2 emissions from fossil fuels" より。

一九七〇年代以後、情報通信ネットワークを中心とする情報通信革命、いわゆる第三次産業革命が始まった。一九七一年、インテルが発表した世界初の情報機関（エンジン）であるマイクロプロセッサの登場、さらには一九九〇年代初頭のインターネットの劇的な発展により、デジタル技術による「情報革命」が起こった。その結果、eコマースをはじめとしてネットワークによる様々な新サービスが産声を上げ、情報通信産業は超巨大産業へと変貌し、ライフスタイルや生産様式が一変した。

第三次産業革命は情報通信ネットワークを中心として、ME（マイクロエレクトロニクス）やIT技術を活用していた。これはPLC（プログラマブル・ロジック・コントローラー）をはじめとする、電気・電子技術とIT技術を組み合わせた自動化方式・自動制御というオートメーション化を実現した。二〇世紀後半、コンピューターの登場により自動制御による工場では自動化が進み、大量生産はさらに進化した。コンピューターの演算処理をつかさどる回路素子の性能は真空管からトランジスタ、さらにはIC（集積回路）からLSI（大規模集積回路）へと集積化されることで格段に向上し、ものづくり産業は飛躍的に発展した。

第三次産業革命の登場に伴い、資本主義は大きく変貌し、アメリカをはじめとする資本主義経済の金融化・サービス化、グローバル資本主義化が進んだ。グローバル資本主義・グローバリゼーションの主役である多国籍企業は一九七〇年代以後、活発に資本輸出・対外直接投資を行い、国際分業という自身の企業優位性により、世界生産の最適場所・最適市場で利益の最大化を実現した。しかし同時に多国籍企業の重化学・素材産業の海外移転・事業展開により、現地で莫大なエネルギー・資源を消費するとともにCO_2の排出など環境汚染も拡大した。

他方、第三次産業革命は経済の金融・サービス化を促進している。グローバリゼーションの下で、アメリカなどの先進諸国が対外直接投資を拡大するにつれ、製造業の海外シフトが加速して国内産業の空芯化をもたらし、経済のサービス・金融化が顕在化している。これはアメリカなど先進国が金融資本主義に集中し、非実体経済を追求した結果である。

†第三次産業の世界的な伸長

一九九〇年代以降、アメリカは製造業主導の産業資本主義国家から金融業主導の金融資本主義国家へと変貌した。GDPに占める産業構成を見ると、アメリカの製造業のシェアが一九六〇年の四割足らずから、一九七〇年・一九八〇年には三割、さらに一九九〇年には二割まで低下した。一方、金融・サービスなど第三次産業がGDPに占めるシェアは一九六〇年の六〇%から一九七〇年には六五%、さらに一九八〇年・一九九〇年に七〇%まで増加している。

イギリスはGDPに占める第二次産業のシェアがアメリカに次いで小さく、第三次産業のシェアが高い。その次に高いのはフランスである。先進国の中で日本とドイツのGDPに占める金融・サービスのシェアは最も低く一九九〇年の時点でそれぞれ約六割、第二次産業のシェアはそれぞれ三五%以上であった。

日本、アメリカ、ドイツ、イギリス、フランスの産業構造を名目GDPベースにして比較すると、アメリカでは第三次産業のウェイトが七五%という高水準に達しており、イギリスとフランスも七割でアメリカとの差は縮小しつつある。一方、日本とドイツは似た傾向にあり、他国に比較して第二次産業、特に製造業のウェイトが高い。

表6-1に示したように、アメリカでは第二次産業の付加価値のGDPに占める比率は一

	1997	2000	2005	2007	2008	2009	2010	2015	2020
サービス業シェア（%）	72	73	74	74	75	77	76.	77	80.
製造業シェア（%）	16	15	13	13	12	12	12	12	11
GDP 総額	8577.55	10250.95	13039.20	14474.25	14769.85	14478.05	15048.98	18206.03	20893.75

表 6-1　米国における製造業、金融・サービス業の付加価値（対 GDP 比）
単位：%；10 億ドル
出所：World Bank national accounts data, and OECD National Accounts data files、IMF - World Economic Outlook Databases より作成。

九九八年の一五・一%から年々低下し、二〇〇〇年には一五%、二〇〇五年に一三%、国際金融危機に伴い二〇〇八年からは一三%台をも割り込み一二%台となり、二〇二〇年には一一%となった。

一方、金融・保険・不動産・レンタル・リース業や情報・サービス業など第三次産業の付加価値のGDPに占める比率は一九九七年の七二%から二〇〇〇年に七三%に上昇し、さらに二〇〇八年に七五%、二〇〇九年には七七%前後と八割近くまで高まっており、二〇二〇年には八〇%となっている。なかでも金融・保険・不動産・レンタル・リース業は一九九七年の一九・三%から年々堅調にシェアを拡大し、二〇〇〇年には二〇・一%、二〇〇八年〜二〇一九年には二一%台と高い割合で推移しており、二〇二〇年には二二%に達している。

なお、二〇一八年末時点で米国の鉱工業生産高は二・九七兆ドル、そのうち製造生産高は二・三三兆ドルでGDPのわずか一一・四%を占めるに過ぎない。アメリカのモノづくり経済は一九七〇年~一九八〇年以前に終焉し、資本は生産資本から金融資本へと流れた。特に一九九三年からはICT産業と株式上場した金融資本が一体化し、いわゆる資産効果を起源とする経済が発展し、小売業等が成長した。さらに二〇〇〇年にICTバブルが崩壊すると、二〇〇一年から不動産（特に住宅）の国内産業と金融資本が一体化したデリバティブ（金融派生商品）による金融バブル経済が起こり、資産効果を中心とする経済発展がGDP・消費・小売業等を成長に導いた。

†金融・非実体経済がモノづくりにもたらす弊害

こうした金融・サービスセクターをはじめとする第三次産業はアメリカ経済の主体であり、アメリカ経済の成長パターンは金融・非実体経済型である。

金融・非実体経済はアメリカの産業全体が実体経済から要求される信用需要に応じ、産業・経済活動の媒介・手段よりも擬制資本・信用創造による利潤の最大化を追求する。擬制資本の運動（金融商品活動）は現実資本の運動（一般商品活動）から大きく乖離しており、先物取引、オプション取引、スワップ取引などが派生してきた。

アメリカ経済は大量のデリバティブ（金融派生商品）をもたらし、経済成長の土台を構築しているが、これは実体経済（real economy）ではなく仮想経済（virtual economy）であり、これが行き詰まった結果、大恐慌や金融・経済危機が起きた。(5) サブプライムローンによるリーマン・ショック・国際金融危機はその一例で、ここでは単に価値の移転、あるいは価値の収奪・横領が発生しただけで、実体経済に関連する真の富や付加価値は創造されないのである。

アメリカをはじめとする先進諸国は金融・非実体経済の成長にこだわり、実体経済・産業活動に必要不可欠なR&D(研究開発)・イノベーションを怠っている。企業ベースでは研究開発を行っているが、イノベーション・技術革新のための研究開発に十分な資金を投じていない。

企業のイノベーションには新商品・新サービスの開発(プロダクト・イノベーション)、製造方法等の大幅な改善(プロセス・イノベーション)、デザイン、販売・価格設定等の大幅な改善(マーケティング・イノベーション)、経営管理上の新手法の開発(組織イノベーション)という四つのタイプがあり、このうちプロダクト・イノベーションが最も重要である。

金融資本主義が主導する経済体制の下、企業は投資スパンが長く、しばしばリスクを伴う研究開発に及び腰である。多くの企業は資金を不動産や金融派生商品に投じており、実体経済・ものづくり型の資本主義は衰退した。

アメリカの製造業の大半は中国・東南アジアを中心とした海外で生産し、自国や第三国市場に輸出している。ハイテクなど新たな技術分野での研究・開発に取り組んでいないにもかかわらず、新興・途上国で成熟した技術のみを活用することにより事業利益を得て、企業優位性を維持している。これにより国内の産業が空洞化している。

アメリカはイノベーションの停滞により、自国にマイナスの効果をもたらしている。アメリカの経常収支赤字は深刻化し、一九八〇年代後半に対外純債務国に転落して以降、債務が拡大している。

アメリカの製造業はすでに衰退し、金融・非実体経済の繁栄に伴う所得格差の拡大、グローバリゼーション下での新興国の対内直接投資と輸出の拡大により国内のポピュリズムが台頭し、「アメリカ第一」保護貿易主義が蔓延している。アメリカの対外経済関係、国際政治経済システムへの関わりは大きく変容しつつある。

†第四次産業革命の展開

二〇一〇年代以後、IoT・AIをはじめとする第四次産業革命が展開するにつれ、現代資本主義はさらにグローバル化し、データ化が加速している。AI・IoTなどハードサイドのデジタルが進むと同時に、それに関連する社会経済・産業でもデータ・情報のニーズが爆発的に増大している。

経済産業活動はいまや、大きなパラダイム・シフトの段階に入っている。企業・資本側はこれまで主に人・労働力、設備・技術を価値の源泉とし、剰余労働・生産性の向上により利益の最大化を実現していたが、現在はそれに加え、ビッグデータを活用してサービスを提供し、データによる価値・利潤を創造している。

たとえば世界のインターネット大手GAFA（グーグル、アップル、旧フェイスブック・現メタ、アマゾン）はリアルタイムで情報をグローバルに発信・提供し、デジタル化された情報が価値の源泉として利益を創出している。こうした企業はプラットフォーマーと呼ばれ、サービス業など非製造企業にとってもデータは価値創出の源泉となっている。IoT・AIなど第四次産業革命の展開により、現代資本主義はデジタル・データ資本主義へと変貌しつつある。

インターネット企業の情報・データは産業資本主義の発展に貢献するとともに、金融・サービス分野にも大いに活かされるが、データは金融資本主義の発展を助長する面もある。インターネット企業にとってデータは価値を創造するための唯一の源泉であるが、ほかの製造・鉱工業などにとってもデータは重要である。データはほかの生産手段である人・技術・設備と結合して初めて付加価値・利益を創出する。最近、アマゾン、グーグルなどサービス、クラウド基盤を主軸する巨大IT企業は減収・成長鈍化や変調が見えつつある。その原因として新型コロナ禍でパソコン、オンラインサービス、ネット通販などの利用が広がった「特需景気」からの反動などがあげられる。だが、IT大企業は、ほかの成長しつつあるハイテク製造企業と比べ、データ・サービス分野に集中することによって、その長期的成長に制約もあると考えられる。

他方、中国では第四次産業革命の展開に伴い、IoTやAIを活用してインターネット経済が大きく発展しており、伝統的重化学産業は過剰生産能力の削減や技術グレードアップに取り組んでいる。世界における中国のGDPのシェアは一九九〇年時点の約一・八%から、二〇二一年末には一八・二%と大きく拡大している。一九九〇年にはアメリカのGDPのわずか六・七%であったが、二〇二一年にはアメリカのGDPの七五%を超え、一一倍以上拡大した。新興・途上国地域のGDPの世界シェアは一九九〇年の二四・三%から、二〇二一年には四七・二%にまで大きく拡大した。

中国など新興国では先進国に比べ、工業化・産業革命がかなり遅れている。中国では一九七〇年代末から本格的に工業化が始まり、一九九〇年初頭から重化学産業を中心として第二次産業革命が起きた。これは主にエネルギー資源多消費産業（鉄鋼、石炭、石化、セメント、アルミニウムなど）によるもので、CO_2排出・環境汚染が深刻な問題となっている。二〇二〇年には世界の化石燃料の消費量と化石燃料起源のCO_2排出量は、それぞれ一二万八七八〇TWh、三四八・一億tに達した（前出図6-3、図6-4）。

しかも産業活動・生活活動が依存しているエネルギー・電力構造の大半は石炭火力である。中国やインドなどでは化石燃料火力発電が八割以上を占め、そのうち石炭火力はそれぞれ六八%、七四%となっているが、先進諸国では三割台にとどまっている。中国とインド、およびブ

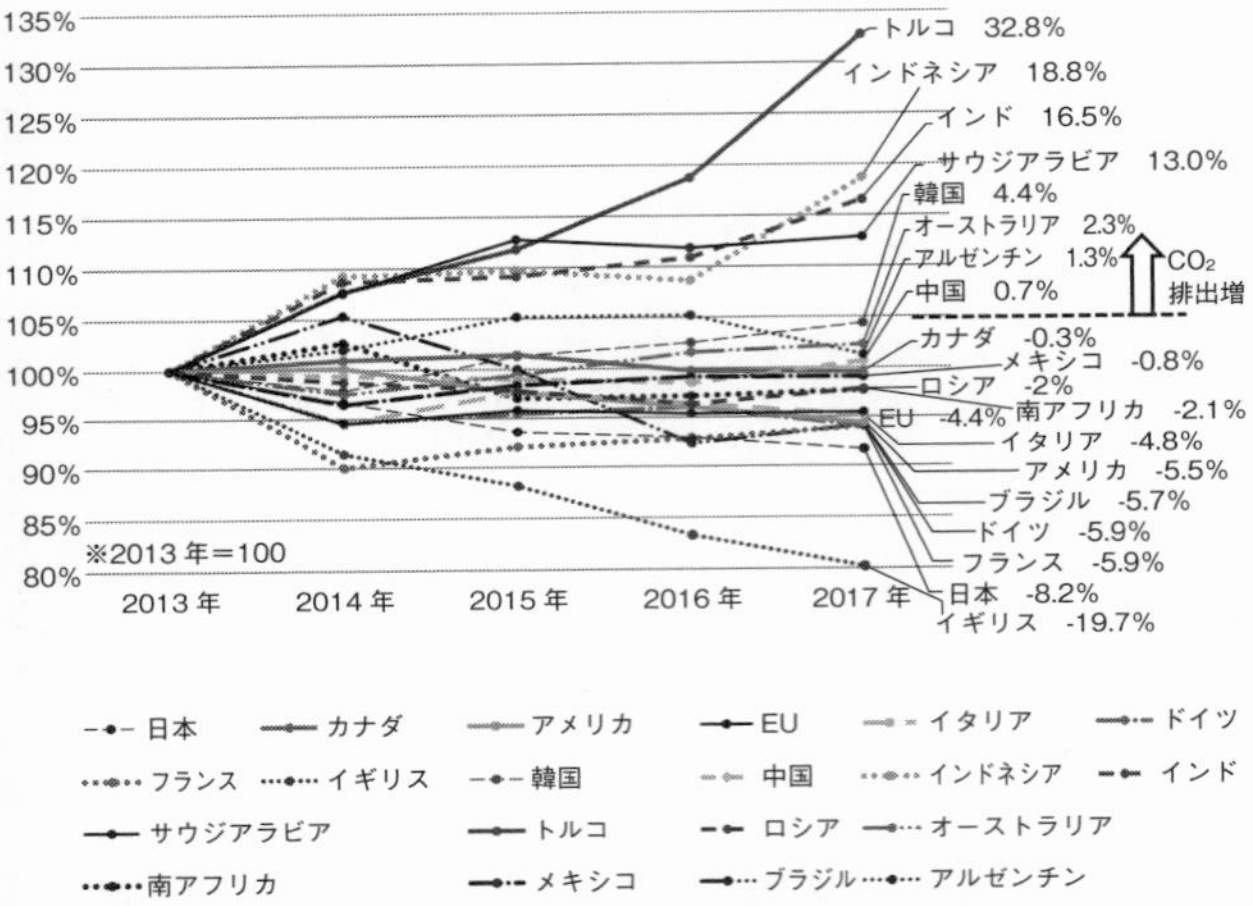

図6-5 G20各国の二酸化炭素（エネルギー起源由来）排出量の推移
出所：IEA「CO_2 EMISSIONS FROM FUEL COMBUSTION」2019 EDITIONをもとに経済産業省作成

ラジルのCO_2排出量はそれぞれ一九九〇年の二二億t、六億t、一・九億tから二〇二〇年には九九・七億t、二二・八億t、三・九億tまで拡大し、それぞれ三五三%、三一八%、一二〇%と大幅に増加している。

一方、アメリカ、EU諸国は同時期にそれぞれ四八・六億tから四〇・八億t、四八・二億tから三〇・五億tと大幅に減少している。日本は同時期に一一・六億tから一〇・四億tまで減少した。図6-5からも、先進国ではCO_2排出量が減少傾向にある一方で、新興国では増加傾向にあることが見てとれる。

2 脱炭素産業革命の現代資本主義への影響

脱炭素産業革命は今後、資本主義にどのような影響を与え、気候変動などの問題を克服することができるのか。経済成長を続けながら、環境汚染を食い止めることはできるのか。これは内外で大きな注目を集めている。ここでは、現代資本主義が直面する問題と脱炭素産業革命のチャレンジについて述べる。

†気候変動問題

すでに述べたように第一次産業革命以来、資本主義の発展に伴い人類は莫大な富を得る一方で、深刻な大気・環境汚染という代償を払ってきた。一九八九年一二月の冷戦終了後、旧社会主義諸国など新興・途上国では市場経済への移行、グローバル経済への参入により工業化が進み、温暖化・気候変動問題はさらに深刻化した（図6－6）。

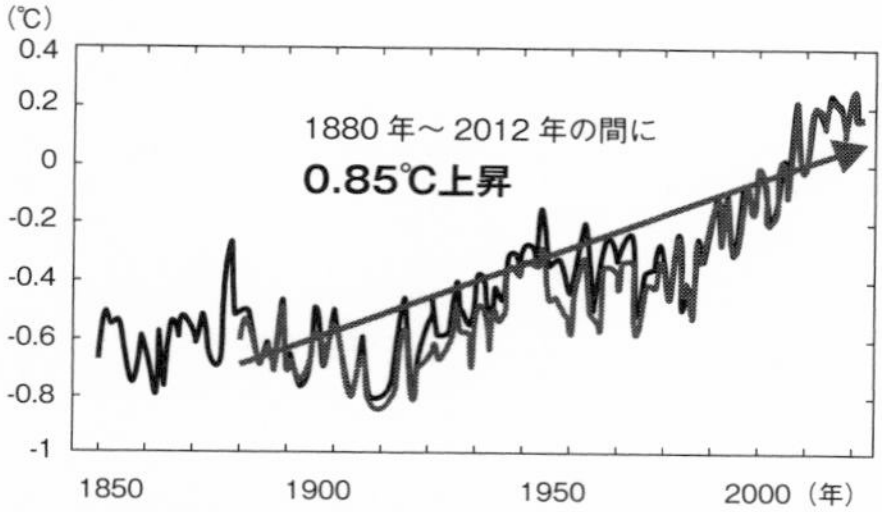

図6-6　1880～2012年の気温の推移
出所：地球環境センター（GEC）より。

気候変動に関する政府間パネル（IPCC）の第五次評価報告書（二〇一三〜二〇一四年）によると、陸域と海上を合わせた世界平均地上気温は一八八〇年から二〇一二年の期間に〇・八五℃上昇し、最近の一〇年間は一八五〇年以降のどの一〇年間より高温を記録しており、特に太平洋島国の海面が上昇している。

近年、経済発展・産業活動の展開に伴い、エネルギー起源のCO_2排出量が増加し、地球温暖化・気候危機が深刻化している。世界各国・地域で極端な高温に見舞われ、森林火災、洪水、ハリケーンや台風の巨大化などの異常気象が頻発している。また北極圏の氷河が融解し、海水温の上昇により島嶼国が沈没の危機に瀕し、人類生態系への変化も現れている。地球温暖化に伴う気候変動は人類に危機をもたらし、資本主義発展の桎梏ともなる。

そのため脱炭素産業革命を展開していくことが必要不可欠である。

一九九〇年代以降、米中という新たな二大陣営の対立が深刻化するにつれて資本主義のグローバル化が変異しつつあり、さまざまな難題に直面している。現在は資本主義のグローバル化再編の過渡期にある。

†脱炭素産業革命によるステークホルダー資本主義への転換の促進

脱炭素産業革命はステークホルダー資本主義への転換を促進する。近年の資本主義は株主至上主義で短期利益を重視するあまり、格差の拡大や温暖化・環境問題をもたらしており、それに対する反省として資本主義の質的な転換が求められている。

ステークホルダーとは企業活動に対して利害関係を有するもので、具体的にはユーザー、従業員、取引先、地域社会・環境保全・温暖化対応型社会、政府行政、株主などを指す。企業はステークホルダー（利害関係者）との関係を重視し、長期的な企業価値向上を目指すべきである。

脱炭素産業革命はカーボンニュートラルに向けた企業の長期的経営戦略・経営のあり方に影響を与え、これまでの株主至上の資本主義からステークホルダー資本主義への転換を推進している。欧米ではすでに、株主中心から幅広いステークホルダーの利益を重視・考慮した経営方式にシフトする動きが広がっている。イギリスでは企業統治方針であるコーポートガバナンス・コードが改正され、従業員の意思を経営に反映させること、役員報酬の透明化などが要求された。

アメリカでは二〇一九年八月、主要企業二〇〇のトップが会員である国レベルの財界組織、ビジネス・ラウンドテーブル（BR Business Roundtable）で問題のある株主至上主義の経営方式を見直し、ステークホルダー資本主義に転換することを表明している。そこでは①顧客の要望に応えること、それを超える価値・サービスの提供、②従業員への投資（公平な報酬、世界の変化に適応するための教育の提供）、③サプライヤーに対する公平かつ倫理的な取引の実行、④地域社会の支援、環境保全、⑤企業の投資、成長、イノベーションを可能にするための資本を提供する株主への長期的価値の提供が宣言され、注目を集めている。

株主至上主義からステークホルダー資本主義への転換は、サステナブル（Sustainable）な社会・経済成長の実現につながる。脱炭素産業革命は、技術革新をエンジンとしてCO_2排出・環境汚染を抑えつつ産業活動を展開し、サステナブルな成長を後押しする。これはステークホルダーの利益の拡大につながることから、幅広く社会・産業界に求められている。

†脱炭素化による経済成長

第二に、脱炭素産業革命はCO_2を抑えながら経済成長をもたらす。これは一九九〇年代以来、CO_2を削減し、経済成長を実現した先進国によって裏づけられる。炭素税については後述するが、炭素税導入国では一九九〇年を一〇〇とした場合、後出の図6－12のようにGDP・CO_2排出量が推移している。欧州諸国（イギリス、ドイツ、フランス、イタリアなど）では、CO_2排出量は一九九〇年の七八億五一〇〇万CO_2tから、二〇一八年時点で五九億七六〇〇万CO_2tにまで減少した。

一方、そのCDP（実質ベース）は一九九〇年の一四兆八五九〇億ドルから、二〇一八年には二四兆一五三〇億ドルにまで拡大している。同時期、欧州はCO_2を二七・七％減少しながらもGDPを六二・五％と大幅に拡大した。イギリスはCO_2排出量を九億四五〇〇万CO_2tから三五・八％減となる六億九六〇〇万CO_2tまで減少させ、GDPは二兆五七八〇億ドルから三兆九四一〇億ドルと五二・九％増加した。ドイツはCO_2排出量を五億五一〇〇万CO_2tから五六・五％減となる三億五二〇〇万CO_2tまで減少させ、GDPは一兆六四三〇億ドルから二兆八七九〇億ドルと七五・二％増加した。欧州の中でも両国は一九九〇年代以降、温暖化対策に熱心に取り組んだため、二〇〇〇年以後にデカップリング（経済成長とCO_2排出量増加の分離）を実現した。

ドイツのエネルギー業界と製造・産業業界は、二〇〇五年にEUが始めたCO_2排出権取引（EU－ETS）に参加を義務づけられている。発電や鉄鋼会社がCO_2を排出する場合、排出権の証書を購入することが義務となっている。二〇一二年からはEU諸国間の航空国際線を運営する航空機会社もEU－ETSに参加した。

また二〇〇〇年、当時のシュレーダー政権が再生可能エネルギー開発を拡大させたことを契機として、ドイツはクリーンエネルギー構造の転換に注力してきた。ドイツ政府は再生可能エネルギーによる電力の買取価格を二〇年間固定することにより、再エネブームを引き起こした。消費者は毎年多額の再生可能エネルギー賦課金を負担することによりエコ電力の普及を支え、一八七〇の発電所や工場は二〇〇五年から二〇一八年までに排出量を一八％削減した。二〇三

〇年までに排出量をさらに三〇％削減するという業界目標は達成できる見通しである。(6)

日本はCO_2削減など温暖化への取り組みが欧州より遅れたものの、二〇〇〇年のCO_2排出量は一一億六〇〇〇万CO_2tから、二〇一八年には一〇億八一〇〇万CO_2tと七・三％減少した。一方、同時期にGDPは五兆三四九〇億ドルから六兆一七〇〇億ドルと一五・三％増大した。日本は欧州ほどではないが、デカップリング傾向を示している。

主要国は二〇五〇年にカーボンニュートラル目標を設定し、脱炭素化に取り組んでいる。日本は一四分野のグリーン成長戦略を掲げて積極的に産業部門、エネルギー電力転換部門、モビリティー部門、住宅・建築部門でのCO_2削減に努め、経済成長を目指している。

脱炭素産業革命とは主に産業技術イノベーションによる産業高度化、つまりエネルギー多消費型産業から技術集約型の産業への転換であるが、中国はエネルギー多消費型産業により経済発展を遂げてきた。またエネルギー・電力供給構造の七割以上を石炭火力に依存し、省エネ技術は先進諸国ほど長けていない。

中国など新興・途上国のGDPは一九九〇年の八兆六四五〇億ドルから二〇一八年には三〇兆二九六〇億ドルと三・五倍に拡大したが、その一方でCO_2排出量は同時期に八九億六八〇〇万CO_2tから二〇六億一六〇〇万CO_2tと二・三倍に跳ね上がった。なかでも中国はGDPを一三倍も拡大させた一方で、CO_2排出量も四・三倍以上増加した。

ＩＥＡによると二〇二一年の中国のCO_2排出量は前年比五％増で、主要国の中で唯一前年比での増加を記録し（これは二〇年間に及ぶ）、二〇二一年までの二年間で七億五〇〇〇万ｔ増えた。ＩＥＡは世界のCO_2排出増は「主に中国がけん引した」と分析した。

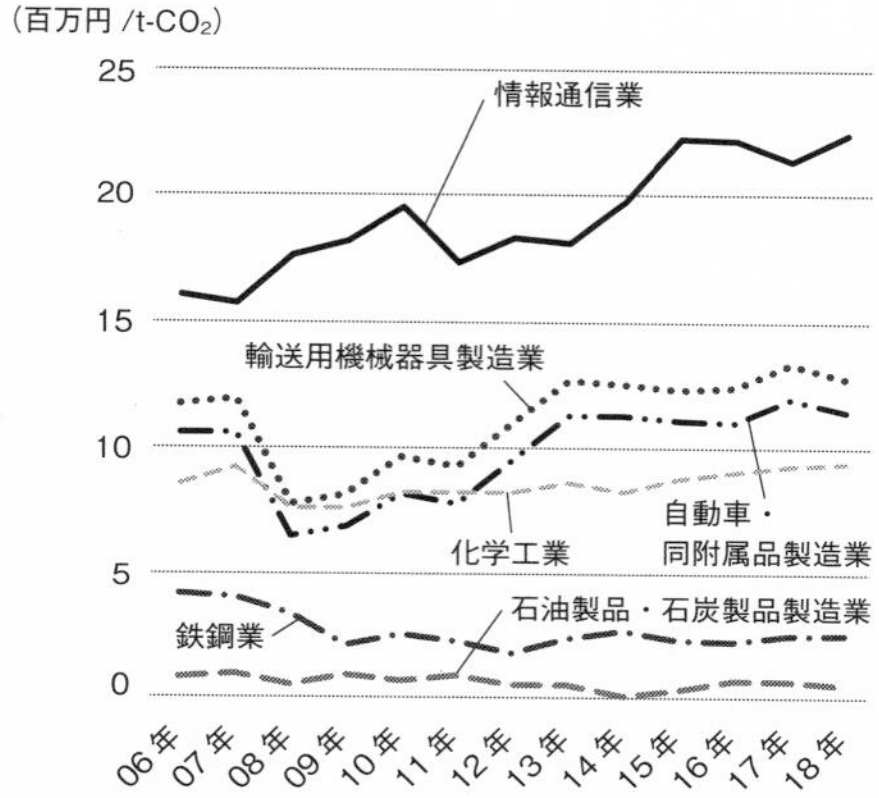

図6-7　主要業種におけるCO_2排出に伴う炭素生産性の推移
出所：環境省「温室ガス効果ガス産出量算定・報告・公表制度」（各年度温室ガス効果ガス排出量の集計結果）及び法人企業統計年報の各年版（業種別、規模別資産・負債・純資産及び損益表）により作成。

炭素生産性による産業活動への影響

これまでの産業革命とは異なり、脱炭素産業革命は温暖化ガスを抑制し、炭素生産性を上げるという前提で産業活動を展開している。つまりCO_2排出を削減するという前提で産業高度化を進めるほか、産業構造自体の転換につなげる。すでに述べたようにエネルギー・電力転換分野、自動車などモビリティー分野、生活・住宅・建築分野では脱炭素化に取り組んでいる。

炭素生産性とはCO_2排出量当たりの

国内総生産（GDP）で、国や産業・企業がこれにどれほどの付加価値を作り出すか、経済成長や産業・企業の発展に貢献しているのかを評価指標とする。図6－7は環境省の「温室効果ガス排出量算定・報告・公表制度」と財務省の「法人企業統計」に記載された業種別付加価値額に基づいた各年度業種別の生産性と生産推移である。

CO_2大量排出上位の製造業業種はパルプ紙、窯業・土石製品、鉄鋼業、化学工業、石油・石炭製品である。特にエネルギー集約型である鉄鋼・化学、非鉄金属、セメント窯業土石業はCO_2を多く排出する。

製鉄・化学メーカーはCO_2を大量排出しており、電気機械機器や輸送用機械機器など技術集約・ハイテク業種と比べ炭素生産性も低い。また、エネルギー・資源多消費型業種もCO_2を大量に排出している。これらの業種での脱炭素化への取り組みは極めて重要である。

二〇〇六年から二〇一八年にかけて、CO_2排出量上位である鉄鋼などエネルギー・資源多消費型業種の炭素生産性を見てみよう。

鉄鋼業の付加価値は二〇〇六年のCO_2当たり二万一六五〇円から、二〇一八年には一万三九〇八円と三五・七％減少した（図6－7）。分母のCO_2排出量は増大したわけでないが、二〇〇六年のCO_2排出量（一億八八三六万九七三〇t）より八〇八万八四二五t減少した。炭素生産性を上げるためには分母であるCO_2の排出量を減少させるのみならず、分子の付加価値額を増大させなければならない。
しかしながら二〇一八年時点の日本の付加価値額は二〇〇六年（四兆七九三億円）から三八・五％と大幅に減少し、二兆六八億円になっている。その原因としてはリーマン・ショック後、世界的な（特にアジア地域の）供給過剰状況が深刻化し、鉄鋼メーカーの経営を圧迫したこと、日本の技術の韓国・中国への流出により両国の鉄鋼製造能力、製品価格優位性が上がったことなどが挙げられる。
ここで指摘すべきは、日本の鉄鋼業がCO_2排出量の削減を行ったことである。日本の鉄鋼業は世界で最も高いエネルギー効率を実現し、[7]さらなる省エネ・CO_2排出削減を進めるため、省エネ補助金による設備投資支援、環境調和型製鉄プロセス技術開発など革新的な技術開発を実施してきた。たとえば二〇〇七年五月、安倍晋三首相（当時）により発表された「美しい星50（Cool Earth50）」においても「省エネなどの技術を活かし、環境保全と経済発展を両立させること」が提言され、それを達成するための「革新的技術開発」のひとつとして「革新的製鉄プロセス技術開発（COURSE50）」が位置づけられた。[8]
また、化学工業のCO_2排出量は二〇〇六年の七七三八万八〇三七tから二〇一八年には九・六％と大幅に減少し、六九九八万六六一四tとなっている。また、炭素生産性は二〇〇六年のCO_2t当たり一一万円から、二〇一八年にはCO_2t当たり一三万二〇〇〇円に増加し

1. 生産に伴う GHG の排出削減努力（自主行動計画） ・省エネルギー（CO_2） ・フロン代替ガス（HFC 等 3 ガス）
2. 素材提供による他産業や家庭部門への貢献 ・住宅部門（樹脂サッシ、断熱材等） ・自動車分野（耐熱性樹脂、グリーンタイヤ、潤滑剤等） ・情報家電分野（液晶ディスプレイ材料等）

表 6-2　化学産業の温暖化対策の努力・貢献
出所：経団連より。

ている。二一世紀以降、地球温暖化対策に積極的に取り組んだことにより、化学工業のCO_2排出量の大幅な削減が実現した。

化学工業のCO_2削減は、産業全体のCO_2排出削減においても重要な役割を果たしている。化学工業のCO_2排出量は産業全体の一五%を占めており、鉄鋼業に次ぎ第二位となっている。また化学工業は住宅・建築や自動車、情報通信機器、家電など他産業の省エネ型製品に多くの素材を供給することにより、全体の省エネ・CO_2削減に貢献している。化学産業の温暖化対策を図示したのが表6-2である。

日本化学工業協会によると、二〇一三〜二〇一五年度の化学工業省エネルギー対策三三〇件に計六〇三億円を投じており、エネルギー削減効果は原油換算で約四七万klとなっている。

化学産業は省エネ・CO_2削減のため積極的に技術開発を行っている。主要な中長期技術開発として①革新的プロセス開発、②化石資源を用いない化学品製造プロセスの開発、③LCA的にGHG排出削減に貢献する高機能材の開発、④「Cool Earth エネルギー革新技術計画」に沿った化学技術の開発と新規部材、材料、製品が挙げられる。

化学産業は水力や太陽光、バイオマス発電など様々な再生可能エネルギーの活用に取り組み、二〇一八年度までに一一億五四七八万kWhを活用し、一〇四万CO_2tを削減した。

鉄鋼、化学に次ぎCO_2排出量で第三位の石油製品・石炭製品製造業のCO_2排出量は二〇〇六年の三七五四万CO_2tから、二〇一八年には八・四%減の三四三九万tとなっている。石油製品製造業は石油を精製し販売する事業であり、石油製品（ガソリン、軽油、灯油など）のほか、原料を混合加工して潤滑油・グリースを生産する事業も含まれる。石炭製品製造業は、コークス炉による石炭の乾留や、石炭を主原料として練炭、豆炭を生産する事業で、アスファルト混合物など道路舗装材料を生産する事業も含まれる。

同業界の付加価値額は二〇〇六年の七八五〇億円から二〇一八年には六四九一億円にまで減少し、一七・三%の大幅減となっている。炭素生産性は二〇〇六年の二万一〇〇〇円から二〇一八年には一万八九〇〇円まで減少している。これは人口の減少、製造業の海外進出に伴い、交通・輸送業の需要が減少したことによる。また、石油製品の需要が減少傾向にあるため、製油所の数や原油処理能力も減少傾向となっている。石油連盟によると二〇〇〇年代半ば頃の需要量（二億三六一〇万九〇〇〇kl）に比べ、二〇一八年時点の石油製品の需要量は約二六%大幅減の一億六七七四万六〇〇〇klとなっている。

鉄鋼、化学、石油製品・石炭製品製造業という三大CO_2排出業種では、化学工業のみで炭素生産性が向上している。鉄鋼業や石油製品・石炭製品製造業は脱炭素でCO_2排出量が減少しているが、業界の利益・付加価値額が増加しなければ国のGDPの拡大にはつながらない。エネルギー・資源集約型産業はもともとCO_2排出量が多く、炭素生産性が技術集約型・ハイテク産業と比べて低い。脱炭素化に取り組むなかで技術開発に努めて炭素生産性を高め、産業高度化により国際競争で優位に立つことが求められる。

ここからは技術集約度・付加価値の高い産業のCO_2排出や付加価値額、炭素生産性を見てみよう。

輸送用機械製造業の付加価値額は二〇〇六年の一一兆六八五〇億二六〇〇万円から、二〇一八年に一三兆四〇九〇億六〇〇〇万円と一四・八%増加した。一方、同時期のCO_2排出量は一九四七万二六二一CO_2tから一八七六万八五一八CO_2tに減少し、炭素生産性はCO_2t当たり六八万九〇〇〇円から七一万四〇〇〇円まで増加した。

自動車・同付属品製造業の付加価値額は二〇〇六年の一〇兆四九〇九億二九〇〇万円から二〇一八年には一一兆八五五八億六八〇〇万円と一三%増加した。同時期のCO_2排出量は統計に出ていないが、輸送用機械製造業のCO_2排出量が減少していることから、同じく減少したと推測される。

情報通信機器製造業の付加価値額は二〇〇六年の六兆二六八四億九三〇〇万円から二〇一八

年には六兆四八四二億九〇〇〇万円に増加した。同時期のCO_2排出量は二〇七万一六五〇CO_2tから六七万五二五九CO_2tと六七・四%減少し、炭素生産性は三〇二万六〇〇〇円から九六〇万三〇〇〇円まで増加した。ハイテク産業・技術集約産業ほどCO_2排出量が少なく、付加価値額が大きいことにより炭素生産性が高い。

ここまで、CO_2排出上位のエネルギー集約型の業種とハイテク・技術集約型の業種の炭素生産性を比較してきたが、ここでいくつかのポイントを指摘しておく。第一にエネルギー集約型産業は、CO_2排出量の多い業種ほど炭素生産性が低い。上述の鉄鋼や石油製品・石炭製品製造業は、ハイテク・技術集約型の情報通信機器製造・輸送機械・機器製造業に比べて炭素生産性が桁違いで二〇〇〜三〇〇万円の大差となっている。もともと、エネルギー集約型業種は、CO_2排出量が多いのみならず、ハイテク・技術集約型業種のように高付加価値額を得られない。

エネルギー・資源多消費型産業では、炭素生産性を上げるために、分母におけるCO_2排出量をさらに脱炭素技術開発によって削減させることが求められる。その上、分子における付加価値額を増加させるための工夫は欠かせない。そのため、全要素生産性をさらに向上させるべきである。つまりさらなる技術革新を通して脱炭素化を進め、全要素生産性を向上させる。そして産業の高度化を実現し、国際競争で優位に立てる。

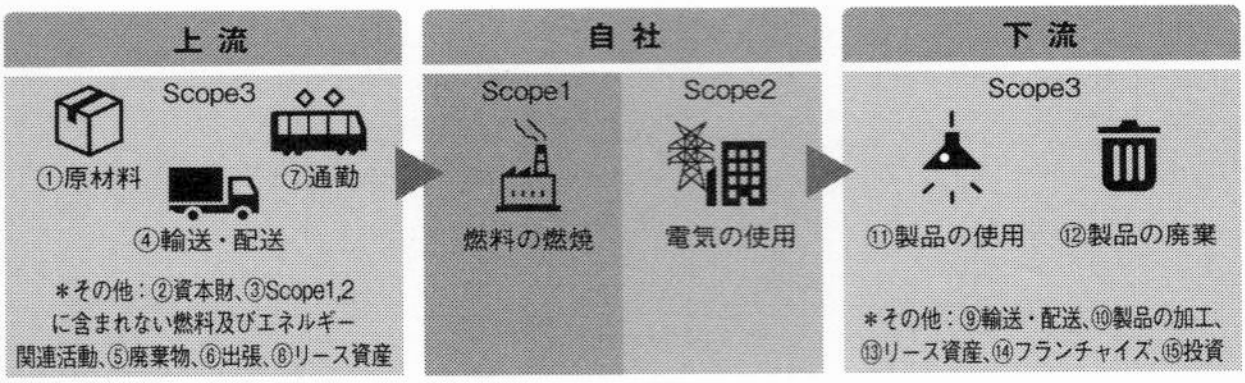

図6-8　脱炭素サプライチェーン概念図
出所：環境省

今後さらにCO_2削減を強化し炭素生産性の高い業種は、生産性による付加価値額を増大させ、さらなる炭素生産性を向上させることが求められる。したがって、脱炭素技術革新が産業の高度化や産業構造の転換を促進していく。

脱炭素サプライチェーンの形成と新たな企業間関係

脱炭素産業革命が進む中、企業の脱炭素サプライチェーン（図6-8）の形成も加速している。脱炭素サプライチェーンにおける排出量とは企業・事業者からの排出のみならず、生産・事業活動に関係するあらゆる排出を合計したものを指す。原材料調達・製造・物流・販売・廃棄など一連の流れから発生する温室効果ガス排出量、サプライチェーン排出量はScope1（スコープ1）の排出量＋Scope2（スコープ2）の排出量＋Scope3（スコープ3）の排出量である。[9]

企業・事業者はサプライチェーン排出量の全体像（排出量総量、排出源ごとの排出割合）を把握し、優先的に削減すべき対象を特定し、サプライヤーと連携してCO_2排出量削減を実現しようとしている。

主要国の企業はサプライヤー・取引業者など製造サプライチェーンを通してCO_2削減やネットゼロに取り組んでいる。

アメリカのアップルは二〇二一年七月、製造サプライチェーン、製品ライフサイクルを通じて、二〇三〇年までに気候への影響をネットゼロにすることを目指すと表明した。現在、アップルのサプライチェーンはアップルのカーボンフットプリント全体の約七〇%を占めている。同社はサプライヤーとの間でCO_2排出量削減のため「見える化」データ・情報を活用し、サプライチェーンを構成する企業間で連携し、さらなるCO_2排出量削減を進めている。

これまで多くのサプライヤーはアップルと連携し、脱炭素化に取り組んできた。主な実績[10]として①一七五社以上のサプライヤーが再生可能エネルギーを使用し、アップル製品を製造することを確約したこと、②九GW以上のクリーンエネルギーが、再生可能エネルギーに対するサプライヤーの確約により製造に使用されること、③二〇〇〇以上のエネルギー効率化プロジェクト（前年比で四割近く増加）が、二〇二一会計年度に一〇〇以上のサプライヤー施設で推進され、一一五・七万tのCO_2削減ができたことが挙げられる。

イギリスの食品・日用品大手のユニリーバは二〇三九年までにサプライチェーンでのCO_2排出量実質ゼロを目指しており、そのため二〇三〇年までに「カーボンポジティブ」を達成するとしている。二〇三〇年までに、製品ライフサイクルから生じるGHGの負荷を半減し、すべての洗剤および衣料用製品で化石燃料由来のカーボンを再生可能またはリサイクルカーボンに置き換えようとしている。

同社は二〇一五年一一月、日本拠点で再生可能エネルギーの使用一〇〇%を達成した。二〇二〇年九月にはイニシアチブ「再生可能炭素」を他社とともに立ち上げるほか、「一・五度サプライチェーン・リーダーズ」に参加している。[11]

フランスの食品多国籍企業ダノン（仏：Danone S.A.）[12]は二〇五〇年までに、サプライチェーンも含めたCO_2排出量を実質ゼロにするとしている。二〇三〇年までにスコープ1と2の排出を三〇%削減（二〇一五年比）し、二〇三〇年までに使用する全電力を再生可能エネルギーとし、二〇三〇年までにスコープ1〜3の排出を二〇一五年比で五〇%削減するとしている。同社は二〇一七年、ミネラルウォーター「エビアン」のフランス工場（エビアン・レ・バン工場）と北米（米国、カナダ）の工場でカーボンニュートラルを達成しており、二〇二二年四月から一〇年間、スペイン二九全事業拠点の電力をスペイン西部の太陽光発電プロジェクトから購入する。同社は二〇一七年一〇月、ダノン・エコシステム基金等を通じてフランスの酪農家のCO_2排出削減等の支援プロジェクト「LES 2 PIEDS SUR TERRE」を始めた。

日本では日立製作所が二〇二一年九月、サプライヤー・調達先・関係企業を含むサプライチェーン全体で二〇五〇年度までにカーボンニュートラルを達成、二〇三〇年度までに自社事業所でのCO_2排出量をゼロにするという目標を策定した。

同社は事業者自らによる温室効果ガスの直接排出量を表示するスコープ1、他社から供給された電気、熱・蒸気の使用に伴う間接排出を示すスコープ2では実質ゼロのめどが立った。だがスコープ1・2の排出量は同社サプライチェーン全体の四・六%に過ぎず、スコープ3にあたる調達先や製品を使う客先（販売した製品の使用）での排出量が最も多く、全体のサプライチェーンの排出量の八三・二%を占めた（図6-9）。

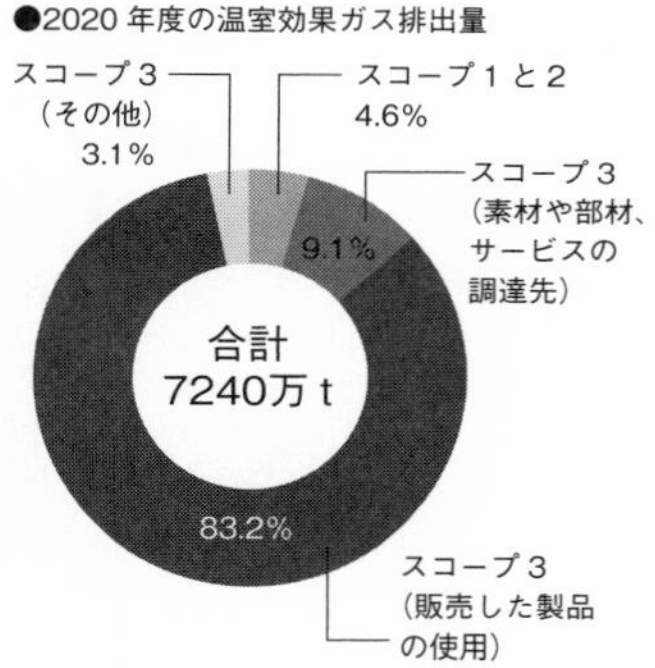

図6-9　日立はスコープ3の削減が課題
出所：日経ESG、2021年11月号

しかし製品の省エネや電化が進み、世界のカーボンニュートラル政策の下で電力の脱炭素化が進めば実質ゼロの見通しは立つ。たとえば二〇二〇年度の売上収益約八兆七二九一億円のうち一三%を稼いだモビリティー事業では、エネルギー効率の高い高速鉄道車両や蓄電池ハイブリッド車両などを提供していく。[13]
同社は客先でのCO_2排出量を二〇三〇年度までに五〇%削減することを目指すとともに、稼働段階でCO_2を排出しないエネルギーシステムやOT、ITなどデジタル技術を活用した新たな脱炭素事業を拡大し、CO_2の削減に貢献していく見込みである。なお、CO_2排出削減に向けた目標は①省エネルギー性能向上、②技術革新による新たなシステム・ソリューションによるCO_2削減貢献、③非化石由来のエネルギーシステム導入によるCO_2削減貢献である。

同社は二〇二一年六月、デジタルイノベーションを加速するために三年間で一兆五〇〇〇億円を投じている。これにより省エネ・エネルギー効率を高めるマネジメントシステムのほか、水素関連技術などの研究開発も推進し、ユーザー・サプライヤー脱炭素化に貢献する事業を育てる。同社は国内外で約三万社ある調達先にCO_2削減の協力を要請している。また、取引総額の約七割を占める約八〇〇社に排出削減計画の策定を依頼し、サプライチェーンを通して全体の排出量削減を目指している。(14)

主要国の企業による脱炭素サプライチェーンの形成は、企業相互の関係に大きな影響を与える。これまで製造業のサプライチェーンは調達、製造、販売、消費という一連の流れを通してプレーヤー間の最適化を追求し、上流の原材料の品質維持と量の確保、輸送・販売における利益最大化を目指してきた。

サプライチェーンにおける各企業は、主に大企業を中心とする企業系列関係や取引関係および持ち株関係によって結ばれている。日本の場合、長期相対取引形態に基づき安定的に維持されている取引関係は最も重視される。

また脱炭素サプライチェーンの形成により、企業・サプライヤー・ユーザーが連携してCO_2削減に取り組む新たな関係、すなわち「グリーン的企業・ユーザー関係」が生じる。各企業はこの関係により自社の利益を実現し、グリーンエネルギーへの転換・脱炭素社会・カーボンニュートラルの達成に貢献する。これは取引形態・システムの重要な基礎となる。

脱炭素サプライチェーンは企業間に新たな分業・利益関係を作り出している。これによりサプライヤー間の協調が拡大し、各サプライヤーは自社の利益のみならず共通の利益を求め、社会に貢献していくであろう。

†脱炭素産業革命による資本主義のあり方の変容

脱炭素産業革命は、現代資本主義のあり方を大きく変容させている。脱炭素産業革命のキーワードである脱炭素化はデジタル経済・デジタル資本主義を補充する役割を果たしている。脱炭素産業革命は産業部門、エネルギー電力転換部門およびモビリティー・生活・業務部門で進んでおり、従来の生産要素である労働・資本・土地（資源を含む）に情報・データを加え、複合型資本主義の形成を促進しようとしている。

脱炭素時代における複合型資本主義とはモノづくり・物質生産部門に新型の産業・データが融合したものである。新時代の資本主義はデータ資本主義および金融資本主義（資金・投資運営面の効率・ノウハウ）のプラスの要素と融合している。

脱炭素などの技術革新は主にモノづくり・第二次産業分野で行われている。ヨーゼフ・シュンペーターによると、技術革新・イノベーションとは新たなものを創出することである。脱炭素分野のイノベーションでは製造方法・製造工程・プロセスや新エネ・再エネなどの開発・導入によりCO_2排出量を低減し、これは製品の炭素税の低下・コストダウンにつながる。

炭素税とはCO_2排出量に比例する課税を行うことで、企業や消費者など税負担者に排出量削減に向けた行動変容を促す手法である。炭素価格は政府が決定するため、税負担者にとって予見可能性が高い手法であり、段階的な税率引き上げの計画などにより、脱炭素化に向けた投資を誘発する効果が期待される。その反面、総排出量の削減ができるかどうかは税負担者の行動次第であるため、不確実性を伴う。

排出量取引制度（ETS）とは企業ごとに排出枠を割当て、実際の排出量が排出枠を超過する企業と枠内に収まる企業との間での排出枠の売買を行い、排出量に相当する排出枠を確保できるようにする仕組みである。政府は排出量の上限（キャップ）を設定し、排出主体である企業は必要に応じて市場で排出枠・排出量を取引する。取引の結果は市場の炭素価格によって決定され、企業は自らの排出削減コストに応じて、余剰排出枠を保有する他の企業から排出枠を購入する。制度によっては、カーボンオフセットクレジット（企業がCO_2の排出枠であるクレジットを購入し、そのクレジットを企業で扱う商品やサービスに付け、対象商品の販売を通じて温室効果ガスをオフセットするという仕組み）を活用することもできる。

企業の総排出枠は政府が決定するため、排出削減の確実性は高いが、排出枠の価格は需要と供給に応じて変動するため企業にとってはビジネスの予見可能性が低くなり、排出枠の価格上昇に影響されるなどといった課題が残る。市場の変動、特に排出取引価格の上昇による影響を軽減するため、脱炭素技術革新により環境負荷の少ない製品を作ることが求められる。ＥＵのような炭素価格の設定・施行が世界的に行われる中で、脱炭素産業革命は環境配慮型の製品技術の開発・普及を推進していく。

要するに排出量・排出枠取引は、CO_2削減のための主な取り組みの一環で、国や企業には、CO_2排出量制限（キャップ）が定められており、その制限枠内での排出量を抑制する義務を負う一方、自身の排出枠を超えてCO_2を排出する場合、排出枠に余裕がある企業・対象主体から枠を購入することが可能な制度である。

脱炭素産業革命において、特に生産手段・生産要素の新しい結合は注目すべきである。これは生産デザイン・設計・モノづくりによって作り出す技術製品を新しい経営理念・経営・生産方式や組織体制と結び付け、シナジー効果を生じさせる。モノづくり・生産部門で技術革新が起こり、それがサービス・金融分野で応用される。ＩＴ大手の経営モデルやビッグデータには半導体・AI・IoT関連のデジタル機器が不可欠である。一方、第二次産業（生産分野）ではサービス、金融分野、特にデジタル領域の新たな理念・アイディア・方法を吸収・活用することによりさらなるシナジー効果が期待される。

脱炭素化にはデジタル化が必要不可欠である。CO_2排出を削減しつつ効率的に資源配分を行うには、巨大なデータ処理が求められる。企業はグリーン投資や脱炭素化の費用対効果などについて、データ・デジタル技術を駆使して分析・評価する必要がある。

脱炭素産業革命により形成されつつある複合型資本主義は脱炭素型の経済成長を目指し、雇用の多様性・拡大をもたらしている。モノづくり分野とCO_2排出量上位の業種、およびCO_2排出量が少ない高付加価値の業種、サービス分野、デジタル分野の雇用が拡大し、格差の軽減などに役立つ。

3　脱炭素産業革命による資本主義の限界の克服へ

†カーボンプライシングの可能性

一九七〇年、世界中の有識者が集まって設立されたローマクラブは一九七二年に「成長の限

炭素税

- ➢燃料・電気の利用（＝CO_2 の排出）に対して、その量に比例した課税を行うことで、炭素に価格を付ける仕組み

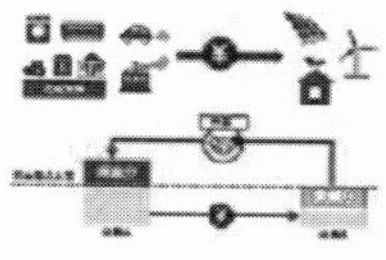

国内排出量取引

- ➢企業ごとに排出量の上限を決め、上限を超過する企業と下回る企業との間で「排出量」を売買する仕組み
- ➢炭素の価格は「排出量」の需要と供給によって決まる

クレジット取引

- ➢CO_2 削減価値を証書化し、取引を行うもの。日本政府では非化石価値取引、Jクレジット制度、JCM（二国間クレジット制度）等が運用されている他、民間セクターにおいてもクレジット取引を実施。

国際機関による市場メカニズム

- ➢国際海事機関（IMO）では炭素税形式を念頭に検討中、国際民間航空機関（ICAO）では排出量取引形式で実施

インターナル・カーボンプライシング

- ➢企業が独自に自社の CO_2 排出に対し、価格付け、投資判断などに活用

図6-10　カーボンプライシングの類型
出所：環境省

界」と題した研究報告書を発表し、人類の未来について「このまま人口増加や環境汚染などの傾向が続けば、資源の枯渇や環境の悪化により、一〇〇年以内に地球上の成長が限界に達する」としている。資本主義の本質は最大利潤の追求であり、これまで環境汚染・地球温暖化という犠牲を払いながら成長を遂げてきたが、資本主義の限界を克服するべく、CO_2排出を抑えながら持続可能な発展を目指していく。これは脱炭素型の経済・産業パターンであり、脱炭素産業革命はその原動力となる。

　脱炭素に関する一連の産業技術・プロセスは重要な土台である。気候変動の主な原因である炭素に価格を付け、排出者の行動を変容させる仕組み・政策手法（図6-10）であるカーボンプライシングは、脱炭素産業革命による環境保

	炭素税（価格アプローチ）	排出量取引制度（数量アプローチ）
価格	政府決定により（炭素税の税率として）	各主体に分配された排出枠が市場で売買される結果、価格が決まる。
排出量	課税水準を踏まえて各排出主体が行動した結果、排出量が決まる。	政府により排出量の上限（キャップ）が設定され、各排出主体は市場価格を見ながら自らの排出量と排出枠売買量を決定する。
特徴	価格は固定されるが、排出削減量には不確実性あり。	排出総量は固定されたが、排出枠価格は変動がある。

表6-3　炭素税と排出量取引制度の比較
出所：環境省資料

全と経済成長の両立に大いに貢献する。

これは主に化石エネルギー起源の温暖化ガスに価格を付け、排出コストが排出量に比例するように決定する仕組みで、価格を固定する炭素税と数量を固定する排出量取引制度（数量アプローチ）の二つに大別される。いずれの手法でも同じ効果が得られるとされているが、実際的にはそれぞれ特徴を持つ（表6－3）。

かつて経済理論においては外部不経済を内部化するものとしての「ピグー税」、一定の具体的な環境目標を実現する「ボーモル・オーツ税」が提唱されており、これは現在の環境税・炭素税の経済理論的背景となっている。

ピグー税（Pigovian tax）は一九二〇年代に活躍したイギリスの経済学者アーサー・ピグーが考案したものである。つまり外部性が社会的コストを生じる場合、政府がそれに相当する課税を行うことによって対処する。

資本主義の経済活動に伴う環境負荷（大気汚染など）に価格調整メカニズムが適切に機能しないため、課税してそれを負担させる。

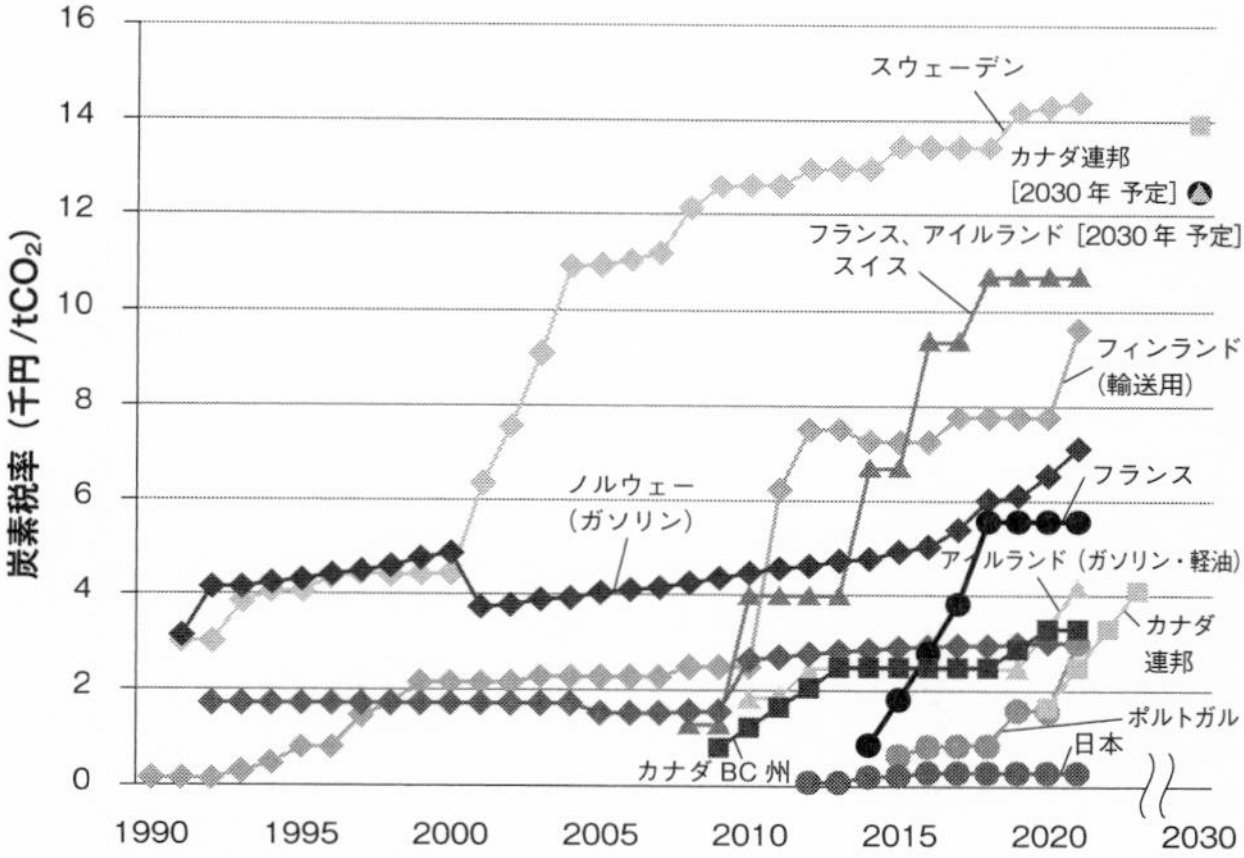

図6-11　主な炭素税導入国の水準比較
出所：環境省「炭素税・国境調整措置を巡る最近の動向」より。

こうした考え方に基づく方策を外部不経済の内部化とし、そのための課税がピグー税である。

しかし外部不経済に対する具体的な測定が難しいという理由により、ピグー税の導入・実施は実現しなかった。そこで一九七一年、ウィリアム・ボーモルとウォーレス・オーツは汚染物質の排出に対して課税することにより生産コストに介入し、排出量をコントロールするという手法を提案した（ボーモル・オーツ税）。環境税・炭素税は基本的にこのボーモル・オーツ税の性格を持っている。

炭素税を導入している諸外国の多くは経済成長、CO_2排出量の削減を達成し、デカップリングを実現している。一九九〇年代からスウェーデンなど北欧は環境税を導入・実施し、その後はスイス、イギリス、フランスなどでも導入されている。日本は二〇一二年一〇月から地球温暖化対策のための税（温対税）としてCO_2 t当たり二八九円の税率を設定し、実施しているが（図6−11）、これは欧州など主要炭素税導入国の平均の〇・〇四％に過ぎない。

政府は主に石油・石炭など化石燃料の使用やエネルギー消費、自動車の所持・保有などに温対税を課しており、たとえば石油（原油と石油製品）は一㎘当たり七六〇円、ガス状炭化水素は一t当たり七八〇円、石炭は一t当たり六七〇円となる。[15]

日本の温対税による収入は初年度の二〇一二年以降で二六二三億円と見込まれており、これは省エネ対策、再可能エネルギーの普及および化石燃料のクリーン化・効率化などに活かされている。研究機関の試算によると、二〇二〇年において一九九〇年比で約マイナス〇・五〜二・二％、量にして約六〇〇〜二四〇〇万tのCO_2削減効果が見込まれている。[16] 日本は欧州ほどではないものの、CO_2排出を抑制しながらGDPの成長を促進している。

†国境炭素税導入に向けたEU・アメリカの動き

CO_2排出量の抑制と経済成長が両立可能であることは、すでに欧州諸国によって裏づけられている（図6−12）。日本・欧米諸国の一九九〇年を一〇〇とした国内総生産（GDP）とCO_2排出量の推移は如実にその傾向を示しており、なかでも炭素税率の高いスイス、スウェ

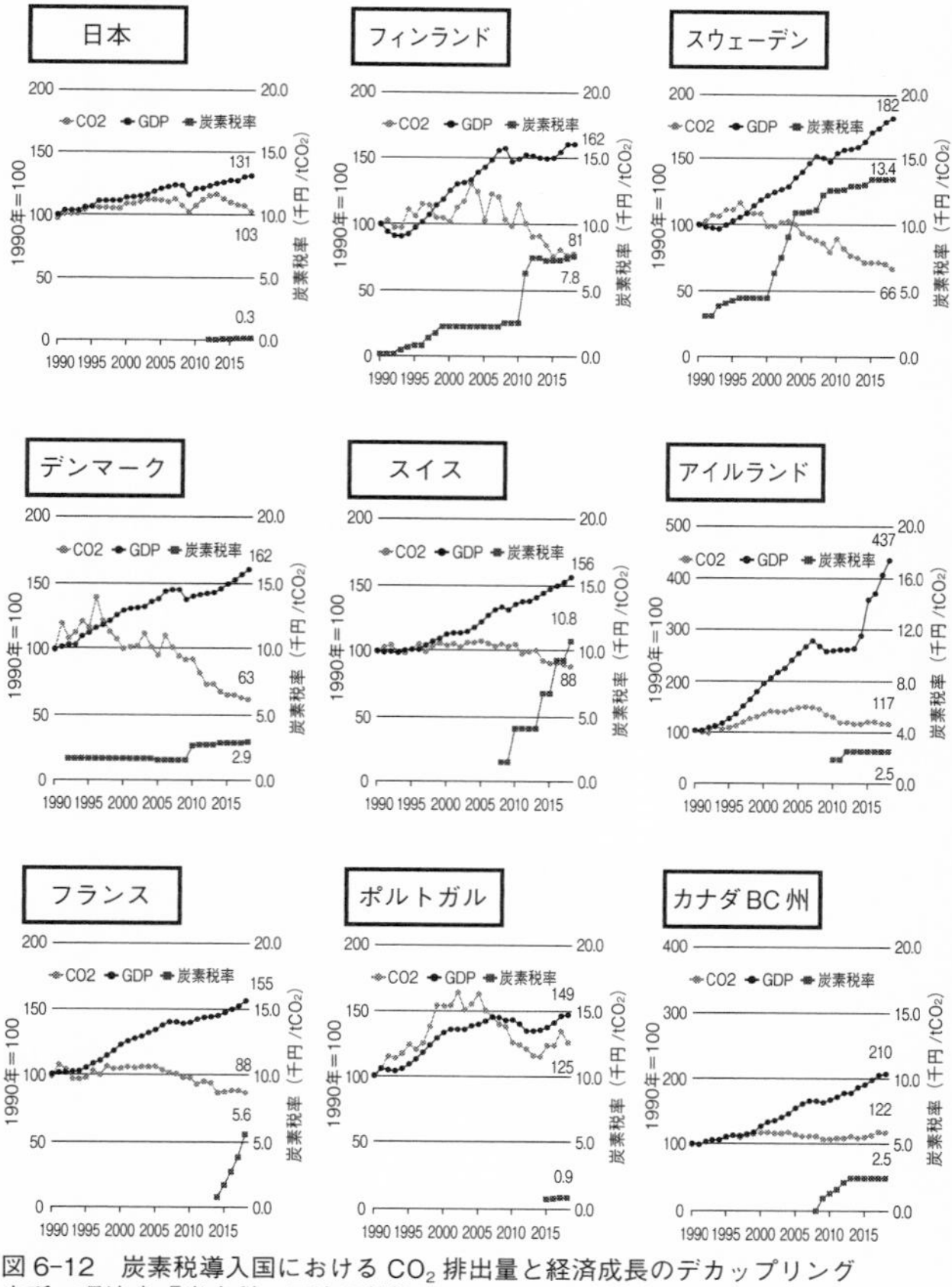

図6-12 炭素税導入国におけるCO_2排出量と経済成長のデカップリング
出所：環境省「炭素税・国境調整措置を巡る最近の動向」より。

ーデン、フランスではデカップリングの度合いが高いことがわかる。エネルギー・資源集約型産業よりも高付加価値・ハイテク産業の多い国[17]ではCO_2排出削減を進めるほど炭素生産性が向上する。

環境税の実施は脱炭素技術の開発・導入を進め、そのイノベーションが企業・産業の生産性・付加価値を高め、炭素生産性を向上させる。これは企業利益の増加や国のGDP拡大に貢献している。日本では二〇一二年から温対税を導入したが、鉄鋼・化学などエネルギー・資源集約型産業が存在しているためスイスやフランス、北欧諸国のように税率を高く設定できなかったため、CO_2排出量と経済成長のデカップリングはまだ小さい。

炭素技術の開発、環境税・炭素税の実施により資源・エネルギー集約型産業はCO_2排出量を低減し、高付加価値産業へとシフトしつつある。脱炭素技術開発を進めれば進めるほど炭素生産性が高められ、環境税・炭素税は低くなる。さらには企業の利益が拡大し、競争優位性を得るため国の国際競争力の強化にもつながる。

炭素税と排出量取引制度は同時に用いることができ、数多くの国で両方の制度が導入されている。二〇二一年の時点で約四〇の国と二〇以上の地域がカーボンプライシングを導入し、合計六四のカーボンプライシングが実施されており、そのうち炭素税は三五、排出量取引制度は二九となっている。多くのEU諸国では排出量取引制度としてEU－ETSを導入しつつ炭素税も実施している。

現在導入されているこれらカーボンプライシングにより、世界のCO_2など温室効果ガスの約二二%が削減されている。炭素税は一九九〇年にフィンランドで導入されたのを皮切りに、ヨーロッパを中心に導入が進んでいる。先に述べたように、日本でも二〇一二年に温対税として導入されている。先進国のほかではメキシコ、チリ、南アフリカなどが導入している。

排出量取引制度(ETS)はEUが二〇〇五年に初めて導入した。テスト段階の第一ステップ(二〇〇五〜二〇〇七年)から実際に目標値を導入した第二ステップ(二〇〇八〜二〇一二年)、排出枠を原則としてオークションで市場から購入する形式に定めた第三ステップ(二〇一三〜二〇二〇年)を経て第四ステップ(二〇二一〜二〇三〇年)に入り、排出枠の年間削減率を前ステップの一・七四%から二・二%に引き上げている。

EUが二〇二〇年一二月、二〇三〇年のCO_2など温室効果ガス排出削減目標値を五五%に引き上げたことに伴い、ETS価格は急速に上昇しており、二〇二一年九月一日の時点でCO_2排出一t当たり六〇ユーロを超えている。

EUのほか、米国(州レベル)と中国などでETSは導入されている。ニューヨーク州など北東部の諸州は電力部門を対象として二〇〇九年から導入している。二〇二一年一月にはヴァージニア州が参加し、一一州で導入されている。

また二〇二一年以来、国境炭素税の調整・導入が現実味を帯びてきている。国境炭素税とはCO_2削減規制が緩い国・地域からのエネルギー・資源集約型をはじめとする輸入品に課する関税である。

EUは二〇二二年七月、国境炭素税、国境炭素調整措置（Carbon Border Adjustment Mechanism. CBAM）規則案を決定し、二〇二三年にはEU域内の輸入業者に対して輸入製品のCO_2排出量の報告を義務づけ、二〇二六年からは課税を開始するとしている。EUの国境炭素税は温室効果ガス排出量の多いエネルギー・資源集約型鉄鋼やセメント、アルミ、肥料など五品目を対象としている。国境炭素税についてEUは二〇二三年三月一三日に導入することで合意した。EUは二〇二三年一〇月から移行期間として輸出企業に製品の量と製造プロセスにおけるCO_2排出量の報告を義務づける。上述の対象品目に水素製造業を追加した。二六～二七年に輸出する域外企業はEUの排出量取引制度の炭素価格に準じて排出量に相当する金額の支払いが始動する（図6－13）。

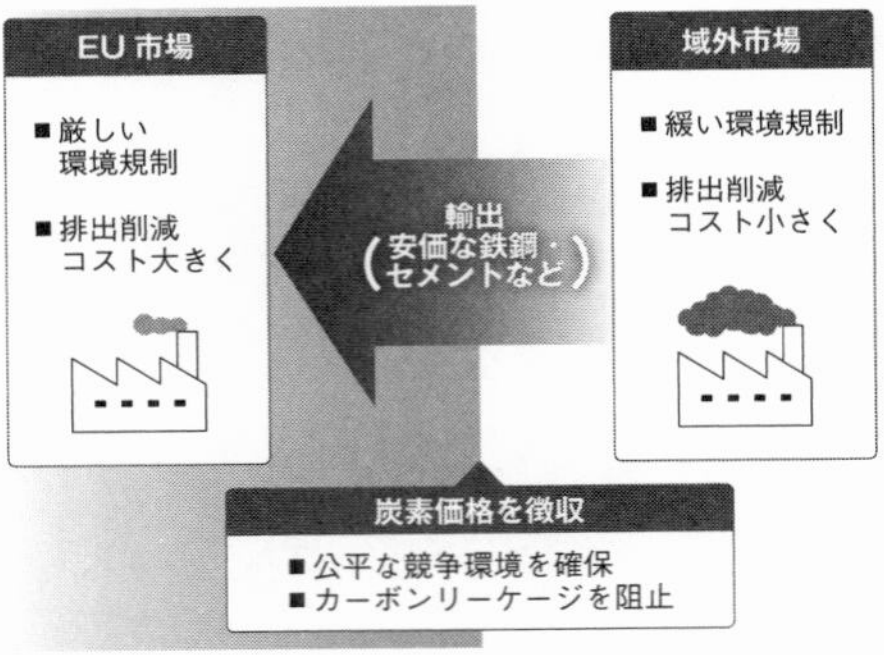

図6-13　国境炭素税のイメージ
出所：図5-1と同じ。

国境炭素税が生まれた背景として、EU域内各国の気候変動対策の水準が域外の国と比べて高いことが挙げられる。世界の炭素税の導入状況を見ると、EU域内と域外の差が大きいことがわかる。スウェーデンはCO_2排出一t当たり一万四四〇〇円、フィンランドは九六二五円、フランスは五五七五円である一方で、英国は二五三八円、日本は二八九円であり、アメリカや中国などはまだ導入していない。EUは国境炭素税の導入によって、域内外の負担を同水準にそろえるほか、域内における脱炭素化に取り組みつつある鉄鋼をはじめとする素材産業の競争力を維持しつつ、域内の脱炭素化の優位性を高めようとしている。

一方、アメリカではバイデン政権の下で国境炭素税の導入について議論されている。与党・民主党でバイデン大統領に近いクリス・クーンズ上院議員は二〇二二年七月一九日、同党の下院議員と共同で二〇二四年一月から「国境炭素調整（BCA）」を導入する法案を公表した。CO_2排出規制の緩い国・地域の製品に、製造時に排出されたCO_2に応じて関税を課すことにより自国の産業の優位性を確保し、関税収入を得ることが狙いであると考えられる。

†世界的な脱炭素を促進するカーボンプライシングとグリーン投資の活発化

EUで二〇二六年に国境炭素税が導入されれば、中国など新興国への影響は大きい。中国ではエネルギー・資源集約型産業が大半を占めており、EUの国境炭素関税の対象となれば輸出に大きな影響を及ぼすことになる。

二〇二一年の中国のEU・英国向け鉄鋼輸出は合計三一八万四〇〇〇tで前年比の五二・四%増となり、鉄鋼輸出全体の五%を占めている。二〇二〇年、中国はEUおよび英国に合計五一万九〇〇〇tのアルミニウムを輸出しており、これは中国のアルミニウム輸出総額の一一・二%を占めている。中国の産業全体が化石エネルギーに大きく依存しているため、鉄鋼・アルミニウム産業の二酸化炭素排出量は先進国よりも多く、二〇二六年にEUの国境炭素税が発動すれば企業の負担が増し、EUへの輸出にも支障をきたす。二〇二一年にEUの炭素市場で取引された一t当たりの平均価格を約五〇ユーロとし、一tの鉄鋼が約二tの炭素を排出した場合、EUは中国の鉄鋼輸出にオフセットをカウントせずに約二三億元の炭素関税を課すことになる。

欧州ではEU気候行動計画やガス価格の上昇により、二〇二一年には炭素価格が一五〇%近く上昇しており、今後もこの傾向は続くと予想される。中国のEUへの鉄鋼・アルミニウム輸出への影響は国内部門と比較して限定的であるものの、炭素関税によって中国の関連製品のEUに対する価格優位性がさらに低下し、鉄鋼・アルミニウム輸出企業の収益にも影響が出ることは間違いない。(18)

中国では鉄鋼・化学産業の省エネ・エネルギー使用効率が悪く、国境炭素税を課されればさらに負担が増える。長期的に見ればこれは重厚長大の素材産業からハイテク・技術集約型産業へのシフトにつながるが、前者は中国のメイン産業であり、それを取り巻く輸出環境の変化は中国産業の比較優位性・輸出競争力の低下につながると考えられる。

中国では重化学工業が産業全体の三分の二のシェアを占めており、二〇一二年以降、世界第一の貿易大国・輸出大国として欧米など世界の市場を席巻してきた。輸出製品のほとんどはCO_2排出量が多く、炭素生産性が低い。

二〇二六年にEUが国境炭素税を導入すれば、これは世界の標準となる可能性が大きい。中国など新興国は脱炭素技術の開発やCO_2削減にさらに力を入れるのみならず、産業の高度化に取り組むことも急務である。

脱炭素産業革命は各国におけるCO_2排出の削減、炭素生産性の向上を後押しし、なおかつ国際貿易・直接投資のグリーン化をもたらしている。各国では炭素生産性の低い産業から技術集約・高付加価値産業への転換が加速し、これを通じて資本主義に危機をもたらす地球温暖化・気候変動問題を克服しようとしている。

近年、国際資本市場でも環境を含めたESG（環境、社会、ガバナンス）をはじめとするグリーン投資が拡大している。まずESG分野への投資が拡大しており、中長期的な資産運用のため、財務情報だけでは見えないリスクをESGへの対応状況から判断する機関投資家が増えている。

国際団体ＧＳＩＡ（Global Sustainable Investment Alliance）によると、二〇二〇年の世界のＥＳＧ投資残高は二〇一八年の三〇兆六八三〇億ドルから一五・一％増加して三五兆三〇一〇億ドルにのぼり、これは世界の運用資産合計の四割近くに相当する。資金調達面から見て、諸外国企業の環境保全を含めたＥＳＧへの対応投資の拡大が求められる。

投資が拡大されればエネルギー・電力部門の転換、脱炭素技術による省エネ・CO_2削減やモビリティー分野での電動化・脱炭素化、家庭やオフィス・業務部門も含めた省エネ、エネルギー効率の向上に力を入れることができる。ＩＥＡが二〇五〇年に世界全体でカーボンニュートラルを達成した場合のロードマップとして公表した「Net Zero by 2050」において、クリーンエネルギー分野の世界全体の投資額は現状の約一・二兆ドルから二〇三〇年には約四・三兆ドルまで増加するとされている。

（1）What the history of London's air pollution can tell us about the future of today's growing megacities – Our World in Data（https://ourworldindata.org/london-air-pollution）
（2）同上。
（3）Fossil Fuels – Our World in Data（https://ourworldindata.org/fossil-fuels）
（4）Global historical CO2 emissions 1750–2020 | Statista 出所：Our World InData・Global fossil fuel consumption とBP Statistical Review of World Energy2021 より作成。

(https://www.statista.com/statistics/264699/worldwide-co2-emissions/)

（5）http://www.inaco.co.jp/isaac/shiryo/Economy_of_the_US/14.html

（6）熊谷徹「メルケル政権、二酸化炭素の大幅削減をめざす「気候保護プログラム」を発表」『ＡＨＫ』在日独商工会議所、二〇一九年一一月号。

（7）たとえば二〇一五年に日本の転炉鋼のエネルギー原単位は米国の七六・九％、フランスの八四％、イギリスの八五％であった（日本鉄鋼連盟『鉄鋼業の地球温暖化対策への取組　低炭素社会実行計画実績報告』二〇二一年二月八日、二二頁）。

（8）https://www.challenge-zero.jp/jp/casestudy/230

（9）Scope1は事業者自らによる温室効果ガスの直接排出（燃料の燃焼、工業プロセス）、Scope2は他社から供給された電気、熱・蒸気の使用に伴う間接排出、Scope3はScope1、Scope2以外の間接排出（事業者の活動に関連する他社の排出）である。
（環境省 https://www.env.go.jp/earth/ondanka/supply_chain/gvc/supply_chain.html）

（10）『Appleのサプライチェーンにおける人と環境』（二〇二二年年次進捗報告書）、八〇頁。

（11）ジェトロ「サプライチェーンにおける排出削減の取り組み（前編）先進的グローバル企業、排出削減を急ぐ」『地域分析レポート』二〇二二年一一月一九日。

（12）ダノンのケースは上述の文献を参照・引用した。

（13）『日経ＥＳＧ』二〇二二年一一月号。

（14）同上。

（15）環境省「地球温暖化対策のための税の導入」（https://www.env.go.jp/policy/tax/about.html）

（16）同上。

(17) たとえばスイスでは時計・医薬など高い付加価値・ハイテク産業がメイン産業で、圧倒的産業優位性と高い炭素生産性を有している。

(18) 柯钰琪　王晓蒙　吴媖「欧盟炭関税及対中国的影響」『中国銀行保険報』二〇二二年五月二三日。

終　章　国際政治経済秩序の変容

ここまで脱炭素産業革命の技術開発・展開および現代資本主義の限界の克服について述べてきたが、本章ではこの産業革命による主要国・地域の国際競争力や国際政治経済秩序への影響について述べておきたい。

1 炭素生産性の低い国・地域の国際競争力の衰退とその原因

日米欧先進国と比べ、中国・インドなどの新興・途上国は炭素生産性が低いため、カーボンニュートラルに向けて脱炭素産業革命が展開されるに伴い国際競争力が弱くなる。二〇一八年時点の各国の炭素生産性を見ると、アメリカはCO_2一〇〇万t当たりの国民総生産の増加値が四〇億ドル以上、EUは約五七億ドル、日本は五七・一億ドルでトップとなっている。先進国全体の炭素生産性が四五億ドルであるのに対して、新興・途上国の炭素生産性はわずか六・八億ドルとなっている。そのうち中国の炭素生産性は約八・八億ドル、インドは八・二億ドルであった。新興・途上国の炭素生産性が低い原因として、次のような点が挙げられる。まず、新興・途上国の二〇一八年のCO_2排出量は二〇六億一六〇〇tで世界の全体排出量の六一・五%を占め、先進国の排出量の一・八倍に達している。なかでも中国は世界第一の排出大国で、一国だけで世界の二八・四%を占めている。また、インドは中国、アメリカに次ぎ第三の排出大国で、世界の約七％を占めている。

新興・途上国ではエネルギー・電力構造の六割以上が石炭に依存しており、中国とインドの電源構成における石炭火力の比率はそれぞれ六六・八％、七三・五％を占めている。一方、先進国の電源構成における石炭火力の比率はわずか二五・九％を占めるに過ぎない。また、新興・途上国の一次エネルギーのGDP原単位は二八一toe（石油換算トン）／一〇〇万米ドル（二〇一〇年価格）である一方、先進諸国はわずか一〇〇toe／一〇〇万米ドルで、先進国より二・八倍以上と大きく上回っている。なかでも中国の一次エネルギーの原単位は二九四toe／一〇〇万米ドル、インドは三二〇toe／一〇〇万米ドルとそれぞれ日本の四・四倍、四・八倍となっている。

次に、新興・途上国の産業構造はエネルギー・多消費型の鉄鋼、石油化学、アルミニウム、セメントなど素材産業に集中しており、特に中国ではこれらの重化学工業が産業全体の三分の二を占めている。ハイテク・高付加価値の主流産業に比べ、エネルギー・資源集中型産業は付加価値額が低いのみならず、CO_2の排出量が多い。たとえば鉄鋼産業とハイテクの情報電気機器製造業では付加価値額に一〇倍以上の差がある。

二〇一九年時点でのスクラップ電炉鋼の日本のエネルギー原単位を一〇〇とすると、中国、インド、トルコ、ロシアが一〇九と高い。また電力部門の日本のエネルギー原単位を一〇〇とすると、中国とインドはそれぞれ一三五、一三四に達している。

近年、とりわけ中国の産業部門でGDP当たりのエネルギー消費効率の改善が見られるが、先進国と比べてハイテク・高付加価値産業はまだ少ない。二〇二一年時点で、中国のハイテク製造業が製造業全体に占める割合はわずか一五・一%で[1]、重工業とハイテク産業の付加価値額の差は二〜三倍である。一方、二〇一九年時点での日本の情報通信機械器具製造業の付加価値額は鉄鋼業の約三倍となっている。同じエネルギーを使った製品であっても、ハイテク産業はより大きな付加価値を生み出すことができる。

中国ではデジタル化や通信システムの整備が進んでいるが、第二次産業におけるハイテク産業の割合がまだ低い。工業生産の世界シェアでは世界一位になったものの、モノづくりの核心となる基幹部品の技術・ノウハウの蓄積が少なく、その大半を先進国に依存しなければならない。たとえば、自動車エンジンや工作機械などの核心技術・製品の九〇%をドイツ、日本など先進国から導入する必要がある。

また、先進国と比べて中国など新興諸国は炭素生産性が低く、産業の国際競争力が弱いうえに脱炭素技術開発が遅れていることにより、グリーン型経済成長のパワーが減退してしまう。これにより国際政治経済に与える影響力が低下していく。

新興・途上国は今後、先進国に遅れを取らないように産業構造の調整、脱炭素などハイテク技術の研究開発により産業高度化を目指すことが喫緊の課題となる。

2 脱炭素産業革命の国際政治経済への影響

米中対立、ロシアのウクライナ侵攻により二大陣営（民主主義体制諸国と権威主義体制諸国）が顕在化しており、米中対立から二大陣営の対立へと変わりつつある。国際政治は多極的競争から、体制・価値観やイデオロギーにおいて対立している。

こうしたなか、脱炭素産業革命は国際政治経済秩序にどのような影響を与えるか。これは極めて興味深い問題である。

カーボンニュートラルに向けて各国は脱炭素に積極的に取り組み、実用化に向けて技術開発を進めている。国際政治経済秩序を動かす主なファクターは技術のパワーであり、今後も脱炭素の技術革新の影響を受け、変化していくであろう。エネルギー需給地図が塗り替わったことにより化石エネルギーが「座礁資産」化し、エネルギー資源大国の資源賦存性によるパワーが低下していく。こうして国際政治経済秩序におけるパワーバランスが変化していく。

†「座礁資産」化による資源大国パワーの低下

化石エネルギーの「座礁資産」化により、今後、ロシア、サウジアラビアなどエネルギー資源大国の経済パワーが中長期的に低下していくと考えられる。

主要国は二〇三〇年までにCO_2排出量を半減させ、二〇五〇年までに実質的に排出量ゼロにするという目標を打ち出している。また、エネルギー消費量・CO_2排出量世界第一位の中国も二〇三〇年からCO_2排出量をピークアウトさせ、二〇六〇年までに実質ゼロにするという目標を打ち出している。

化石エネルギーは目下、「座礁資産」として扱われている。これまで石炭や石油、天然ガスなど化石燃料は貴重かつ価値の高いエネルギー資源であったが、脱炭素に向けた各国の取り組みにおいてはエネルギーとして利用されず、その資産価値が大幅に下がっていくと見込まれる。

二〇一五年に採択されたパリ協定において、「世界的な平均気温上昇を産業革命以前に比べて二℃より十分低く保つとともに、一・五℃に抑える努力を追求する」という目標がある（二℃目標・一・五℃目標）。この目標を達成するためには化石エネルギー由来のCO_2排出量の削減が必要不可欠である。主要国は化石エネルギーの利用を軽減し、クリーンな再生可能エネルギー・水素など非化石エネルギーへの転換を加速しつつある。

そのためエネルギー消費国ではエネルギー資源国からの輸入が少なくなり、石炭・石油は中長期的に「座礁資産」と化す。

「座礁資産」の世界的な量については複数の研究機関による試算があるが、二℃目標が実現するか否か、現在ある化石燃料のうち、どれぐらいが使えなくなるかなど前提条件により大きな幅があるようで明確ではない(一〇兆ドルオーダーの規模のようである)。たとえば日本では、石炭は七〜八兆円の座礁資産となるリスクがあるとされている(2)。

脱炭素の流れの中で化石燃料は「座礁資産」と見なされ、需要が低下していけば、エネルギー価格が下落することは避けられない。そこでは、価格が下がれば収入を確保するために増産するという悪循環が起き、今後、世界の石油会社は「冬の時代」を迎えるだろう。

なかでもロシアの石油産業は深刻な問題を抱えている。二〇一九年から世界銀行グループは石油・ガスの上流事業への投融資を停止しており、石炭への投融資はすでに二〇一〇年からストップしている。

EUの融資部門で、一六〇カ国で活動する世界最大の多国籍銀行である欧州投資銀行(EIB)は二〇一九年に「気候銀行」を目指し、二一年以内に化石燃料プロジェクトに対する融資を段階的に廃止すると発表した。また、二〇二一年末からは発電も含む石油・ガス関連事業への新規融資を停止している。同銀行は低炭素プロジェクトに積極的に融資し、汚染企業への融資を停止する。それに加えて、石油・ガス企業への融資を可能にしている抜け穴を塞ぐと宣言した。

二〇二二年以降、ＥＩＢは低炭素プロジェクトに融資することを希望する汚染企業への融資を停止する予定である。これはたとえば、ＥＩＢが石油会社の風力発電プロジェクトに融資しなくなることを意味する。(3) ＥＩＢのすべての融資先には、脱炭素化計画の策定が義務づけられる。

†世界エネルギー需給地図の塗り替え

各国政府が排出削減の目標を達成した場合、化石燃料にどのような影響が及ぼされるかをモデル化したところ、全世界で一兆四〇〇〇億ドルの石油・ガス資産が「座礁資産」化する恐れがあることがわかった。(4)

ＩＥＡの予測によると、エネルギー転換は石油・ガス生産の大幅な縮小を伴い、これらの燃料を生産するすべての企業に多大な影響を与えることになる。石油は二〇二〇年の日量約九〇〇〇万バレルから二〇五〇年には日量二四〇〇万バレルに減少し、天然ガス需要は三九〇〇億立方bcm（キロメートル）から約一七〇〇bcmに減少する見通しである。

再生エネなど非化石エネルギーへの転換が加速するにつれて、化石エネルギーの供給量が減

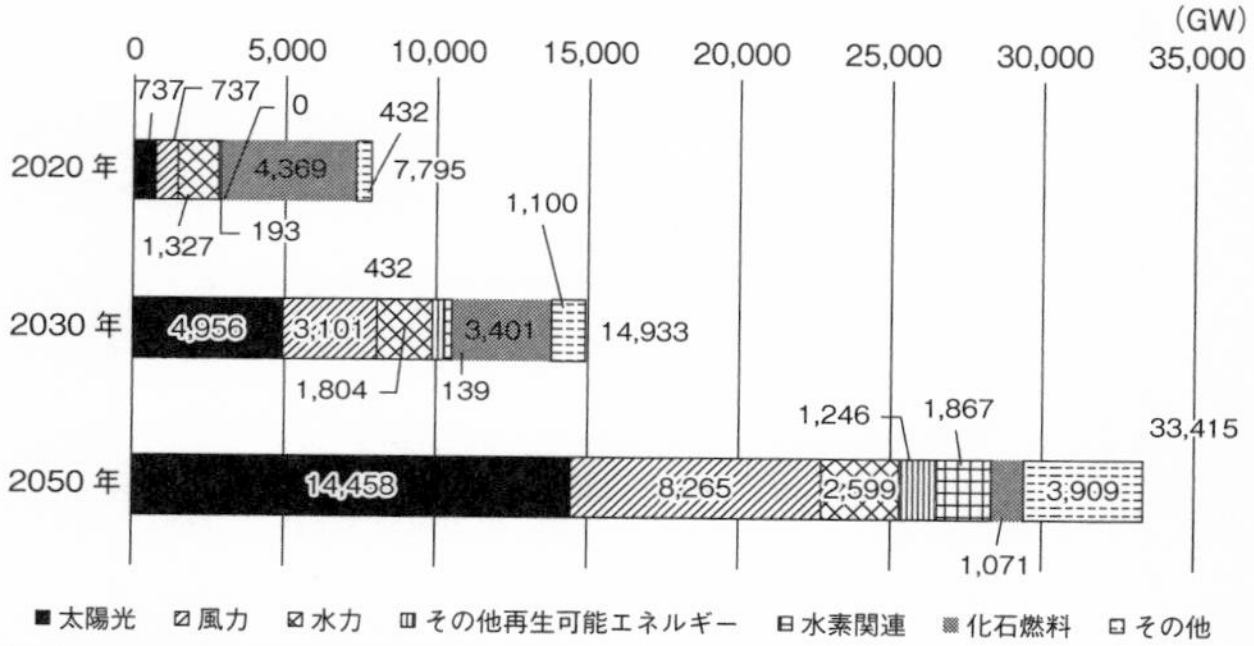

図終-1　世界の電力設備容量（累積、電源別）
注1：2020年は実績値、2030年と2050年はIEA予測値。
注2：下線・太字は各年の合計値。
出所：国際エネルギー機関（IEA）よりジェトロ作成

少していく（Figure 6.1 Energy supply to 2050 by scenario)。ＩＥＡによれば、石油、天然ガス、石炭の生産・供給量はそれぞれ二〇二〇年の一七三EJ、一三六EJ、一五四EJから二〇三〇年には一三七EJ、一一六EJ、六八EJへと減少する見込みである。さらに二〇五〇年には四二EJ、一七EJ、三EJまで大幅に減少し、化石エネルギー合計は全エネルギー供給のわずか九％となる[5]。

一方、再生エネルギーの供給量は二〇二〇年の六九EJから二〇三〇年には一六七EJ、さらに二〇五〇年には三六二EJまで大幅に増加し、全体のエネルギー供給の七割近くに達している。そのうち太陽光発電、風力発電、水力発電はそれぞれ二〇二〇年の五EJ、六EJ、一六EJから二〇三〇年には三二EJ、二九EJ、二一EJ、さらに二〇五〇年に一〇九EJ、八〇EJ、三〇EJと大幅に増加している。

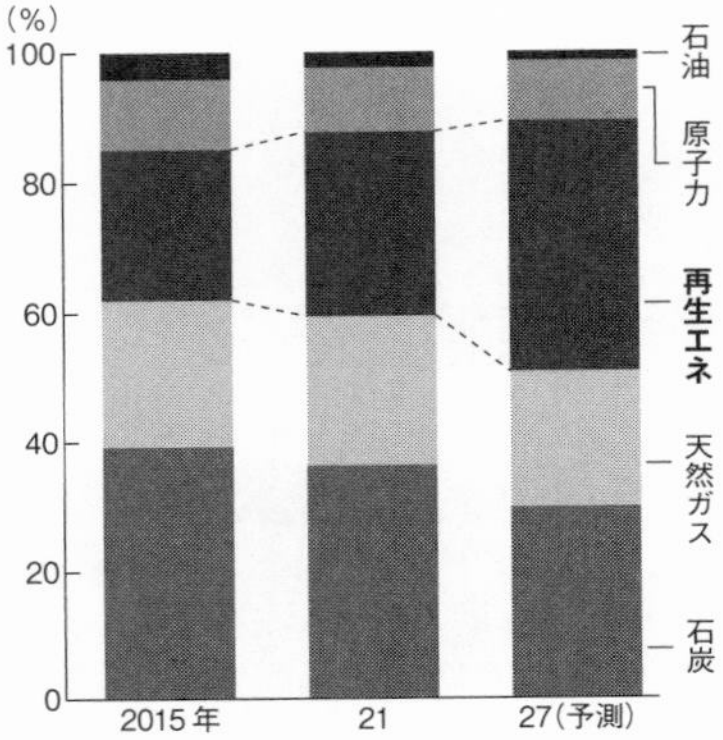

図終－2　燃料別発電シェア
出所：図5-1と同じ。

ＩＥＡによると、世界の再生可能エネルギーの設備能力は二〇二〇年に二九九四GWで電力設備全体の三八・四％を占めていたが、二〇三〇年には一万二九三GWに増加し（同約六九％を占める）、さらに二〇五〇年には二万六五六八GWまで大幅に増加し、全体の約八〇％を占める見通しである（図終－1）。

二〇二〇年には再生可能エネルギーのうち、水力発電の構成比が高かったが、二〇三〇年には太陽光と風力発電が大半（五四％）を占める。二〇五〇年には七割近く（六八％）にまで拡大し、そのうち太陽光発電が四三・三％を占める。二〇五〇年、太陽光発電設備容量は二〇三〇年同容量より約三倍、二〇二〇年の同容量に比べ約二〇倍に拡大する。加えて、ＩＥＳＡが二〇二二年一二月六日発表した『再生可能エネルギー年次報告書』によると、太陽光や風力など再生可能エネルギーが二〇二五年に石炭を抜いて最大の電源になる見通し。再生可能エネルギー発電量は二〇二七年までに二〇二一年比べ約六〇％大幅増の一万二四〇〇TWhとなると見込まれる。電源別構成には再エネは二〇二一年から一〇

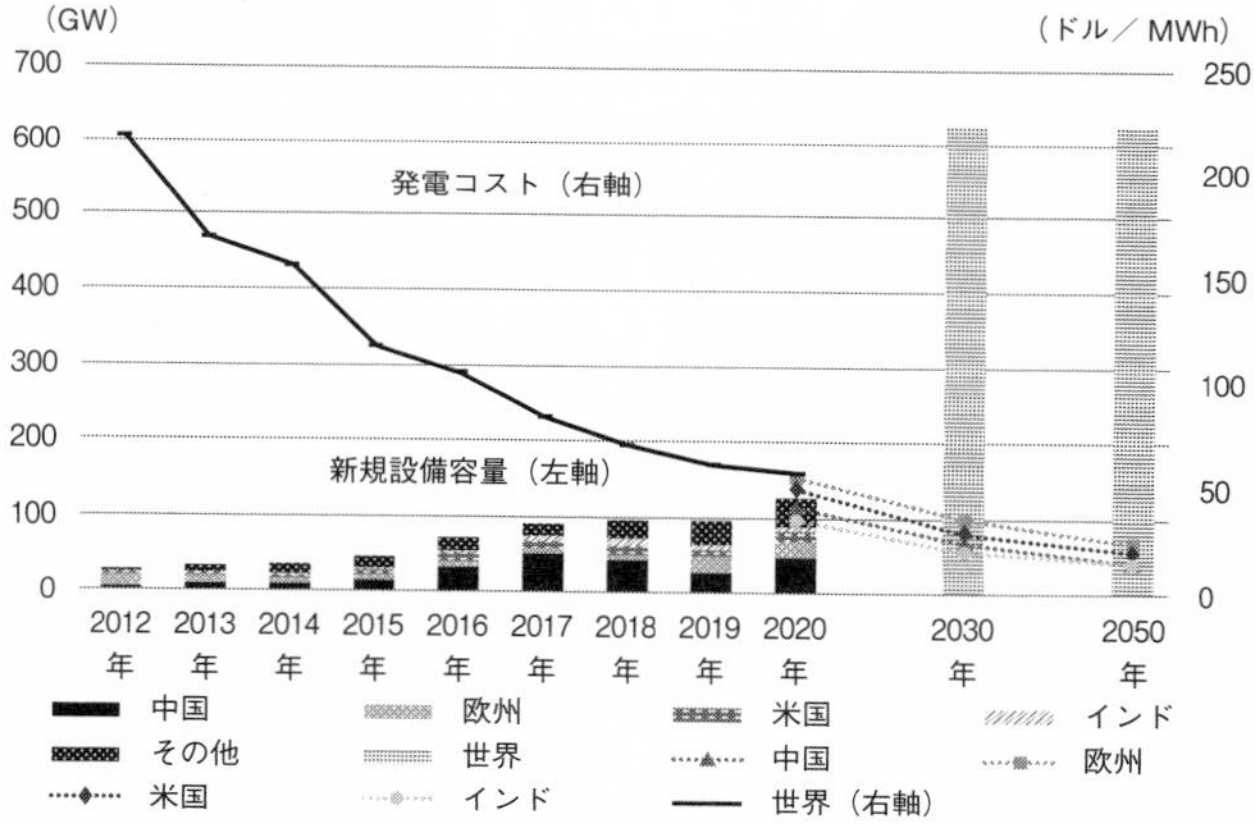

図終-3　太陽光の新規設備容量と発電コスト

注1：新規設備容量（国・地域別）と発電コスト（世界）ともに2020年まで（IRENA）と、2020年以降の発電コスト（国・地域別）と2030年以降の新規設備容量（世界）の予測（IEA）とで出所が異なる。IEAの予測では、2020年以降の発電コストは地域別のみで、世界（平均）はない。

注2：発電コストは均等化発電原価（LCOE）。

出所：国際再生可能エネルギー機関（IRENA）、国際エネルギー機関（IEA）より作成

ポイント増え二〇二七年三八％を占める。一方、化石火力の石炭と天然ガスはそれぞれ七ポイント減の三〇％、二ポイント減の二一％になり、はるかに再エネを下回る。

また再生可能エネルギー発電設備容量は二〇二七年までに、二〇二一年より七三％大幅増の五七〇〇GWとなる見込み（図終-2）で、その増分の二四〇〇GWは。過去二〇年に各国が導入・整備してきた規模に匹敵し、現在の中国の設備容量に相当する。

主要背景には各国が再エネ拡大による脱炭素化を進めるに加え、ロシアのウクライナ侵攻によるエ

ネルギー安全保障への懸念から、価格が高騰している輸入化石燃料への依存を減らすために、太陽光や風力などの自然エネルギーへの転換を強めていることがある。

主要国が再生エネルギーを積極的に導入し、さらに脱炭素技術が革新されれば大幅にコストが引き下げられる。図終−3に示したように発電コストは二〇一二年の二一七ドル／MWh（メガワット時）から二〇二〇年は五七ドル／MWhと、八年間で約四分の一に低下している。よって二〇三〇年、二〇五〇年にはさらに発電コストが下がることが予想される。

太陽光発電コストが下がった理由は主に次の通り[6]である。

第一に現在、世界で最も普及している太陽光発電設備は多結晶シリコン方式である。多結晶シリコン型のＰＶ（太陽光発電）は「ローエンドの半導体」で、ハイエンドの半導体より技術的に簡単につくることができる。つまり半導体技術の進展により太陽光発電コストが下がった。

第二に太陽光発電設備の製造技術が向上している。ウェハーの面積が増え、なおかつ厚みが少なくなっている。たとえばウェハーの厚さは一九八〇年には五〇〇μだったが、現在では二〇〇μ以下になっている。ワイヤソーでの切断加工技術が向上したことによってウェハーが薄くなり、シリコンの投入量が少なくなることからコストの低減につながった。

再生可能エネなど非化石エネルギーへの転換が加速し、化石エネルギーの消費量・供給量が減少していけば、化石エネルギーの探査、つまり新規油・ガス田や新規埋蔵量を探査する必要性がなくなる。

†ロシアの危機感の募り、エネルギー資源大国への衝撃

エネルギー大国であるロシアはすでに危機を感じており、ミハイル・ミシュスティン首相は二〇二一年九月末の閣僚会議で「世界経済は低炭素エネルギーへの段階的な移行を重視している」「これはすでに新しい現実だ。石油、ガス、石炭といった伝統的な燃料の使用を段階的に減らしていく準備が必要だ」と述べている(7)。

ロシアは二〇一九年、石油とガスに連邦予算収入の三九%を提供しており、ロシアの輸出の六〇%を占めている。ロシアの化石エネルギーは国家予算やGDP、国全体の輸出において大きなウェイトを占めるため、エネルギー収入が喪失すれば国家予算が成り立たなくなる。

目下、ウクライナ戦争は長期戦となっており、戦費のその大部分は石油・天然ガスの収入により支えられている。フィンランドの研究機関「エネルギー・クリーンエアー研究センター」(CREA)の報告書(二〇二二年六月一三日)によると、ウクライナ侵攻が始まった二〇二二年二月二四日から六月三日までの一〇〇日間で、ロシアの石油・天然ガス、石炭の化石燃料輸出の収入は九七〇億ドルに上ったという。開戦からの一〇〇日間でみると、石油・天然ガスの収入は戦費を上回っており、ロシアの戦費は一日当たり約八億ドルと試算している。

このようにロシアの資源賦存の優位性、すなわちエネルギー・パワーは国家運営や対外戦争を支えている。しかし今後、脱炭素技術が大きく進展し、中長期的に諸外国が化石エネルギーから再生可能エネルギーへ転換していけば世界の石油ガス需要は大幅に減少する。加えて座礁資産として油田・ガス田への投資も枯渇しており、ロシアの生産・供給能力は限界に来ているため、これまでのエネルギー資源優位性を失う恐れがある。

しかもロシアは他の産業（モノづくり製造業）の優位性をあまり有していないため、相対的に国力は低下していくであろう。脱炭素産業革命はEUなど諸外国の脱ロシアエネルギー依存を加速させ、ひいてはロシアの戦争を発動する力を弱める。これにより世界エネルギー需給構造に変化が生じ、国際政治経済秩序の変容にも大いに影響を与えることであろう。

†サウジアラビアなど中東産油国への影響

サウジアラビアは世界最大級の石油埋蔵量で（四〇九億t）世界シェアの一七・二％を占め、生産量・輸出量ともにトップの石油エネルギー大国である。輸出総額の約九割、財政収入の約八割を石油に依存し、経済構造は石油に大きく依存している。分野別GDPに占める石油関連産業（鉱業の探鉱開発、石油精製・石油化学をはじめとする製造業）の割合は約五割で輸出に占める石油（鉱産品）の割合は約八割、石油を原料とする化学製品は一割以上で、石油と石油関連製品の輸出はサウジアラビアの輸出の九割以上を占めている。

石油資源賦存性の極めて高いサウジアラビアは国際金融危機以来、石油に依存している国家経済・財政が国際的な脱炭素化の動きに左右されることへの不安が高まっている。そのため経済・産業の多角化に力を入れ、石油鉱業のほかに製造業の発展にも取り組んでいる。

たとえば政府は製造業の人材を育成するため、欧米や日本など先進国へと国費留学生を派遣し、モノづくり分野の技術とマネジメント・経営管理の手法を学ばせている。私のゼミ生の一人で、サウジアラビア出身の二〇代後半の留学生は本国で二〜三年仕事をし、優秀な人材として産業経済・経営管理の学習のため日本の大学に派遣された。

現在、サウジアラビアでは経済産業の多角化が進められ、一定の進展を見せているが、主な産業は依然として石油精製・石油化学分野である。

中東第二の石油・天然ガス生産大国であるイランは石油の確認埋蔵量二一七億tと第三位で世界シェアの九・一%を占めている。天然ガス資源の賦存性も高く、その確認埋蔵量（三二・一兆㎥）は第二位で世界シェアの一七・一%を占め、生産量（三五〇八億㎥）は第三位で世界シェアの約七%を占めている。

イランでは長らく石油・天然ガス産業が基幹産業として経済発展に大きく寄与してきたが、現在は原油生産能力とともに輸出能力を拡大している。イランはアメリカの対イラン石油輸出制裁解除後を見据えており、日量二〇万バレルから日量一二〇万バレルまで大きな幅がある。イランでは輸出収入のうち石油輸出が約七割を占めており、イランの財政・経済もまた石油輸出収入の多寡に大きく左右される。(8)

中東地域は石油と天然ガスにおけるプレゼンスが極めて高く、石油・天然ガス埋蔵量(一一三二億t、七五・八兆㎥)はそれぞれ世界シェアの四八・三%、四〇・三%を占め、石油と天然ガスの生産量(一二億九七三〇万t、六八六六億㎥)はそれぞれ世界シェアの三一・一%、一七・八%を占めている。

中東産油諸国は長きにわたり豊富なエネルギー資源に頼り、経済開発を推し進めてきた。エネルギーに依存する産業構造を是正するため、脱石油依存や経済多角化を課題とする長期経済開発計画を実施したが、その成果は不十分かつ限定的である。

中東産油諸国が抱える数々の課題は、脱石油経済と経済多角化を進める財源を石油・天然ガスからの収入に頼らざるを得ないというジレンマから生じている。(9) 世界的にカーボンニュートラルに向けて脱炭素産業革命が進み、化石エネルギー電力構造から再生可能エネルギーなど非化石エネルギー電力構造への転換が加速する中で中東産油諸国の脱石油依存は急務となっている。

†ブルー水素ではかつての資源大国のパワーを代替できず

脱炭素産業革命が展開する中、脱炭素技術を開発し、経済の多角化や工業化・モノづくり産業に反映させることが求められている。サウジアラビアなど産油国・産ガス国は石油・天然ガスを原料としてブルー水素、ブルーアンモニアの製造に乗り出しており、世界の水素・クリーンエネルギー市場におけるシェアの拡大を狙っている。

しかし産油国・産ガス国が水素・クリーンエネルギー産業に取り組むことにより、石油・天然ガスのような寡占利潤を取得することはほぼ不可能である。

第一の原因として、水素の生産コストによる水素需要拡大の制限が挙げられる。世界の水素需要は二〇一九年時点で七五〇〇万tあるが、そのほとんどが製油所の精製と肥料製造（アンモニア）に使われており、発電、運輸、熱利用等の新規需要の市場はまだ形成されていない。現在の日本とEUの水素需要はそれぞれ二〇〇万t、八三〇万t程度だが、二〇三〇年以降は増大し、二〇五〇年には日本で二〇〇〇万t、EUで五七六〇万t（内、新規需要が四七六〇万t）まで拡大すると予測されている。またIEAの持続可能開発シナリオによると、世界の水素需要は二〇七〇年までに五億二〇〇〇万tと大きく増加する見込みである。つまり、二〇三〇年までの水素の新規需要は見込めない。

第二の原因としてコストや技術成熟度などの制限がある。国際再生可能エネルギー機関（IRENA）の報告書「水素ファクターによるエネルギー転換の地政学」によると、水素へのエネルギー転換にはコストをはじめとするいくつかのハードルがあるという。[10]主な四点は次の通りである。

まずコストの問題がある。とりわけグリーン水素のコストは高炭素燃料と比較してまだ高く、製造コストのみならず輸送、変換、貯蔵コストも高い。最終用途にクリーンな水素技術を採用するにはコストがかかり、CCSはまだ大規模に展開されていない。

次に技術的成熟度が低いという問題がある。脱炭素社会の実現に必要な水素バリューチェーンには成熟度が低く、実証が必要な技術がある。たとえば水素混焼・専混焼ガスタービンは日本など先進国企業が開発中で、二〇二〇年代後半から実用化される見込みである。また、海上輸送に関しては液体水素を輸送できる船舶のプロトタイプが一隻あるのみである。

また、効率面の問題がある。水素においては製造、輸送、変換、貯蔵、使用などバリューチェーンの各段階で大きなエネルギー損失が発生する。

さらにグリーン水素のボトルネックという問題がある。グリーン水素の製造はエネルギー集約型であり、エネルギー需要を増加させる。二〇五〇年までに電解槽による水素製造は二万一〇〇〇TWh近くを消費する可能性があり、これは現在世界で生産されている電力とほぼ同じ量である。製造に必要な再生可能エネルギー電力が不足していることが、グリーン水素のボトルネックとなる可能性がある。経済産業省によると、現在の日本における水素の供給コストは一〇〇円／nm^3で二〇三〇年に三〇円／nm^3、二〇五〇年に二〇円／nm^3以下に低減される見通しであるが、二〇三〇年の水素発電は九七円／一kWhでLNG発電の七倍もかかる。

第三の原因は開発の初期段階では技術的制約が大きいということである。ロシアやサウジアラビアなど産油国・産ガス国は水電解装置において、欧州や日本の先進国企業のような大型化技術を持っていない。現在、高性能水素製造装置の開発など重要な水素技術のいくつかは、開発の初期段階にある。水素を普及させるためには、技術革新も加速させていく必要がある。

第四の原因として、産油・産ガス国の水素生産のほとんどがブルー水素生産であるということが挙げられる。グリーン水素とは異なり、ブルー水素は製造の際にCO_2排出を伴うため、CCSを利用しなければならないが、新興・途上地域の産油・産ガス国ではCCSの技術・ノウハウが限られる。また、現在の技術で作られたCCSの回収効率は最高でも八五〜九五％で五〜一五％のCO_2が排出されてしまうため、水素製造に伴う炭素排出をゼロにすることはできない。このように、温室効果ガスの回収・貯留技術についてはまだ効果が実証されていないとの指摘がある。[(11)] よって中東・ロシアなど産油・産ガス国がブルー水素の製造により、国際エネルギー市場を支配することは非常に難しい。

3 脱炭素産業革命の展開による国際政治経済秩序変容のゆくえ

†顕在化しつつある二大陣営の対立および脱炭素による依存

脱炭素産業革命の展開に伴い、脱炭素産業、つまり水素分野、EV分野、新エネの材料などの分野のサプライチェーンの構築が加速している。

昨今、米中対立により新冷戦に入りつつある中、ロシアのウクライナへの侵攻を契機として民主主義体制諸国・権威主義体制諸国という二大陣営の対立が深刻化しつつあり、これにより脱炭素に向けたサプライチェーンの形成が阻害されかねない。

中国はEV自動車、再生エネルギー設備に欠かせないレアアース、リチウムでそれぞれ世界シェアの六割、四割を占めている。ロシアは白金やパラジウムなどの白金族元素、ニッケルなどのレアメタルが豊富で、パラジウム生産量では世界シェアの四三％を占めている。

アメリカなど先進国の中国・ロシアなどに対するハイテク技術（半導体など）についての禁輸制裁は、EVや脱炭素技術の利用・再生エネルギーの開発拡大に大きな影響を及ぼすと考えられる。中国・ロシアを含めた主要国はカーボンニュートラル目標の実現に向けて積極的に取り組んでおり、気候変動・地球温暖化への対応・克服という共通の課題において二大陣営の対立・緊張が時には緩和されるかもしれないが、長期的に対立する構図は変わらないであろう。

†脱炭素産業革命による、戦争を発動する資源国ロシアの弱体化

脱炭素産業革命は世界エネルギー地図を塗り替え、ロシアやサウジアラビアなど産油国・産ガス国・地域の資源優位性を低下させる。これらの国では石油・天然ガスに依存する経済構造から脱却し、新しい産業を確立することが難しいため、総合的なパワーの弱体化は避けられないだろう。

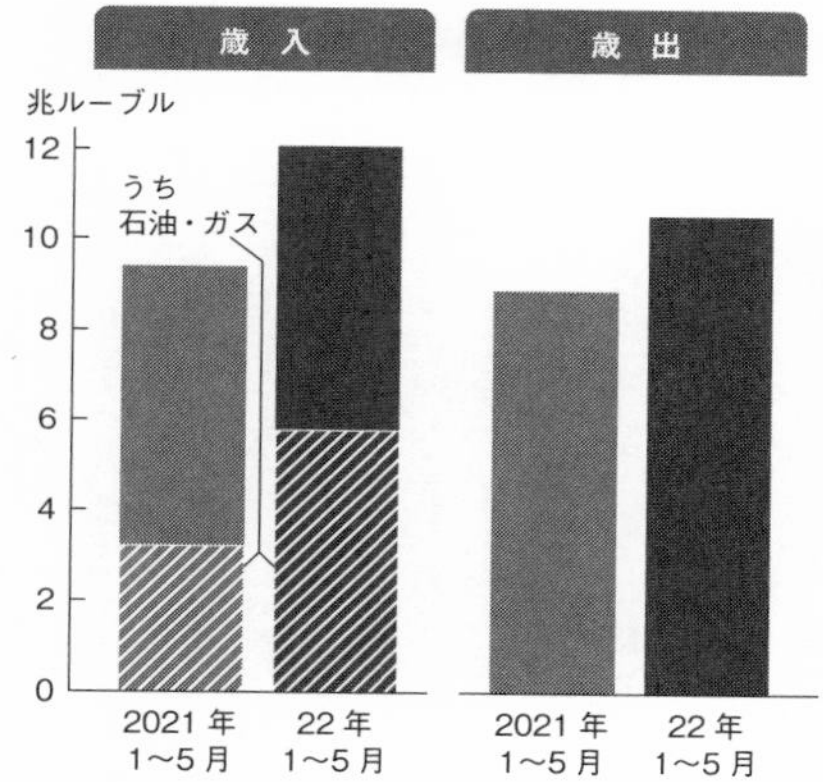

図終 -4　ロシアは制裁下でもエネルギーで稼ぐ
出所：CSIS

すでに述べたようにCREAの試算によると、ロシアではウクライナに侵攻した二〇二二年二月二四日から六月三日までの一〇〇日間で化石燃料の輸出による収入が九七〇億ドルにのぼった。一日当たりで計算すると一〇億ドル近くで、一日分の戦費（約八・七六億ドル）を上回る。[12] また米戦略国際問題研究所（CSIS）によると、ロシアの

歳入の半分を占める石油・ガス関連は二〇二二年一～五月に五兆七〇〇〇億ルーブル（約一四兆円）と前年同期比で八割増えた（図終－4）。つまりロシア政府は一日約五億ドルをエネルギーで稼ぎ、約三億ドルを軍事費に充てていることになる。[13]
独裁者・プーチン大統領の下でロシアではエネルギー資源による収入が軍事費に費やされている。しかし脱炭素産業革命の展開によりロシアが産油・産ガス国としての資源優位を喪失すれば、プーチンは戦争を続けることができなくなることは目に見えている。これはロシア国民にとって大きな不幸である。

†中国のEV、再生エネルギーの汎用設備・部品の輸出拡大

中国では重化学工業が全産業の三分の二以上を占めている。重化学工業は環境への負荷が高いうえに炭素生産性が低く、脱炭素技術革新による炭素生産性の改善、ひいては産業の高度化・高付加価値産業へのシフトが求められる。しかし中国は第二次産業革命後期の未完成段階で、一部のＩｏＴ・ＡＩ関連のデジタル技術分野以外のハイテク・高付加価値製品技術については先進国多国籍企業・外資系企業に頼っている。

中国の主な輸出品はローエンド・ミドルエンドの工業製品で、なかでも鉄鋼・化学、セメントなど素材の輸出は五九兆三九四五億ドルで全体の約四分の一を占めている。しかしこれらの

製品の炭素生産性はかなり低く、今後、EUを中心として世界で国境炭素税が実施されれば競争優位性が低下すると考えられる。

電気機械と機械製品輸出は一一六兆三九二四億ドルで輸出全体の四六・六%に達しているものの、ハイテク・高付加価値の製品はまだ少なく、その大半は日米欧の外資系企業からの輸出に頼っている。

しかし一方で中国はEV自動車、太陽光発電、風力発電など新エネルギー自動車・再生可能エネルギー分野で世界第一位となっており、EVなど新エネルギー自動車(NEV)、電気自動車(EV)、燃料電池車(FCV)、プラグインハイブリッド車(PHV)の保有台数は二〇二一年に一〇〇〇万台を超えている。その年間輸出台数は二〇〇万台以上に達し、世界シェアの五三%を占めている。

EVや再生可能エネルギー産業については中国国内で莫大な市場ニーズがあるため、開発・応用・普及しやすい。世界的に脱炭素への動きが加速するなか、中国はEV自動車、再生エネルギー設備・部品を数多く輸出している。これらの産業は将来的に、国境炭素税による重化学工業製品の輸出コスト増などといったネガティブな影響を軽減するであろう。

†米中をはじめとする二大陣営の対立深刻化へ

昨今、カーボンニュートラルに向けた脱炭素産業革命が急速に展開し、国際政治経済秩序の変容・再編成を加速させている。先に述べたようにロシア、サウジアラビアなど産油国・産ガス国の資源賦存性・優位性は中長期的に低下し、パワーバランスは化石エネルギー・パワーを有する国・地域から非化石エネルギー・パワーを有する国・地域、さらに脱炭素優位性がある国・地域へと移行していく。

ロシアのウクライナ侵攻を受けて、国際秩序における二大陣営は米中から民主主義体制諸国・権威主義体制諸国へと変容しつつあり、世界覇権・主導権の争いがさらに深刻化していくことが考えられる。中国は社会主義のイデオロギー・価値観を堅持していることによりアメリカなど先進国と対立しているが、ハイテク技術や脱炭素技術分野での技術蓄積・ノウハウに乏しいため、先進国に依存している。つまり、自身の経済パワーを大きく伸ばしてきたグローバル経済システムに頼らざるを得ない。米中貿易摩擦以来、アメリカが中国経済・産業に依存する度合いを引き下げ、半導体などハイテク・重要物資の国際産業サプライチェーンから除外しても中国側は応じず、反発している。

中国経済が大きく発展し、国民の可処分所得は三〇年前と比べて約一〇倍に高められ、共産党政権は比較的順調に国を統治・運営している。経済が発展すればするほど共産党政権の統治基盤は強化され、先進国をはじめとする国際経済システム・国際市場とも相即不離の関係となる。二〇〇一年一二月、中国は念願のＷＴＯ加盟を実現して本格的にグローバル経済貿易体系に参入し、現在までの二〇年間あまりで輸出額と貿易黒字額はそれぞれ一〇七倍、一一六倍以上増大した。中国政府は今後もグローバル経済システムと融合し、自由貿易の恩恵を受けようとしている。

中国は政治体制や価値観の面でアメリカなど先進国との緊張・摩擦を生じさせながらも、貿易や経済・産業技術分野では依存せざるを得ない。特に脱炭素技術分野では先進国の技術・ノウハウに頼りがちである。

アメリカなど先進国にとって中国の巨大な市場、ミドルエンド・ローエンドが比較的整っている汎用設備・部品のサプライチェーンは魅力的であり、中国にとってもアメリカなど先進国のハイテク技術、グローバル市場と国際経済システムは必要不可欠である。中国が先進国とカーボンニュートラル目標で協調し、共通の利害関係により結ばれていることにより両者の緊張・対立関係は緩和される。米中および民主主義陣営・権威主義陣営はその時々の国際情勢により摩擦・対立と緩和・協調を繰り返し、今後も国際政治経済秩序を大きく左右していくであろう。

†日本ならではの国際政治経済秩序への影響力と役割

先に述べたように日本は脱炭素技術の特許件数が世界一で、中国とは政治体制・価値観などでの緊張・軋轢関係がありながらも、貿易・経済産業面では緊密な関係を保っている。中国のエネルギー集約型重化学工業は日本の優れた脱炭素技術・ノウハウを必要としている。

日本企業は主に五〇のハイテク・次世代脱炭素化技術の開発・実用化に取り組んでいる。水素開発・応用や全固体電池、CCUS、省エネなどの技術は世界トップクラスにあり、脱炭素関連特許出願・上位一〇カ国（PCT国際出願）の中で日本は第一位にランクされている（図終-5）。日本の脱炭素化技術は国際競争優位性を持っている。

一九七三年の第一次石油危機以後、石油・エネルギー資源に乏しい日本は重化学工業からハイテク・グリーン型の産業への転換、省エネ・環境保全などの技術革新に積極的に取り組み、豊富な脱炭素化関連の技術・ノウハウを蓄積してきた。脱炭素関連技術開発は企業主導で、現場改善（たとえば省エネ）に力を入れ、そのパワーを技術開発に活かせる点が中国など諸外国と比べて際立っている。

他方、日本にとって中国は世界第一の市場で、輸出・現地のビジネス事業展開を活発に行ってきた。これまで電機・自動車メーカーなど日系企業・事業拠点は三万社以上に上っている。

総合ランキング	国名	総合脱炭素スコア	エネルギー関連産業	輸送・製造関連産業	家庭・オフィス関連産業
1	日本国	15866.93			
2	中華人民共和国	13331.52			
3	アメリカ合衆国(米国)	13127.46			
4	ドイツ連邦共和国	7346.89			
5	大韓民国	5539.77			
6	フランス共和国	2886.65			
7	イギリス(英国)	1281.25			
8	オランダ王国	1111.61			
9	スウェーデン王国	1097.5			
10	スイス連邦	945.63			

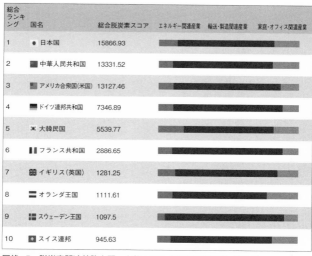

図終 -5　脱炭素関連特許出願・上位 10 国（PCT 国際出願　2019）
出所：知財 AI 研究センターより

今後、中国でカーボンニュートラルに向けて脱炭素分野の事業が発展すれば世界一の市場となり、日本企業も脱炭素の優位性を活かし、脱炭素にかかわる設備・製品で中国のシェアを拡大することができる。

今後、米中が対立と融和を繰り返す中で日中関係は「政冷経熱」の構図で展開していくであろう。日本はバブル崩壊後の「失われた三〇年」を取り戻すべく脱炭素技術・ノウハウを活かし、世界での影響力を拡大していくことが望まれる。

日本は資源が乏しく、国内消費に欠かせない石油・天然ガス、石炭資源のほぼ全量を海外に依存しており、これは全体の輸入額の約二〇％に達している。加えて原油・天然ガスの高騰により、日本の原油・天然ガス輸入額は一五四五億ドルと前年比で四七・二％増加し、貿易収支赤字額は一四八億ドルとなっている。日本の原油をはじめとするエネルギーの輸入額はＧＤＰ総額の約三％を占めており、一五〇〇億ドル以上も費やされている。

世界トップクラスの脱炭素技術を活用し、化石エネルギーから水素・新エネ、再生エネルギーなどグリーンエネルギーへとシフトし、脱炭素技術や設備製品の輸出に取り組めば日本は経済を再興させることができるだろう。脱炭素産業革命と国際政治経済秩序の変容・再編成のなかで日本が果たす役割は極めて重要である。ハイテク・脱炭素技術が産業サプライチェーンの重要な主体として位置づけられることにより、日本の存在感がますます高まるであろう。今後、日本ならではの技術・文化の優位性、ソフトパワーは変容しつつある国際政治経済秩序に大きな影響を与えると考えられる。

（1）「林毅夫深度解读两会热点问题，今年ＧＤＰ增长定在5．5％左右是合理的」二〇二二年三月二二日（http://www.fjlib.net/zt/fjstsgjcxx/jjsd/202203/t20220322_469480.htm）
（2）https://www.nli-research.co.jp/report/detail/id=68667?pno=2&site=nli：「気候変動に関する科学的知見及び国際動向」（環境省）https://www.env.go.jp/council/06earth/y0618-10/mat03.pdf
（3）FACTSHEET OCTOBER 29, 2021（https://www.eceee.org/all-news/news/european-investment-bank-

to-end-all-loans-to-oil-and-gas-firms/ ; https://www.worldbank.org/en/news/factsheet/2021/10/29/10-things-you-didn-t-know-about-the-world-bank-group-s-work-on-climate) 10 Things You Didn't Know About the World Bank Group's Work on Climate Change.

（4）Jo Adetunji, "Who really owns the oil industry's future stranded assets? If you own investment funds or expect a pension, it might be you" *The Conversation* Published: May 26, 2022 (https://theconversation.com/who-really-owns-the-oil-industrys-future-stranded-assets-if-you-own-investment-funds-or-expect-a-pension-it-might-be-you-183706)

（5）IEA, *Net Zero by 2050 A Roadmap for the Global Energy Sector* 20121. P. 195.

（6）杉山大志「太陽光発電のコストが下がった理由は何か?」『環境管理』vol. 55, No. 2 (2019)

（7）Angelina Davydova, "In Russia, oil and natural gas provide both wealth and deep national pride. With global demand for fossil fuels set to decline, how will Russia adapt?" 24th November 2021 (https://www.bbc.com/future/article/20211115-climate-change-can-russia-leave-fossil-fuels-behind)

（8）芦原雪絵「米国による経済制裁下におけるイラン石油産業の取り組み」『石油・天然ガス資源情報』ＪＯＧＭＥＣ、二〇二〇年一一月二日。

（9）齋藤純「中東産油国に迫る〝脱石油〟のタイムリミット」『Wedge ONLINE』二〇二一年二月二十六日。

（10）IRENA (2022), Geopolitics of the Energy Transformation: The Hydrogen Factor, International Renewable Energy Agency, Abu Dhabi.

（11）https://ideasforgood.jp/glossary/blue-hydrogen/

（12）ＢＢＣ「ロシアのエネルギー輸出収入、ウクライナでの戦費上回る」二〇二二年六月一四日（https://www.bbc.com/japanese/61793158)

(13)『日本経済新聞』二〇二二年六月二七日付。

主要参考文献

日本語文献

芦原雪絵「米国による経済制裁下におけるイラン石油産業の取り組み」『石油・天然ガス資源情報』JOGMEC二〇二〇年一二月二日
明日香壽川『グリーン・ニューディール――世界を動かすガバニング・アジェンダ』岩波新書、二〇二一年
岩田一政、日本経済研究センター編『2060デジタル資本主義』日本経済新聞出版社、二〇一九年
「インドにおけるインドの化学産業のシェア、傾向、2026年の予測」(https://securetpnews.info/2020/11/23)
「インフィニオン、カーボンニュートラル企業へ」(https://www.infineon.com/cms/jp/about-infineon/press/press-releases/2020/INFXX202002-030.html)
宇野麻由子「欧州鉄鋼大手、水素と再エネで製鉄プロセスの脱炭素化へ始動」『日経BP』二〇二〇年九月一一日
大河原楓「ボッシュ、半導体工場へ2億5000万ユーロの追加投資を発表」ジェトロ『ビジネス短信』二〇二二年三月四日
一般社団法人海外電力調査会「世界の革新炉 開発動向」二〇二二年三月二八日 (https://www.meti.go.jp/shingikai/enecho/denryoku_gas/genshiryoku/pdf/025_04_00.pdf)
郭四志『産業革命史――イノベーションに見る国際秩序の変遷』ちくま新書、二〇二一年
郭四志「脱炭素産業革命を巡る地政学的インパクト」『エネルギーレビュー』二〇二二年八月号
郭四志編著『日中両国のイノベーション戦略とその展開――脱炭素化・デジタル化を中心に』文眞堂、二〇二二年
環境省『地球温暖化対策の推進に関する法律に基づく温室効果ガス排出量算定・報告・公表制度による年度温室効果ガス排出量の集計結果』(二〇〇六〜二〇一八年度)

環境省「ＣＣＵＳを活用したカーボンニュートラル社会の実現に向けた取り組み」（https://www.env.go.jp/earth/brochureJ/ccus_brochure_0212_1_J.pdf）
環境省「気候変動に関する科学的知見及び国際動向」（https://www.env.go.jp/council/06earth/y0618-10/mat03.pdf）
橘川武郎『エネルギー・シフト――再生可能エネルギー主力電源化への道』白桃書房、二〇二〇年
熊谷章太郎「脱炭素社会への移行が迫るアジアの鉄鋼業の将来」『経済・政策レポート』日本総研、二〇二一年一一月十五日
熊谷徹「メルケル政権、二酸化炭素の大幅削減をめざす「気候保護プログラム」を発表」『ＡＨＫ』在日ドイツ商工会議所、二〇一九年一一月号
経済産業省『エネルギー白書』各年
経済産業省「今後の水素政策の課題と対応の方向性（中間整理・案）」（https://www.meti.go.jp/shingikai/energy_environment/suiso_nenryo/pdf/025_01_00.pdf）
経済産業省「水素を活用した製鉄技術、今どこまで進んでる？」二〇二一年一〇月二九日（https://www.enecho.meti.go.jp/about/special/johoteikyo/suiso_seitetu.html）
経済産業省 製造産業局、国土交通省自動車局『グリーンイノベーション基金事業「スマートモビリティ社会の構築」研究開発・社会実装計画』二〇二二年三月一四日
経済産業省 産業技術環境局環境経済室「地球温暖化対策と産業界の自主的取組に関する動向」二〇二一年一二月
経済産業省「蓄電池産業戦略」（中間とりまとめ（案））二〇二二年四月二二日
経済産業省『第６次エネルギー基本計画』二〇二一年一〇月
経済産業省『新国際資源戦略』二〇二〇年三月
経済産業省「蓄電池産業戦略」二〇二二年八月三一日（https://www.meti.go.jp/policy/mono_info_service/joho/conference/battery_strategy/battery_saisyu_torimatome.pdf）
（公財）航空機国際共同開発促進基金「バイオジェット燃料の最新動向」（http://www.iadf.or.jp/document/pdf/r1-2.

pdf)
小林光、岩田一政、日本経済研究センター編著『カーボンニュートラルの経済学――2050年への戦略と予測』日本経済新聞出版、二〇二一年
小山堅『エネルギーの地政学』朝日新書、二〇二二年
此本臣吾監修、森健・日戸浩之著『齟齬デジタル新資本主義』東洋経済新報社、二〇一八年
齋藤純「中東産油国に迫る〝脱石油〟のタイムリミット」『Wedge』二〇二一年二月二六日
財務省『法人企業統計企業調査』(業種別、規模別資産・負債・純資産及び損益表(二〇〇七～二〇一八年度)
坂井直樹「我々はいま歴史上四回目の「産業革命」を目のあたりにしている」『現代ビジネス』二〇一二年七月一三日
佐和隆光『グリーン資本主義――グローバル「危機」克服の条件』岩波新書、二〇〇九年
36Kr Japan「中国EV電池業界、全固体へ移行の節目は2025年　リサイクル技術開発が急務」(https://36kr.jp/181128/)
白井さゆり『カーボンニュートラルをめぐる世界の潮流――政策・マネー・市民社会』文眞堂、二〇二二年
Shingo Sakamoto「USスチールが買収した革新的な鉄鋼スタートアップ・Big River Steelとは?」Jun 16, 2021 (idaten.vc) (https://www.idaten.vc/post/us)
「STマイクロ、次世代パワー半導体の試作開発用に200㎜ SiCウェハを製造したことを発表」『日本経済新聞』二〇二一年八月二日
ジェトロ「米石油大手シェブロン、カミンズと水素関連事業で提携」『ビジネス短信』二〇二一年七月一九日
ジェトロ「米エネルギー省、太陽光発電導入のシナリオ発表、2035年までに4割供給へ」『ビジネス短信』二〇二一年九月一〇日
ジェトロ『ドイツの気候変動政策と産業・企業の対応』二〇二一年四月
JOGMEC『金属資源情報』二〇二二年三月九日

住友化学「気候変動の緩和と適応」(https://www.sumitomo-chem.co.jp/sustainability/environment/climate_change/)
杉山大志「太陽光発電のコストが下がった理由は何か?」『環境管理』五五巻二号、二〇一九年二月号
(公財)地球環境産業技術研究機構『令和2年度 地球温暖化・資源循環対策等に資する調査委託費(我が国におけるCCS事業化に向けた制度設計や事業環境整備に関する調査事業)調査報告書』二〇二一年三月
「低炭素社会に向けたブレークスルーに挑む次世代蓄電池」『Focus NEDO』六九号、二〇一八年
デュポン「SDGs達成を支援する、デュポン™の3つの環境対応エンジニアリングプラスチック:PR」二〇二一年一二月一三日(https://plabase.com/news/8770)
電気事業連合会(一般社団法人海外電力調査会)「[ドイツ]リザーブ電源の石炭火力発電所が市場復帰」二〇二二年八月二三日
「東京-ロンドン間を約三五〇往復できる量という」『日本経済新聞』二〇二一年七月三〇日
「トヨタが加速する水素エンジン開発、スピード向上の秘訣」『ニュースいっち』二〇二一年九月二七日
「豊田通商 アルゼンチンの電池材 さらなる生産拡張視野 トヨタEV拡大に対応」(https://www.chukei-news.co.jp/news/2022/03/28/OK0002203280101_01/)
豊田正和、森本敏、日本エネルギー経済研究所『エネルギーと新国際秩序』エネルギーフォーラム、二〇一四年
「独電力大手が石炭火力回帰 RWE、ロシア産ガス代替へ」『日本経済新聞』二〇二二年三月二八日
内閣官房、経済産業省他『2050年カーボンニュートラルに伴うグリーン成長戦略』二〇二一年六月一八日
中野剛志『変異する資本主義』ダイヤモンド社、二〇二一年
株式会社No.1 Service Site「全樹脂電池とは? 安全かつ高容量・高性能の次世代電池に注目」(https://www.no1biz.jp)二〇二二年三月一日
南坊博司「世界のCCSの現状と今後の展望――Accelerating CCS to Net Zero」『IEEI』二〇二一年一一月一六日
日経BP『カーボンニュートラル注目技術50』二〇二一年

日経BP編『日経テクノロジー展望　世界を変える100の技術』日経BP、二〇二一年
「日本がリードする「全固体電池」の開発競争。迫る中国・欧州勢を突き放すカギは？」『ニュースイッチ』二〇二一年六月三〇日
日揮、シェル、住友商事、戸田建設『日本の浮体式洋上風力発電に対する期待と展望』浮体式洋上風力発電推進懇談会二〇二一年九月
国立研究開発法人日本原子力研究開発機構「海外におけるSMRの開発・導入動向」二〇二一年一〇月一四日
日本原子力産業協会「ロシアの海上浮揚式原子力発電所が営業運転開始」『原子力産業新聞』二〇二〇年五月二五日
日本鉄鋼連盟『鉄鋼業の地球温暖化対策への取組低炭素社会実行計画実績報告』二〇二一年二月八日
NIPPON STEEL「革新的技術開発によるCO$_2$削減」(https://www.nipponsteel.com/csr/env/warming/future.html)
日本エネルギー経済研究所『EDMC／エネルギー・経済統計要覧』理工図書、二〇二二年
一般社団法人日本化学工業協会「化学産業における地球温暖化対策の取組み――低炭素社会実行計画 二〇一九年度実績報告」二〇二〇年一二月一八日
日本建設業連合会『低炭素型コンクリートの普及促進に向けて――低炭素社会・循環型社会の構築への貢献』(https://www.nikkenren.com/sougou/10thaniv/pdf/05-06-20.pdf)
日本原子力産業協会「カナダ政府、SMR開発で国家行動計画を公表」『原子力産業新聞』二〇二〇年一二月二一日
NEDO「次世代型太陽電池の開発」(https://green-innovation.nedo.go.jp/project/next-generation-solar-cells/)
野々村洸「ソニーが考える脱炭素、AIエッジ処理で消費電力7400分の1も」『日経クロステック』二〇二一年九月一六日
野元政宏「次世代EV市場を制する者は？　「ゲームチェンジャー」全固体電池の技術力が日本再浮上の鍵を握る」『日刊自動車新聞』二〇二一年四月一八日
Panasonic Newsroom Japan「天然由来の繊維を活用した環境配慮型の成形材料高濃度セルロースファイバー成形材料『kinari』のサンプル販売開始」二〇二一年一二月一日

日立製作所「日立ストレージ事業における脱炭素社会の実現に向けた取り組み」二〇二一年九月一三日（https://www.hitachi.co.jp/products/it/digital_infra/reports/hss_carbon_neutral.pdf）
本部和彦、立花慶治「風況の違いによる日本と欧州の洋上風力発電経済性の比較――洋上風力発電拡大に伴う国民負担の低減を如何に進めるか」東京大学公共政策大学院、二〇二一年一月
増山幸一「世界経済の発展と技術革新（1）第1次産業革命から20世紀」『経済学研究』明治学院大学、第一二六号、二〇〇三年
三菱ケミカル「バイオエンプラ「DURABIO®（デュラビオ®）」環境信頼性を大幅に向上させた新グレード開発」（https://www.m-chemical.co.jp/news/2018/1204376_7465.html）
三菱重工「高砂製作所に水素発電実証設備「高砂水素パーク」を整備へ自社で〝水素製造から発電までの技術を一貫して検証〟できる体制を構築」二〇二二年二月一四日（https://www.mhi.com/jp/news/220214.html）
三菱総合研究所『令和2年度燃料安定供給対策に関する調査等（バイオ燃料を中心とした我が国の燃料政策の在り方に関する調査）』（資源エネルギー庁報告書）二〇二一年三月三一日
三菱電機の伝記「国産初の電力用半導体を完成（1959年）」（https://www.mitsubishielectric.co.jp/100th/content/snapshots/0530_01.html）
諸富徹『資本主義の新しい形』岩波書店、二〇二〇年
BBC「ロシアのエネルギー輸出収入、ウクライナでの戦費上回る」二〇二二年六月一四日（https://www.bbc.com/japanese/61793158）
山下幸恵「英国のガス大手5社、生き残りをかけて水素ネットワーク構築。「Britain's Hydrogen Network Plan」とは」『Energy Shift』二〇二一年三月四日
山田太郎『日本版インダストリー4.0の教科書――IoT時代野づくり戦略』日経BP、二〇一六年
矢野隆一「2050年カーボンニュートラルに向けて――生活者の行動変容により排出量削減の好循環を生み出す」『NRIレポート』野村総合研究所、二〇二一年一〇月二六日

吉田文和『グリーン・エコノミー』中公新書、二〇一一年
WIRED「ロシアへのエネルギー依存から脱却すべく、欧州で石炭火力発電が〝復活〟しようとしている」『WIRED』二〇二二年三月三〇日

中国語文献

北極星氢能網「煤製氢＋CCUS技術応用的現状、成本和発展空間」二〇二一年一一月一五日
柯钰琪、王晓蒙、吴媖「欧盟炭関税及対中国的影響」『中国銀行保険報』二〇二二年五月二三日
林伯強編『中国能源発展報告』科学出版社、二〇二二年
『五鉱証券』（有色金属）二〇二二年三月八日
「【専家観点】〝十四五〟時期我国産業構造変動特徴及趨勢展望」(https://www.ndrc.gov.cn/wsdwhfz/202110/t20211012_1299485.html)
『中国有色金属報』二〇二二年四月一八日
新華社網「林毅夫深度解读两会热点问题　今年GDP增长定在5.5%左右是合理的」二〇二二年三月二二日（http://www.fjlib.net/zt/fjstsgjcxx/jjsd/202203/t20220322_469480.htm）
埃森哲Accenture『中国能源企業低炭転型白書』北京、二〇二二年
張賢、李凱、樊静麗「炭中和目標下CCUS技術発展定位与展望」『中国人口・資源与環境』二〇二一年第三一巻第九期
張賢、郭偲悦等「炭中和愿景的科技需求与技術路径」『中国環境管理』Vol.13、生態環境省環境発展中心、二〇二一年
巣清尘、曲建昇『中国応対気候変化科技現状及展望／応対気候変化報告』社会科学文献出版社、二〇二〇年
科学技術部（中国科学技術省）、中国二一世紀議程管理中心『中国炭捕集利用与封存技術発展路線図』科学出版社、二〇一九年

国務院新聞弁公室『中国応対気候変化的政策与行動』北京、二〇二一年一〇月
国家能源局『氢能（水素）産業発展中長期規画（2021〜2035年）』北京、二〇二二年三月二三日
国家統計局『中国統計年鑑』中国統計出版社、二〇二二年
譚顕春、郭雯等「炭達峰、炭中和政策框架与技術創新政策研究」『中国発展門戸網』二〇二二年五月一一日
中国石油化工集団公司（SINOPEC）中国石油化工集团有限公司绿色低碳发展白皮书、二〇二二年
国家電力投資集団有限公司・中国国際経済交流中心『中国炭達峰炭中和進展報告』社会科学文献出版社、二〇二一年
德勤中国『中国企業脱炭準備度調研報告』二〇二一年五月（https://www2.deloitte.com/content/dam/Deloitte/cn/Documents/risk/deloitte-cn-risk-china-decarbonization-report-zh-210507.pdf）
信通院『数字炭中和白皮書』中国信息通信研究院、二〇二一年一二月
能源転型委員会・ETC『中国二〇五〇——一個全面実現現代化国家的零炭図景』二〇二〇年七月（https://www.energy-transitions.org/wp-content/uploads/2020/07/CHINESE_VERSION_EXECUTIVE_SUMMARY_CHINA-2050_A_FULLY_DEVELOPED_RICH_ZERO_CARBON_ECONOMY.pdf）

英語文献

"All American launches first hydrogen fuel cell ferry in U.S." WorkBoat, August 19, 2021（https://www.workboat.com/all-american-launches-first-hydrogen-fuel-cell-ferry-in-u-s）
Angelina Davydova, "In Russia, oil and natural gas provide both wealth and deep national pride. With global demand for fossil fuels set to decline, how will Russia adapt?" 24th November 2021（https://www.bbc.com/future/article/20211115-climate-change-can-russia-leave-fossil-fuels-behind）
"Apple commits to be 100 percent carbon neutral for its supply chain and products by 2030" Newsroom July 21, 2020（https://www.apple.com/newsroom/2020/07/apple-commits-to-be-100-percent-carbon-neutral-for-its-supply-chain-and-products-by-2030/）

COBALT INSTITUTE, State of the Cobalt market, report May 2021

"Concordia Damen signs historic contract with Lenten Scheepvaart for first ever inland hydrogen vessel" (https://www.damen.com/insights-center/news)

China National Petroleum Corporation. World and China Energy Outlook 2060; CNPC: Beijing, China, 2021

Chryssa Liaggou "Plan B on energy: Back to lignite Government has signaled to PPC it should raise share of coal in fuel mix up to 17–20%" ECONOMY ENERGY July 13, 2022 (https://www.ekathimerini.com/economy/1188894/plan-b-on-energy-back-to-lignite/)

Daniel Yergin, *The New Map: Energy, Climate, and the Clash of Nations*, Penguin Books, 2021

DFC, U.S. International Development Finance Corporation: Overview and Issues, January 10, 2022

DOE Announces New Offshore Wind Target in Partnership with Departments of Interior and Commerce (https://content.govdelivery.com/accounts/USEERE/bulletins/2c9c044)

Energy.gov DOE Releases Solar Futures Study Providing the Blueprint for a Zero-Carbon Grid Sep. 8, 2021 (https://www.energy.gov/articles/doe-releases-solar-futures-study-providing-blueprint-zero-carbon-grid)

European Commission "Innovation Fund: EU invests €1.8 billion in clean tech projects" 12 July 2022

EPA, Sources of Greenhouse Gas Emissions (https://www.epa.gov/ghgemissions/sources-greenhouse-gas-emissions)

Fossil Fuels - Our World in Data (https://ourworldindata.org/fossil-fuels)

Global historical CO2 emissions 1750–2020 | Statista (https://www.statista.com/statistics/264699/worldwide-co2-emissions/)

GOV UK British energy security strategy 7 April 2022 (British energy security strategy - GOV.UK (www.gov.uk))

GREEN AIR "European Commission's ReFuelEU Aviation proposal details SAF blending obligation on fuel suppliers" 16 July 2021

GWEC, Global Wind Report 2022 （https://gwec.net/global-wind-report-2022/）

Helen Farrell "Russia-Ukraine and Europe's energy strategy: a snapshot of a fast-moving crisis" Energy Post.EU, March 22, 2022

IAEA（International Atomic Energy Agency）, *Power Reactor Information System* 2022

IEA, Offshore Wind Outlook 2019

IEA, Net Zero by 2050 A Roadmap for the Global Energy Sector 20121

IEA, *World Energy Outlook* 2021 and 2022 editions

IEA, CO2 emissions in World Energy Outlook scenarios over time, 2000–2050, 2021

IEA, *Emissions Factors* 2022

IEA, Energy Technology Perspectives 2020. Paris: IEA, 2020

IRENA, （The International Renewable Energy Agency） Geopolitics of the Energy Transformation: The Hydrogen Factor, International Renewable Energy Agency, Abu Dhabi, 2022

IRENA *GLOBAL ENERGY TRANSFORMATION: A Roadmap to 2050*. IRENA2018

IRENA, WORLD *ENERGY TRANSITIONS OUTLOOK 2022* （https://www.irena.org/publications/2022/mar/world-energy-transitions-outlook-2022）

Jo Adetunji, "Who really owns the oil industry's future stranded assets? If you own investment funds or expect a pension, it might be you" The Conversation Published: May 26, 2022 （https://theconversation.com/who-really-owns-the-oil-industrys-future-stranded-assets-if-you-own-investment-funds-or-expect-a-pension-it-might-be-you-183706）

Joanna I. Lewis, *Green Innovation in China: China's Wind Power Industry and the Global Transition to a Low-Carbon Economy*, Columbia University Press 2012

Michael Lenox, Rebecca Duff, *The Decarbonization Imperative Transforming the Global Economy by 2050,* Stanford University Press 2021

Marina van Geenhuizen William J. Nuttall, Alejandro Ibarra-Yunez, Elin M. Oftedal, Dabid V. Gibson, *Energy and Innovation: Structural Change and Policy Implications* Purdue University Press 2010

Ministry of Power "Ministry of Power notifies Green Hydrogen/ Green Ammonia Policy, A Major Policy Enabler by Government for production of Green Hydrogen/ Green Ammonia using Renewable sources of energy - A step forward towards National Hydrogen Mission" 17 FEB 2022 (https://pib.gov.in/PressReleasePage.aspx?PRID=1799067)

Noam Chomsky, Robert Pollin, *Climate Crisis and the Global Green New Deal*, Verso Press 2020

OECD, *A FRAMEWORK TO DECARBONISE THE ECONOMY* February 2022 No. 31

Regina Betz, Axel Michaelowa, Paula Castro, Raphaela Kotsch, Michael Mehling, Katharina Michaelowa, Andrea Baranzini, *The Carbon Market Challenge: Preventing Abuse Through Effective Governance*, Cambridge University Press 2022

Solar Power Europe "New market report: 2021, the best year in European solar history. 2022, Europe set to hit 30 GW installation level" December 17, 2021

The Faraday Institution, UK-based consortium established to develop prototype solid-state batteries, August 19, 2021

U. Aswathanarayana, Tulsidas Harikrishnan, Thayyib S. Kadher-Mohien, *Green Energy Technology, Economics and Policy*, CRC Press 2010

UK Hydrogen Strategy, August 2021 (https://assets.publishing.service.gov.uk/government/uploads/system/uploads/attachment_data/file/1011283/UK-Hydrogen-Strategy_web.pdf)

UN News "Climate Conference 'Decarbonization Day': Fossil fuels are a dead end" 11 November 2022 (https://

news.un.org/en/story/2022/11/1130462)

U.S. Department of Energy, America's Strategy to Secure the Supply Chain for a Robust Clean Energy Transition, February 24, 2022

William D. Nordhaus, *The Spirit of Green: The Economics of Collisions and Contagions in a Crowded World*, Princeton University Press, 2021

What the history of London's air pollution can tell us about the future of today's growing megacities - Our World in Data (https://ourworldindata.org/london-air-pollution)

WMO (World Meteorological Organization) "COP27: We need a complete energy transformation" 15 November 2022 (https://public.wmo.int/en/media/news/cop27-we-need-complete-energy-transformation)

WIPO, *Green Technology Book 2022 Solutions for climate change adaptation*, World Intellectual Property Organization, 2022

World Resources institute, Industrial Innovation & Decarbonization (https://www.wri.org/initiatives/industrial-innovation-decarbonization)

World Resources institute, Carbon Capture and Storage (CCS) (https://www.wri.org/initiatives/carbon-capture-and-storage-ccs)

Yifei Li, Judith Shapiro, *China Goes Green: Coercive Environmentalism for a Troubled Planet*, Polity Press, 2020

Zhang, S., Chen, W. Assessing the energy transition in China towards carbon neutrality with a probabilistic framework. Nature Communications 13, 87 (2022)

あとがき

本書は、二〇二一年一〇月に上梓した『産業革命史――イノベーションに見る国際秩序の変遷』の姉妹編である。

脱炭素産業革命は、これまでの産業革命とは異なり、その牽引役が複合的・重層的になっている。その駆動力は、蓄電・水素発電、CCUS、パワー半導体・再生可能エネルギー・次世代原発技術・モビリティー技術など複合技術に代表されるものである。

昨今、世界各国は、カーボンニュートラルの目標を目指し、エネルギーや産業の脱炭素化、電力転換、モビリティーなどの分野で脱炭素技術開発・イノベーションを加速させている。

さらに産業・エネルギー分野のみならず、社会全体の脱炭素化の機運が高まっている。IoT・AIが牽引した第四次産業革命の上にこれらの脱炭素総合技術の開発・応用をしていくことが、産業活動・生活活動に強く影響を与えつつあり、次世代産業革命の主役として注目を集めている。ただ、中長期的にみると、第四次産業革命の駆動技術は、脱炭素化のためにも重要な役割を発揮し、その高度化・社会実装を押し上げる役割を果たすものの、脱炭素産業革命段階の脇役的な技術に過ぎないと考えられる。

脱炭素化を遂行するカギは、脱炭素の技術開発・イノベーションである。それは気候変動問題・気候危機への解決手段として国際社会の共通認識を得ている。もちろん、脱炭素産業革命はエネルギー危機を克服するための最も有力な手段でもある。現下の世界的なエネルギー危機は資源大国ロシアのウクライナ侵攻によりもたらされたものである。世界各国のエネルギーの消費構造は、化石エネルギーに強く依存しており、過度に産油国・産ガス国に頼っている。

一九七三年の第一次石油危機から現在までの石油・エネルギー危機の多くは、エネルギー供給国・地域にかかわった戦争や紛争・軍事衝突により生じたものである。世界の石油・天然ガスの埋蔵量・生産量が限られることで、生産・供給国が資源賦存性・優位性を有し、世界のエネルギーを支配し、主導権を握っている。消費国はそのエネルギー産出・供給国に依存せざるを得ないことから、その生産・供給国にかかわる地政学的リスクやエネルギー危機にさらされがちである。

エネルギー供給国・地域の地政学的リスク、およびロシアのような資源国が仕掛けた戦争が招いたエネルギー危機を克服するには、化石エネルギー消費構造から新エネ・再エネなど非化石エネルギー消費構造への転換、産業分野の生産プロセスのグリーン電力化や省エネ・省

CO_2、CCUSなどの脱炭素化、モビリティー分野での新燃料・新動力へのシフトに取り組むことが必要不可欠である。その実現のために脱炭素化の技術開発・イノベーションといった脱炭素産業革命が期待されている。

脱炭素産業革命の推進・遂行に伴い、化石エネルギーの価値が次第に低下し、伝統的なエネルギー生産・供給国が既存の優位性を喪失していく。長期的にはエネルギー大国も資源賦存性のパワーに頼れなくなり、今回のロシアのような対外侵攻のための余力もなくなるであろう。したがって脱炭素産業革命は、化石エネルギー需給構造から新・再生可能エネルギー需給構造への転換や、産業活動やモビリティー、国民生活活動の省エネ・省CO_2などにより炭素生産性及び生活環境グリーン度を上げるだけではなく、エネルギー地図を塗り替え、国際政治経済のパワーバランスのシフトや、国際秩序を変容させようとする新たな駆動力となる。

他方、ポスト資本主義段階において、IT・データサービスによるプラットフォーム経済は、これまで十分に発達して急成長しながら社会経済発展に寄与したものの、主軸事業の成熟化などの原因で、特に非実体経済の属性を有し、現下ではかつての急成長が鈍化し、さらなる繁栄、発展をするための制約に直面している。今後プラットフォーム経済はサービス・金融分野のみならず、IoTへの取り組みを加速させ、また実体経済・産業活動と融合させるべきである。

この意味で、脱炭素化産業革命は、製造業・実体経済など産業資本主義において主体性を有し、ポスト資本主義段階における金融資本主義やIT・データサービスによるプラットフォーム経済のデータサービス資源を活用し、グリーン資本主義すなわち経済の成長と環境保全の両立を推進し、ポスト資本主義の成長限界の克服させるだろう。

ここで指摘すべきは、脱炭素産業革命段階においてこそ、日本の世界での立ち位置が変わり、世界での存在感が一層高まる可能性があることである。日本は資源が乏しく、石油・天然ガスなど化石エネルギーの消費量のほぼ全量を輸入に頼っている。経常収支のなかで、かなりの金額がエネルギー資源の輸入代金で占められている。例えば二〇二一年の鉱物燃料の輸入額は、輸入総額の二割近くも占めている。資源高に伴い、輸入額の増大が日本の貿易収支構造を脆弱化させ、貿易収支を悪化(赤字額:約五兆四〇〇〇億円)させている。化石エネルギーを海外に依存しているエネルギー構造が、国内所得の海外流出をもたらした要因なのである。

とりわけ、ロシアのウクライナ侵攻により世界的なエネルギー危機が広がり、日本は大幅なエネルギー価格の高騰に見舞われ、円安とも並行し二〇二二年にエネルギー輸入額が約一〇〇%の大幅増となっている。こうしてエネルギー価格の高騰などによるさらなる交易取引条件の悪化で、二〇二二年度に二〇兆四〇〇〇億円以上に赤字が拡大すると見込まれている。

こうした貿易収支構造・交易条件の改善を図り、所得の海外流出を防ぐためには、脱炭素技術の開発・実用化、いわゆる脱炭素産業革命によるエネルギー需給構造の転換や省エネ・省資源化が欠かせない。それを通じて中長期的に輸入構造が大きく改善される。その上、脱炭素技術取引や脱炭素装置とその関連部品・材料の輸出拡大によってさらなる輸出競争力を拡大し、貿易収支構造の改善と経常収支の黒字を拡大させていく必要がある。

カーボンニュートラルに向かう世界的な脱炭素化・脱炭素産業革命は、日本に経済の再復興のための歴史的チャンスを与えている。自然資源に恵まれない日本は、人的資源・人的技術により「貿易立国」「技術立国」の国是に基づき目覚ましい経済発展を遂げてきた。バブルがはじけて以降日本経済は三〇年間失われたといわれるが、今後「脱炭素技術立国」を通じて新たな発展を目指し、八〇年代のような「ジャパン・アズ・ナンバーワン」を再実現することは夢ではなかろう。

昨今、日本企業は厳しい国際競争にさらされ、経営資源の優位性の確保・再構築が不可欠である。今後、日本の歴史文化土壌に培われてきた、人的資本経営・集団的経営などの日本ならではの経営資源・経営特質を強化・進化させ、脱炭素の技術・ノウハウを成長の軸にそれをさらに実用化、活用し、再復興するための国際競争優位性の構築が求められる。

そもそも、水素発電、全固体電池・蓄電、省エネ、グリーン発電・製鉄・バイオ化学、CCUSなどの日本の脱炭素技術特許は、世界トップクラスにあり、世界の約七割のシェアを占めている。今後日本政府は、産官学連携を推し進め、脱炭素技術の開発・実用化や社会実装をさらに後押しするべきである。

近い将来、ＥＵ域内で導入される国境炭素調整税が、ＷＴＯ加盟国地域にも導入されると考えられる。日本は、脱炭素産業革命のリーダシップを発揮し、脱炭素技術資源の優位性を活用し、国際競争力を強化し、再復興を図っていくことが期待される。

最後に本書の構成などについて貴重なコメントをいただいたちくま新書編集長・松田健氏には大変お世話になった。この場を借りてお礼を申し上げたい。

二〇二三年二月

郭　四志

ちくま新書
1715

脱炭素産業革命《だつたんそさんぎようかくめい》

二〇二三年三月一〇日　第一刷発行

著　者　郭 四志（かく・しし）

発行者　喜入冬子

発行所　株式会社 筑摩書房
東京都台東区蔵前二-五-三　郵便番号一一一-八七五五
電話番号〇三-五六八七-二六〇一（代表）

装幀者　間村俊一

印刷・製本　株式会社 精興社

ISBN978-4-480-07543-7 C0260

ちくま新書

1609
産業革命史
——イノベーションに見る国際秩序の変遷
郭四志
産業革命を四段階に分け、現在のAI、IoTによる第四次産業革命に至るまでの各国のイノベーションの変転をたどり、覇権の変遷を俯瞰する新しい世界経済史。

1274
日本人と資本主義の精神
田中修
日本経済の中心で働き続けてきた著者が、日本人の精神から、日本型資本主義の誕生、歩み、衰退の流れを様々な資料から丹念に解き明かす。再構築には何が必要か？

1413
日本経営哲学史
——特殊性と普遍性の統合
林廣茂
中世から近代まで日本経営哲学の展開をたどり、渋澤栄一、松下幸之助、本田宗一郎ら20世紀の代表的経営者の思想を探究。日本再生への方策を考察する経営哲学全史。

1431
習近平の中国経済
——富強と効率と公正のトリレンマ
石原享一
対米貿易戦争と成長鈍化で中国経済は重大な転機を迎えている。なぜ改革は行き詰まっているのか。中国は凋落していくのか。中国経済の矛盾を見つめ今後を展望する。

1492
日本経済学新論
——渋沢栄一から下村治まで
中野剛志
日本の近代資本主義を確立した渋沢栄一の精神は、いかに高橋是清、岸信介、下村治ら実務家たちに受け継がれたか。気鋭の評論家が国民経済思想の系譜を解明する。

1504
アフリカ経済の真実
——資源開発と紛争の論理
吉田敦
豊富な資源があっても、大規模開発があっても、人々は貧しいまま。それはなぜなのか？　日本では知られていないアフリカ諸国の現状を解説し、背景を分析する。

1538
貿易の世界史
——大航海時代から「一帯一路」まで
福田邦夫
国であれ企業であれ、貿易の主導権を握ったものが世界を動かしてきた。貿易の始まった大航海時代までさかのぼり、グローバル経済における覇権争いの歴史を描く。

ちくま新書

1277
消費大陸アジア
――巨大市場を読みとく
川端基夫
中国、台湾、タイ、インドネシア……いま盛り上がるアジア各国の市場や消費者の特徴・ポイントを豊富な実例で解説する。成功する商品・企業は何が違うのか？

1332
ヨーロッパで勝つ！ ビジネス成功術
――日本人の知らない新常識
塚谷泰生
EPA合意でヨーロッパビジネスの大チャンスがやってきた。日本製品は交渉術を身につければ必ず売れる。経験豊富な元商社マンが伝授する、ビジネス成功の極意。

1368
生産性とは何か
――日本経済の活力を問いなおす
宮川努
停滞にあえぐ日本経済の再生には、生産性向上が必要だ。誤解されがちな「生産性」概念を経済学の観点から捉えなおし、その向上策を詳細なデータと共に論じる。

1394
日本が外資に喰われる
中尾茂夫
「資産の壮大な歴史的移転」はなぜ起きたのか。転換点となった不良債権処理ビジネスの力学を解明し、「失われた30年」が物語る日本社会の仕組みを描く。

1443
ドル化とは何か
――日本で米ドルが使われる日
土田陽介
財政破綻に陥った新興国で進む「ドル化」。自国通貨と共に外国通貨を利用するこの現象を通じて、通貨危機の足音が着実に忍び寄る日本経済の現状を分析する。

1458
図解でわかる会社の数字
――株価を動かす財務データの見方
花岡幸子
財務3表の見方から経済指標の意味まで、株式投資や就職の前に知っておきたい会社の数字の読み解き方をすべてネコで図解。この一冊で、会社の実力を見抜く！

1526
統計で考える働き方の未来
坂本貴志
労働の実態、高齢化や格差など日本社会の現状、賃金や社会保障制度の変遷などを多くの統計をもとに分析し、そこから未来を予測。高齢者の働き方を考える。

ちくま新書

1593
日本金融百年史
横山和輝
関東大震災、金融恐慌、戦時下経済から戦後復興、高度成長、バブル、失われた30年へ。歴史に学ぶことはなぜ難しいのか？　株式市場、金融・経済の歴史を追う。

1599
ＳＤＧｓがひらくビジネス新時代
竹下隆一郎
気候危機、働き方、声を上げる消費者……。すべてがビジネスにつながっていくＳＤＧｓの時代を迎え、「これからの見取り図」を示したビジネスパーソン必読の書！

1610
金融化の世界史
——大衆消費社会からＧＡＦＡの時代へ
玉木俊明
近世から現在までの欧米の歴史を見なおし、ＧＡＦＡが君臨し、タックスヘイヴンが隆盛する「金融化社会」に至った道のりと、所得格差拡大について考える。

1642
世界マネーの内幕
——国際政治経済学の冒険
中尾茂夫
第二次大戦以降、国際金融を陰で動かしてきたものの歴史を繙き徹底検証。剝き出しのマネーパワーに翻弄されてきた日本が戦ってきた真の敵の存在を明らかにする。

1647
会計と経営の七〇〇年史
——五つの発明による興奮と狂乱
田中靖浩
簿記、株式会社、証券取引所、利益計算、情報公開。今やビジネスに欠かせない仕組みが誕生した瞬間を、見てきたように語ります。世界初、会計講談！

1669
台湾流通革命
——流通の父・徐重仁に学ぶビジネスのヒント
佐宮圭
ローカライズによる商品開発、ＩＴでの近代化など、物流を戦略的に進め、ついに台湾セブン・イレブンを店舗数世界三位に成長させた、台湾流通の父・徐重仁とは？

1675
今すぐ格差を是正せよ！
ベン・フィリップス
山中達也／深澤光樹 訳
世界人口の１％未満が富を独占する現状は、実は不正義であるばかりか経済成長を阻害し環境問題を悪化させる。この状況はどうしたら変えられるのか？